U0302896

移动应用开发系列教材

jQuery 前端开发实战教程

冯艳玲　主编
王寅锋　艾宴清　宣　茹　副主编

電子工業出版社
Publishing House of Electronics Industry
北京·BEIJING

内容简介

jQuery 技术由于语法简练、兼容主流内核浏览器、可扩展性好等原因已成为前端开发工程师的一项必备技能。本教程的内容基于 jQuery 最新版本 3.2.1，包括 Web 前端的代码规范和页面的主流布局设计、jQuery 选择器、jQuery 操作 DOM、jQuery 事件处理、jQuery 动画、jQuery 插件开发、jQuery Ajax 和 jQuery Mobile 框架等。

本教程的每个小节知识点都配有案例代码，着重于讲解如何使用 jQuery 的知识点以及在使用中的注意事项。教程中还设计了综合性的、具有真实应用背景"任务"，需要使用 HTML、CSS 和 JS/jQuery 进行综合编程，读者完成任务过程中进行的技能训练与前端开发岗位要求的技术能力高度一致。任务复杂度适合在课堂授课一般时长范围内完成。

本教程适合以下读者群：高职高专院校、应用型本科院校在校大学生；IT 培训机构学员；Web 前端开发工程师；Web 后台开发工程师；网站开发爱好者。

图书在版编目（CIP）数据

jQuery 前端开发实战教程 / 冯艳玲主编. —北京：电子工业出版社，2018.7
ISBN 978-7-121-34607-1

Ⅰ.①j… Ⅱ.①冯… Ⅲ.①JAVA 语言－程序设计－高等职业教育－教材 Ⅳ.①TP312.8

中国版本图书馆 CIP 数据核字（2018）第 139488 号

策划编辑：贺志洪（hzh@phei.com.cn）
责任编辑：贺志洪
特约编辑：吴文英　杨　丽
印　　装：北京七彩京通数码快印有限公司
出版发行：电子工业出版社
　　　　　北京市海淀区万寿路 173 信箱　邮编 100036
开　　本：787×1092　1/16　印张：17　字数：432 千字
版　　次：2018 年 7 月第 1 版
印　　次：2023 年 1 月第 8 次印刷
定　　价：42.00 元

凡所购买电子工业出版社图书有缺损问题，请向购买书店调换。若书店售缺，请与本社发行部联系，联系及邮购电话：（010）88254888，88258888。

质量投诉请发邮件至 zlts@phei.com.cn，盗版侵权举报请发邮件至 dbqq@phei.com.cn。

本书咨询联系方式：（010）88254609，hzh@phei.com.cn。

前　言

随着互联网技术的飞速发展，产生了对基于 Web 软件的大量需求，而良好的 Web 前端交互设计和客户体验，对于 Web 应用在吸引新客户的同时提升现有客户的黏性至关重要。Web 前端开发工程师等职位的需求量较大、薪酬水平较高，为了适应对人才培养的要求，Web 前端技术系列课程在以职业教育为主要目标的高等院校中有较高的开出率。

jQuery 技术由于语法简练、兼容主流内核浏览器、可扩展性好等原因已成为前端开发工程师的一项必备技能，在前端开发岗位的招聘信息中出现频次极高，学生的学习意愿强烈。本教程的内容基于 jQuery 最新版本 3.2.1。

面向的读者

- 高职高专院校、应用型本科院校在校大学生。
- IT 培训机构学员。
- Web 前端开发工程师。
- Web 后台开发工程师。
- 网站开发爱好者。

内容组织

本教程章节的演进按照 jQuery 技术知识点的难易程度和之间的关联关系进行组织。

第 1 章是学习本教程的知识准备部分。介绍了 HTML+CSS+JavaScript 开发 Web 前端的代码规范和页面的主流布局设计，Web 前端的运行和开发环境，jQuery 的特点等。

第 2 章至第 8 章是基于 jQuery 的知识点来进行章节划分的，小节的设计参考了 jQuery 的官方文档。

第 9 章 jQuery Mobile，是 jQuery 专门为移动端网页开发的提供的框架，可以有效缩短移动端 Web 应用的开发周期。

使用建议

本教程的每个小节首先是对知识点的语法介绍，对于有经验的开发人员，这一部分也可以当做语法手册来使用。每个小节都配有案例代码，着重于讲解如何使用 jQuery 的知识点以及在使用中的注意事项。

教程中还设计了综合性的“任务”，需要使用 HTML、CSS 和 JS/jQuery 进行综合编程，因为对于前端开发工程师来说这三项技术是缺一不可的。这些任务都有真实的应用背景，考虑到本教程会用于课堂授课，任务的项目规模被压缩在合理的范围内。由于“任务”是按照当前的知识节点来安排的，会要求使用当前知识点来完成，前面章节中任务的实现会受限于所学技术而表现出一些不足，随着所学技术的丰富，在后面的章节中会不断加以完善。

我们建议读者在做“任务”时，首先阅读和分析任务需求，然后尝试自己来实现，毕竟“独立地分析并解决问题”才是软件开发工程师的核心能力，再与教程中的参考代码做对照，比较异同、分析优劣，项目的实现代码没有标准答案，我们期望读者能够充分发挥主动性，给出更好的解决方案。在某些章节的课后练习中，有些问题是针对任务的扩展，读者可以借此检验自己对 jQuery 技术的掌握程度。

致谢

本教程的编写工作得到了深圳信息职业技术学院软件学院的大力支持，主编为冯艳玲，副主编为王寅锋、艾宴清和企业专家宣茹。最终呈现在本教程中的教学案例和任务已先期用于我校软件技术专业的日常教学中，根据实际教学情况和学生反馈进行过多次修改，经验证，教学效果良好。在此，对为本教程的编写作出贡献的师生和企业专家一并致谢。

因水平有限，本教程难免有不当之处，我们期待各位读者能够提出宝贵的意见和建议，来敦促我们不断提高专业技能和教学水平，感谢本教程的每一位使用者。

编　者

2018年5月

目　录

第 1 章　jQuery 简介

本章学习要求：

- 熟练掌握 HTML 常用标签
- 熟练掌握 CSS 样式设计
- 熟练掌握 JavaScript 编程技术
- 熟练掌握前端开发软件的使用
- 熟练掌握前端开发调试工具的使用
- 熟练掌握 jQuery 的引用方式

HTML、CSS、JavaScript 是做前端开发必不可少的基础技术，使用这三种技术就可以实现 Web 前端常用功能。但是，由于不同厂商，甚至同一厂商的不同版本的浏览器对 HTML、CSS、JavaScript 的解析不一致，导致前端开发程序员需要花费大量的时间来处理烦琐的浏览器兼容问题。

jQuery 是一个 JavaScript 库，对基本的 JavaScript 任务进行了封装，在很大程度上屏蔽了浏览器的不兼容现象，还提供了比 JavaScript 更丰富的 API，从而有效地提高网站前端开发速度。jQuery 在前端开发领域应用广泛，目前国内外一些大型门户网站例如腾讯大粤网、百度新闻、京东、美国在线等都使用了 jQuery 技术。

1.1　jQuery 开发基础知识

在学习 jQuery 技术之前，应先掌握 jQuery 所需的基本理论和基础技术。由于篇幅有限本教材只列出基础知识要点和编程规范，详细的内容需要读者通过其他教材或者途径学习。有 HTML+CSS+JavaScript 开发经验的读者可以通过本章的任务 1.1 和任务 1.2 测试基础知识的掌握程度，这两个任务涉及前端布局技术及基本的 JS 技术。

1.1.1　HTML

HTML 是超文本标记语言（Hypertext Markup Language），目前的最新版本是 HTML5，HTML 技术完成页面内容的结构设计与实现。HTML 语法简单，由于篇幅的限制，不在本教材中详细列举，编写 HTML 文件注意以下几点：

- HTML 标签建议全小写。
- HTML 绝大部分标签都是双标记，虽然浏览器容错性很强，但在编写代码时一定要注意不要漏掉结束标记，否则有可能导致功能实现出现错误。
- 高版本的 jQuery 库是工作在严格模式下的，所以编写 HTML 文件时建议采用严格的模式，即在 HTML 标签前加声明语句<!DOCTYPE html>。

jQuery 目前还没有对 HTML5 音频、视频、canvas 等的 API 支持，所以如果要使用这些 HTML5 API 还是要使用 JS 编程来实现。

1.1.2 CSS

CSS 是层叠样式表（Cascading Style Sheets），目前的最高版本是 CSS3。CSS 技术能够对网页中元素位置的排版进行像素级精确控制，从而承担了页面的布局与美化的功能。在学习 jQuery 之前，如果读者对 CSS 技术掌握程度可以达到如下要求：

- 能够熟练使用 CSS 定位技术完成页面的布局。
- 能够熟练使用 CSS 选择器和各种常用属性进行规则配置，完成页面的美化。

那么可以踏上一段轻松而愉快 jQuery 的学习之旅了。

编写 CSS 文件时应注意以下几点：

- 合理使用各种 CSS 选择器，注意选择器的效率和优先级。
- 不同的浏览器厂商对 CSS 的解析不尽相同，所以必须掌握 CSS Hack 技术。

1. PC 端主流布局（版心+通栏）

目前，PC 端主流布局为版心+通栏式，许多大型门户网站采用了这种布局，例如天猫首页通栏形式的导航和广告，如图 1-1 所示。

图 1-1 天猫首页

在传统媒体中“通栏”是指一个整版宽度相同但是面积不到半个版的平面广告。网页布局中“通栏”是指与浏览器窗口宽度相同的页面部分，这部分内容在网页中最为醒目，常用于页头、导航栏、广告、页脚部分。

通栏制作，大多以颜色作为背景，要能适应不同分辨率的显示器下窗口的宽度，所以宽度的设置采用的是百分比的形式，同时不能小于“版心”的宽度。通栏的基本 CSS 设置如下：

```
.wrapper{
  width:100%;
  min-width:1024;
}
```

版心部分是“承载”网页主要内容的容器，在绝大多数客户端浏览器上应该居中显示，在部分分辨率过小的终端下也不能因“空间挤压”而导致变形。所以，版心采用固定宽度的设计，并通过配置等距的左右外边距使其显示在窗口中间。图 1-2 所示的是版心+通栏布局设计示意图。

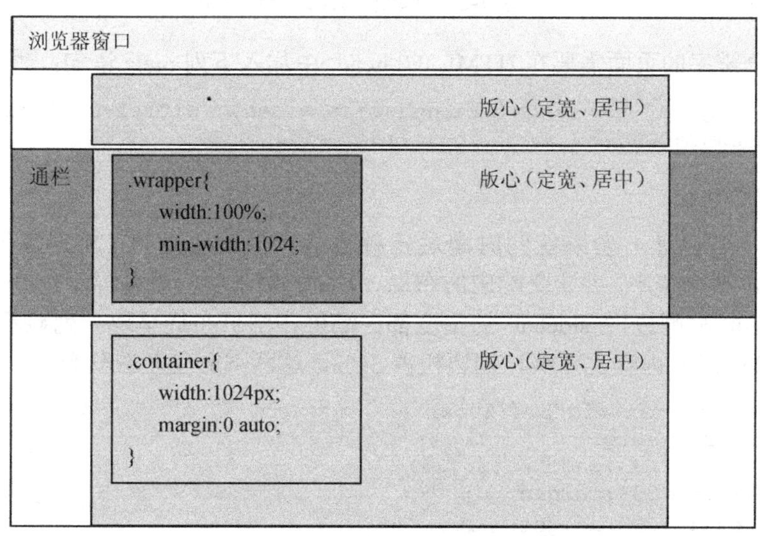

图 1-2 版心+通栏布局设计示意图

以下是版心的基本 CSS 设置：

```
.container{
  width:1024px;
  margin:0 auto;
}
```

2. 移动端布局

移动设备显示屏的分辨率千差万别，所以移动端网页布局要能够适应移动设备的分辨率变化，在较小的屏幕上全屏显示，在拥有较大屏幕移动设备上，有以下几种不同的处理方式：

- 随设备宽度变化而变化，代表：天猫。
- 设置网页宽度的上限，代表：京东。

图 1-3 所示的是移动端布局设计示意图。

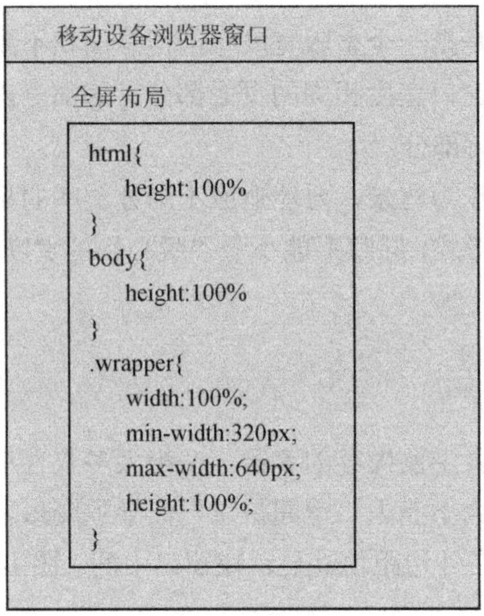

移动设备浏览器窗口

全屏布局

```
html{
    height:100%
}
body{
    height:100%
}
.wrapper{
    width:100%;
    min-width:320px;
    max-width:640px;
    height:100%;
}
```

图 1-3 移动端布局设计示意图

适应设备分辨率的页面需要在 HTML 的<head>中加入下列 meta 语句：

```
<meta name="viewport" content="width=device-width, initial-scale=1.0, maximum-scale=1.0, minimum-scale=1.0, user-scalable=0">
```

3. 响应式布局

响应式布局可以让一套系统同时满足各种设备，原理是通过 CSS3 媒体查询（Media Query）来检验屏幕分辨率，并定义响应的布局。下面的例子中当设备屏幕宽度小于 650px 时，内容部分#content 和侧边栏#sidebar 的宽度都占满屏，网页布局呈现一列显示；当宽度大于 650px 小于 980px 时，内容占 60%，侧边栏占 30%，这两部分呈左右分布。

```
@media screen and (max-width: 980px) {
  #header {height: auto;}
  #content {width: 60%;padding:4% 2%;}
  #sidebar {width: 30%;margin: 0;}
  #footer {width: 100%;height: auto;}
}
@media screen and (max-width: 650px) {
  #header {height: auto;}
  #content {width: auto;margin:10px 0;}
  #sidebar {width: 100%;margin: 0;}
  #footer {width: 100%;height: auto;}
}
```

响应式布局兼容各种设备的代价是代码累赘，加载时间长，效率低，呈现效果不够精致。

采用响应式布局的代表性网站有“腾讯大粤网”http://gd.qq.com/，“美国科学杂志网站”http://www.sciencemag.org/等。

1.1.3 JavaScript

JavaScript 是 jQuery 的编程语言基础，在学习 jQuery 之前应先掌握 JS 语言，需要掌握的 JS 技术要点如下：

- 熟悉 JS 基本语法。
- 能够熟练 JS 操作 DOM 对象。
- 熟练掌握 JS 事件处理。
- 熟悉 JS 字符串、时间、数学、正则等相关的常用函数。
- 熟悉 JS 插件的使用。
- 能够熟练使用 JSON 对象。

编写 JS 文件时应注意以下几点的代码习惯：

- JS 中的字符串推荐用单引号。
- JS 变量命名规范推荐使用骆驼命名法。
- 不要省略分号，不要省略大括号。

1.1.4 浏览器工作原理

浏览器软件核心的功能是实现基于 HTTP 协议的客户端，Web 项目的前端功能都是在浏览器中获得解释执行的。浏览器将用户的交互数据发送给服务器端，将来自服务器端的 HTML、CSS、JS 文件进行解释，然后将结果进行渲染，绘制到窗口中。

浏览器的渲染过程如下：

（1）解析 HTML，并将标签转化为内容树中的 DOM 节点。

（2）解析 CSS，建立 CSSOM 树。

（3）将 CSSOM 样式信息附加到 DOM 节点上构建渲染树（Rendering Tree），渲染树用来描述所有可见的 DOM 内容。

（4）执行布局过程，计算每个节点的形状、在屏幕上的确切坐标等。

（5）遍历渲染树，在窗口中绘制每个节点。

绘制并不会等所有 DOM 解析完毕后再开始，而是下载、解析完一部分内容就绘制一部分内容，这样内容可以尽快地显示出来。

任何对渲染树的修改都有可能会导致下面两种操作：

- 重排（Reflows）。渲染树中的节点几何属性发生了变化，其他元素的几何属性和位置因此会受到影响，需要重新构建渲染树，从而会触发重排操作。每个页面至少在初始化时会有一次重排操作。
- 重绘（Repaints）。渲染树节点需要更新，但是没有改变几何属性，比如改变了背景颜色，这种情况下只会触发重绘。

重排必然会引发重绘，但是某些节点的重绘不一定需要重排。

上述功能是由浏览器内核（Web Browser Engine，也称为排版引擎 Layout Engine）来完成的，浏览器软件的内核种类分类如表 1-1 所示。

表 1-1 浏览器内核种类

浏览器内核	CSS 前缀	代表浏览器
Webkit	-webkit-	360 浏览器极速模式
Blink	-webkit-	谷歌 Chrome
Gecko	-moz-	Firefox
Trident	-ms-	IE 低版本、360 浏览器兼容模式
EdgeHTML		IE11.0 以上版本

NetMarketShare 和 StatCounter 分别从全球 20000 个和 250 万个站点收集数据，图 1-4 和图 1-5 是这两家公司分别在 2017 年 2 月和 11 月对全球浏览器市场占有率的统计结果。

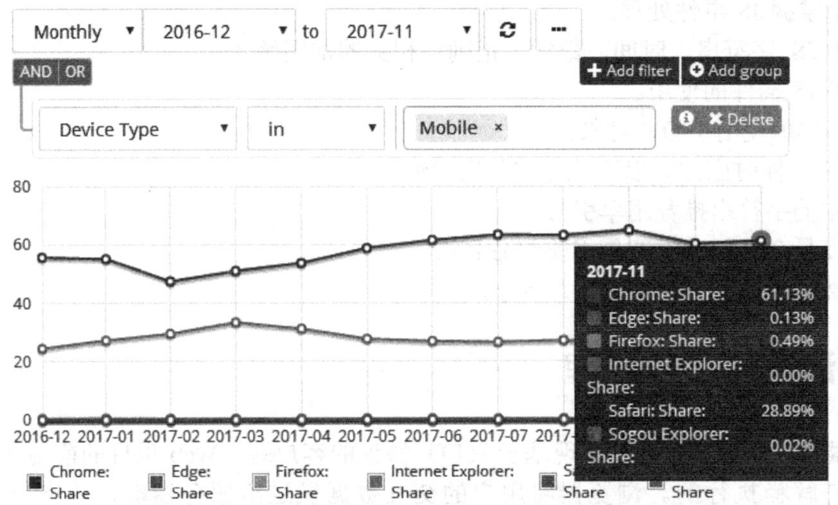

图 1-4　NetMarketShare 全球移动设备浏览器市场占有率

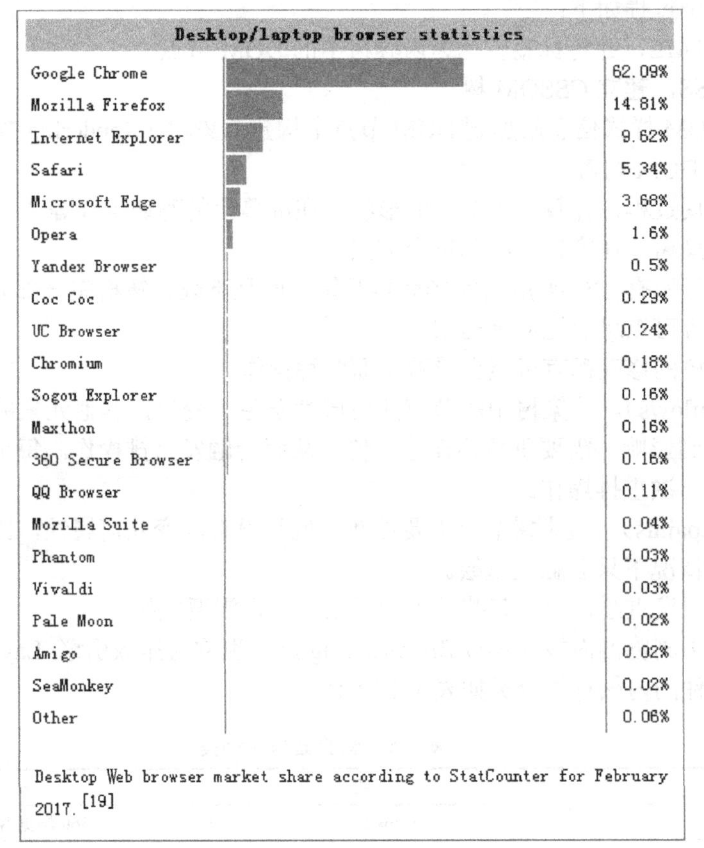

图 1-5　StatCounter 全球浏览器市场占有率

通过这两组数据，我们可以看到谷歌 Chrome 浏览器的市场占有率都超过了 50%，所以本教材的示例和案例的运行环境选择了 Chrome 浏览器。

1.1.5 开发软件

由于 JS 是解释性语言不需要编译，所以只要是能进行文本编辑的软件都可以用做 jQuery 开发。但是为了提高编写代码的效率以及使代码具有良好的可读性，我们仍然要使用专业的前端开发软件。本教材中代码使用 Aptana Studio 3.0 开发，版本号为 3.4.2。

Aptana Studio 是一款专业的、开源的开发环境，主要用于 Web 应用开发。Aptana Studio 可以作为一个独立的软件安装运行，也可以作为插件运行在 Eclipse 中。Aptana Studio 可以从其官方网站上下载最新的版本，如图 1-6 所示。按照安装向导的提示进行安装即可。

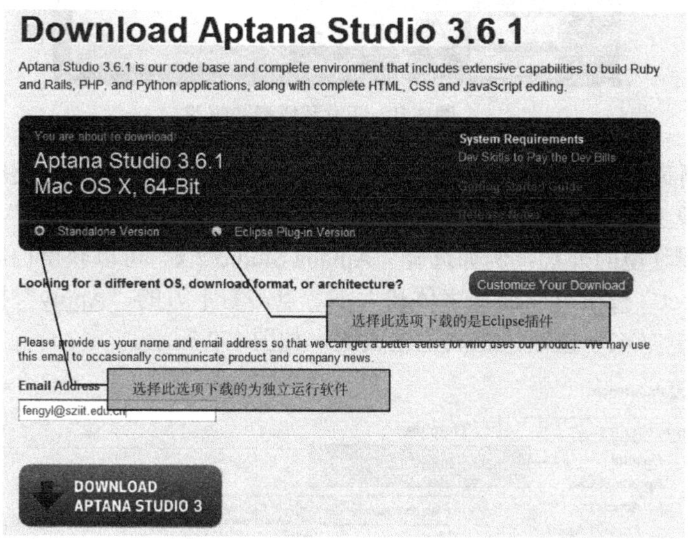

图 1-6 从官方网站下载 Aptana Studio

安装完成后，如果对默认的编辑环境不满意，可以自行配置环境参数。下面来设置其主题。

（1）启动 Aptana Studio 后，首先在出现的“Workspace Launcher”对话框中输入工作空间目录，或者点击*“Browse”按钮，在资源浏览器中选择用做工作空间的目录，再点击“OK”按钮，如图 1-7 所示。

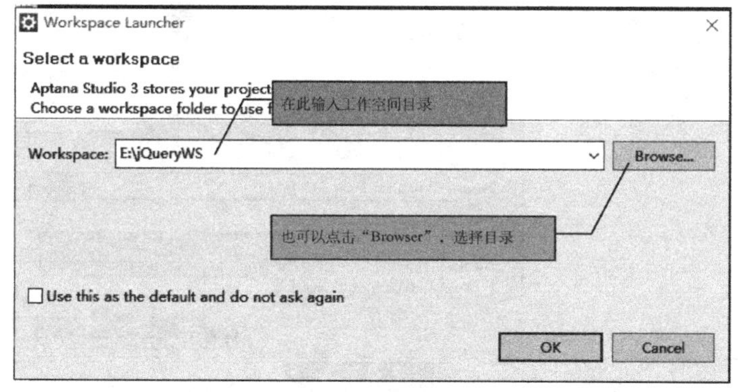

图 1-7 选择工作空间

* 因本教材是基于移动端产品的操作，与在台式机中的单击操作有所区别，全书均采用点击来处理。

（2）点击菜单中的“Window”，之后点击二级菜单中的“Preferences”，进入参数设置界面，如图 1-8 所示。

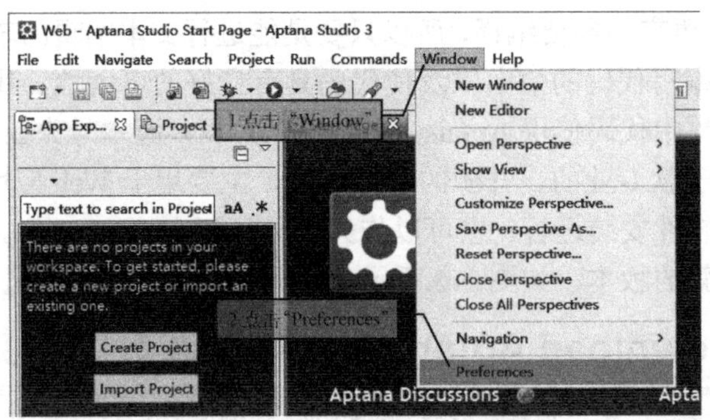

图 1-8　开发环境参数修改

（3）点击左侧菜单中的“Aptana Studio”展开二级菜单，再点击二级菜单中的“Themes”，右侧区域中会出现主题的参数设置情况，默认的主题名是“Aptana Studio”，可以通过选择其他主题来改变编辑环境的外观，例如选择“Aptana Studio 2.x”可以获得白底黑字的外观。点击右下方的“Select”按钮可以选择字体和大小。点击右下方的“Apply”按钮可以应用并预览主题效果，点击“OK”按钮，完成主题设置，如图 1-9 所示。

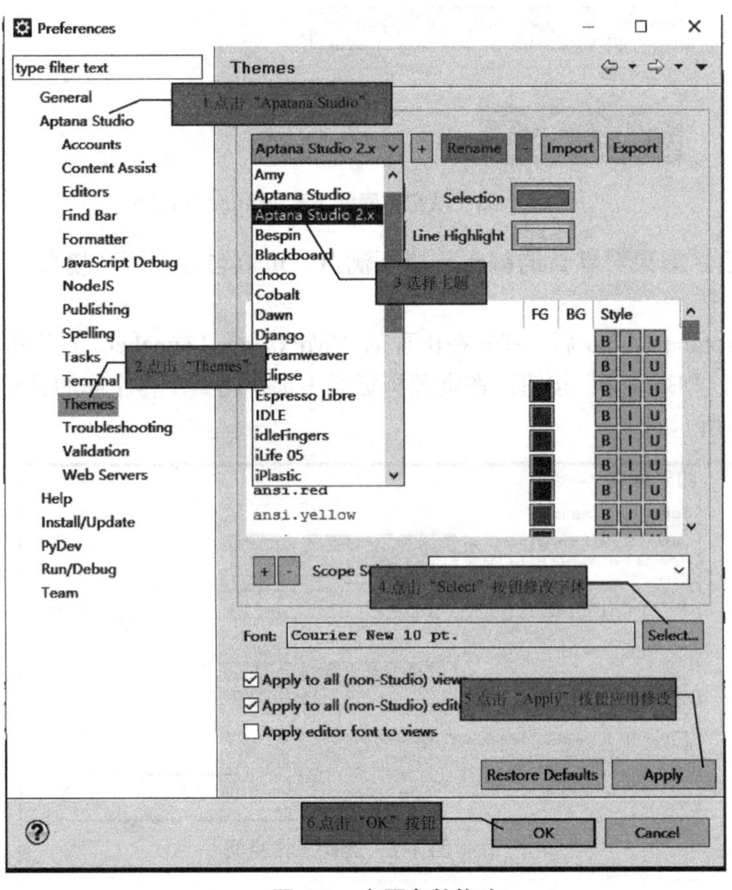

图 1-9　主题参数修改

（4）在“Preferences”对话框的左侧菜单中点击“General”展开二级菜单。点击二级菜单中的“Content Types”，在右侧的“Content Types”文本框中点击“Text”，Aptana Studio 默认编码是“utf-8”格式的，推荐使用此编码集，如果源代码需要使用其他编码集，例如“中文简体编码集”，就需要在右下方的“Default encoding”输入框中输入“GBK”，然后点击右侧的“Update”按钮，确保编码集被使用，最后点击“OK”按钮返回，如图 1-10 所示。

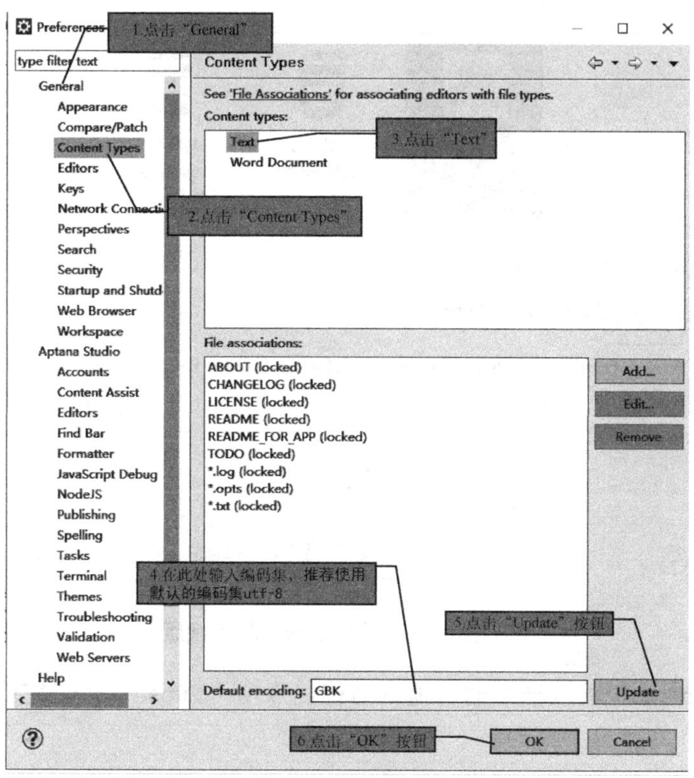

图 1-10　修改默认编码集

（5）创建 Web 项目，点击菜单中的“File”→“New”→“Web Project”，如图 1-11 所示，进入“模版选择”对话框。

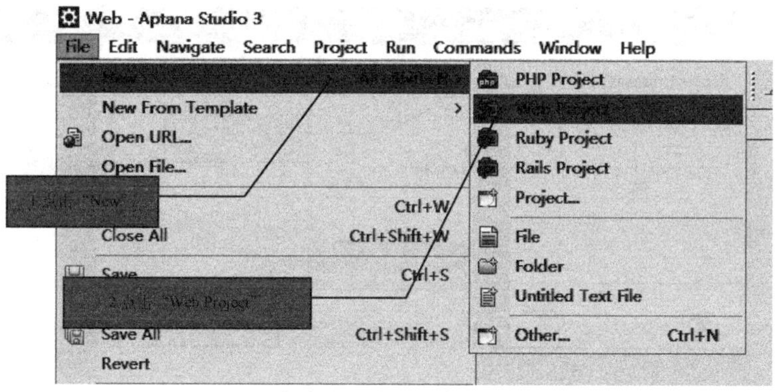

图 1-11　创建 Web 项目

选择“Basic Web Template”，创建基本 Web 项目，如图 1-12 所示。

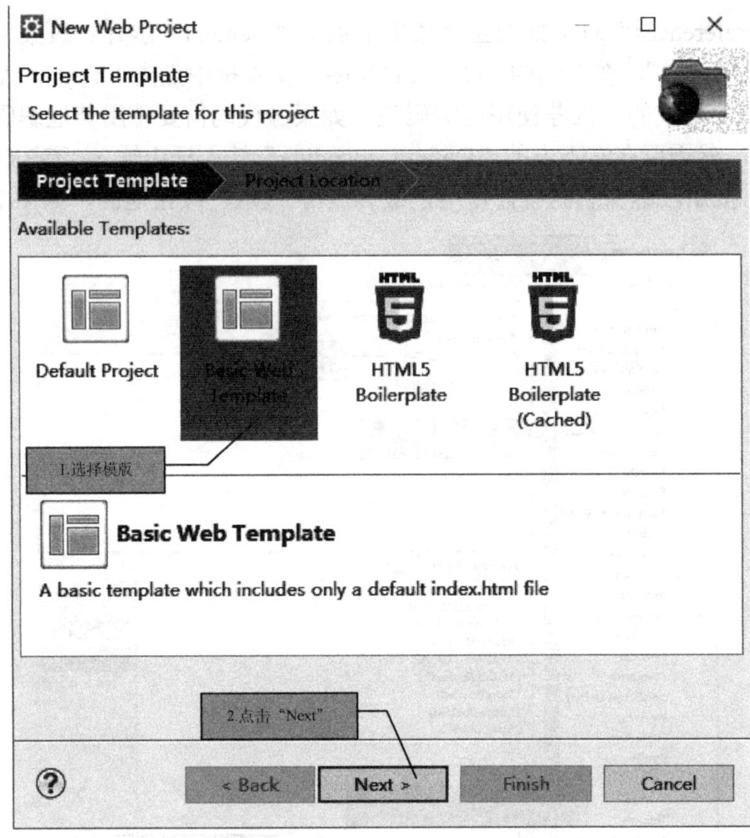

图 1-12 选择 Basic Web 模版

在“Project name”输入框中输入项目名称，点击“Finish”按钮完成项目的创建，如图 1-13 所示。

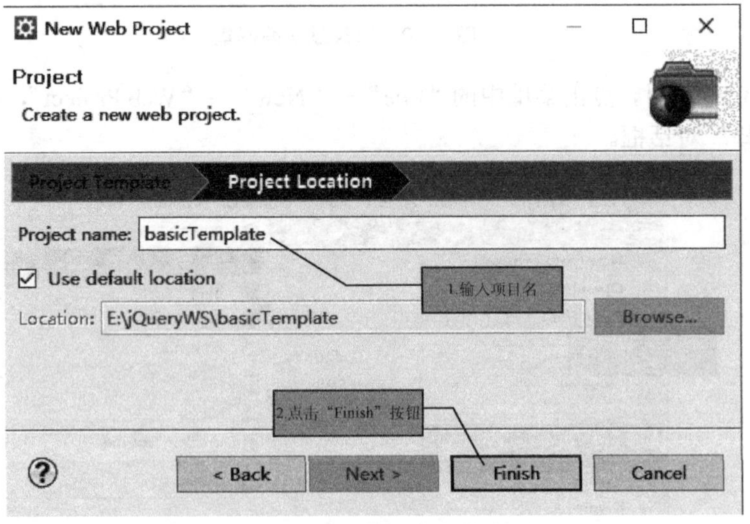

图 1-13 为项目命名

基本 Web 项目创建成功后只有一个空白的 index.html 文件，项目中的文件夹需要手动去创建，右击项目“basicTemplate”，在弹出的快捷菜单中选择“New”→“Folder”，打开“创建文件夹”对话框，如图 1-14 所示。

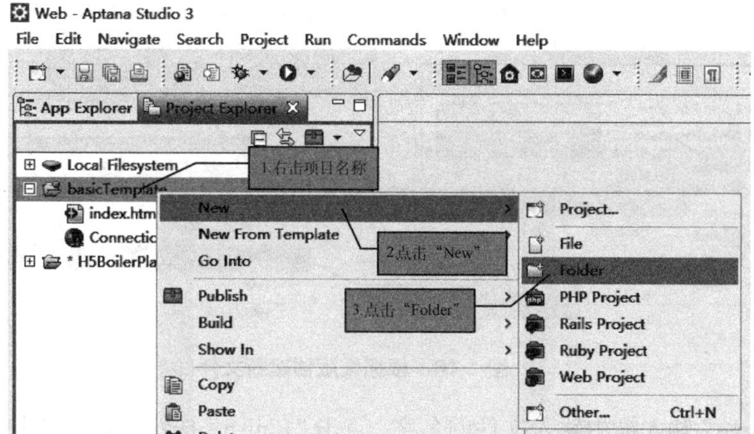

图 1-14　创建新文件夹

在“Folder name”输入框中输入文件夹的名字，点击“Finish”按钮，文件夹创建完毕，如图 1-15 所示。

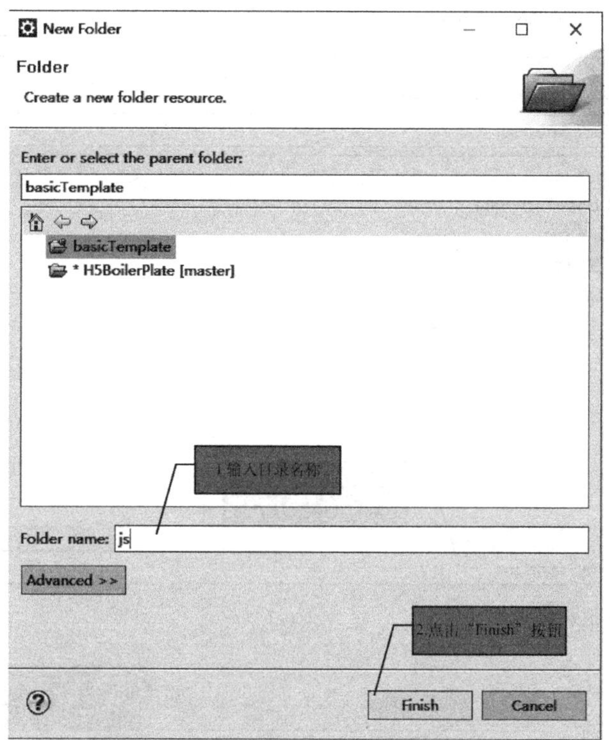

图 1-15　配置新文件夹参数

我们遵循业内规范，分别创建 js、css 和 img 文件夹，用于 JS、CSS 和图片文件的存放。接下来创建文件，右击 css 文件夹，在弹出的快捷菜单中选择“New From Template”→“CSS”→“CSS Template”，打开“创建文件”对话框，如图 1-16 所示。

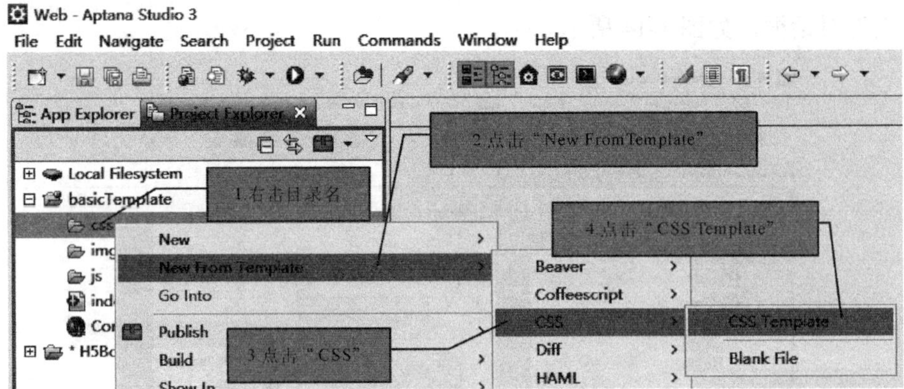

图 1-16　根据模版创建新文件

在“File name”输入框中输入文件的名字，点击“Finish”按钮，文件创建完毕，如图 1-17 所示。

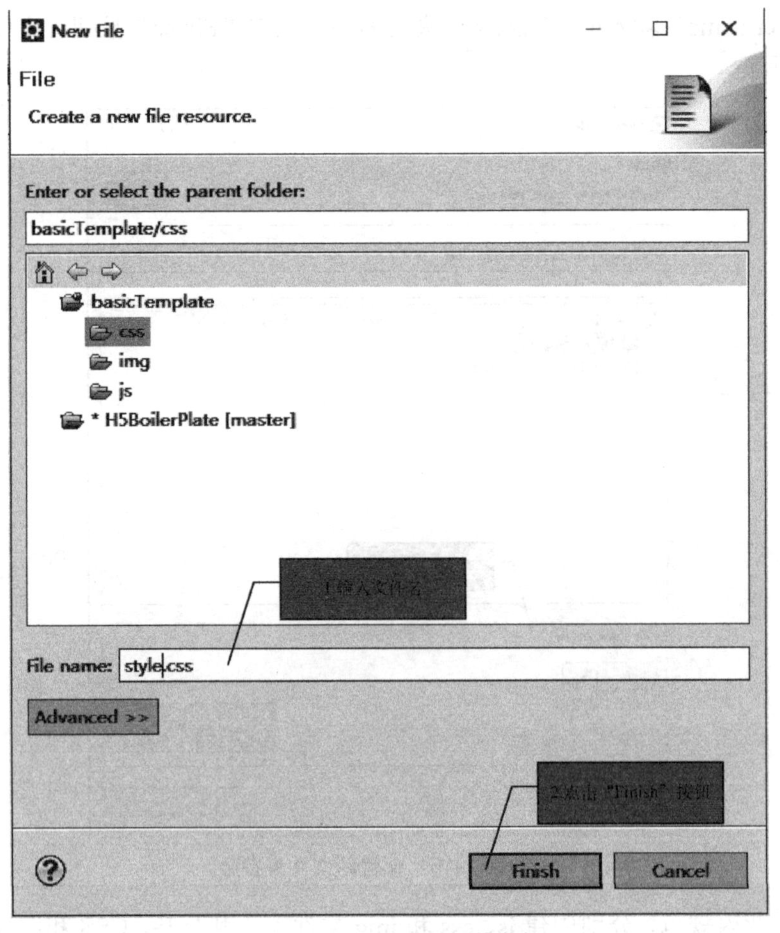

图 1-17　配置新文件参数

如果不希望依据模版创建文件，也可以在右键快捷菜单中选择“New”→“File”，打开“创建空白文件”对话框，如图 1-18 所示。

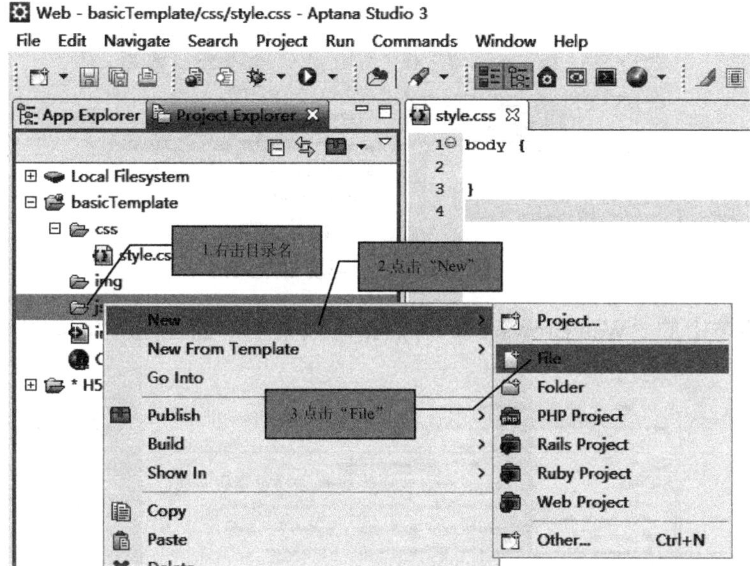

图 1-18　添加空白文件

在"File name"输入框中输入文件的文件名和扩展名，点击"Finish"按钮，文件创建完毕，如图 1-19 所示。

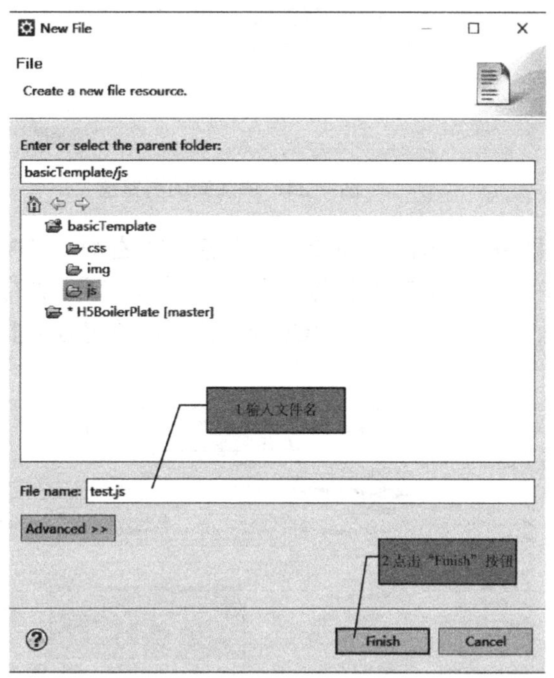

图 1-19　配置空白文件参数

Aptana Studio 集成了内置 Web 服务器系统，默认的浏览器为 Firefox 和 IE，当然浏览器是需要额外安装的，如果希望 Web 项目在其他浏览器上运行，要通过运行环境配置来完成。

下面我们将谷歌 Chrome 浏览器添加进浏览器列表中。点击功能键"Run As"右侧的向下箭头，再点击"Run Configurations"，打开"运行配置"对话框，如图 1-20 所示。

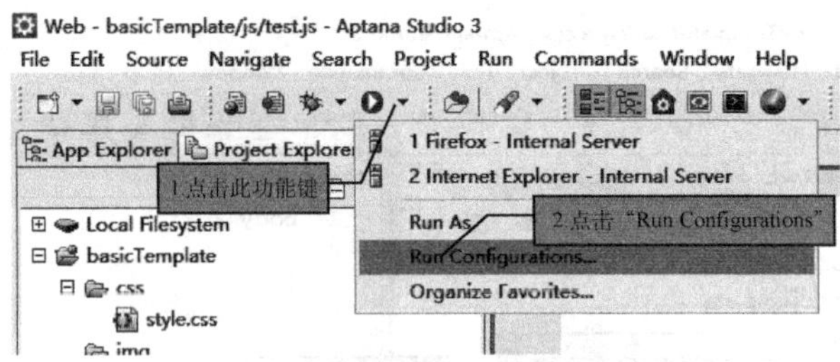

图 1-20 运行环境配置入口

点击左侧菜单中的"Web Browser"，再点击二级菜单中的"New"，如图 1-21 所示。

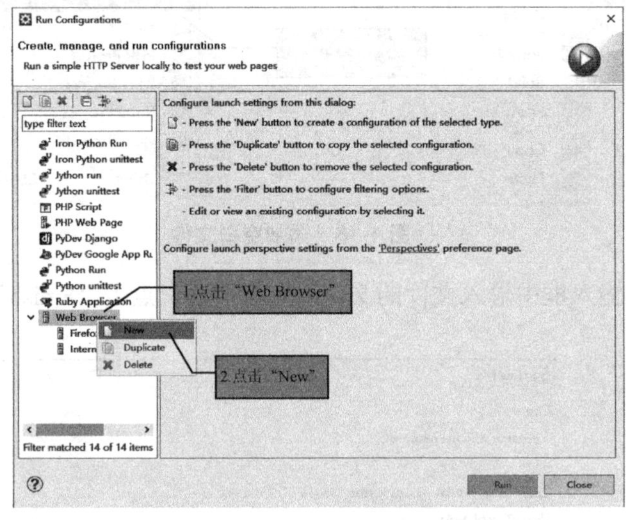

图 1-21 添加新的浏览器

在"Name"输入框中输入浏览器的名字，然后点击右侧的"Browser executable"输入框后面的"Browse"按钮，打开资源浏览器，找到 Chrome 浏览器的可执行文件，点击下方的"Apply"按钮，应用配置。点击下方的"Close"按钮，关闭对话框，如图 1-22 所示。

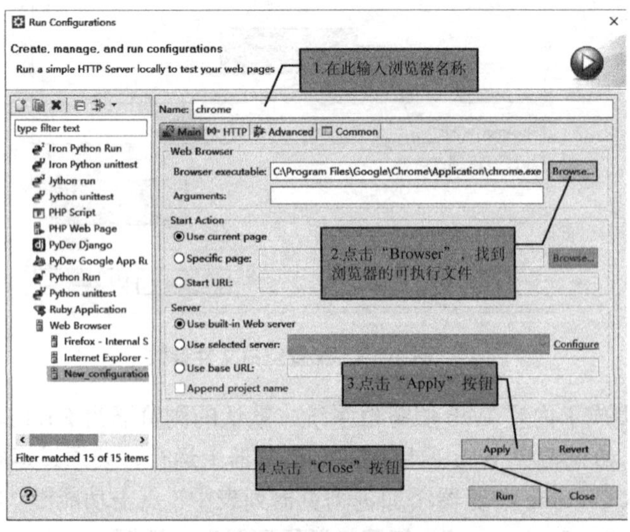

图 1-22 配置新浏览器的参数

再次点击“Run As”功能键的向下箭头，会看到 Chrome 浏览器出现在浏览器列表中，点击“1 chrome”，则选中的 index.html 文件就会在 Chrome 浏览器中执行了，如图 1-23、图 1-24 所示。

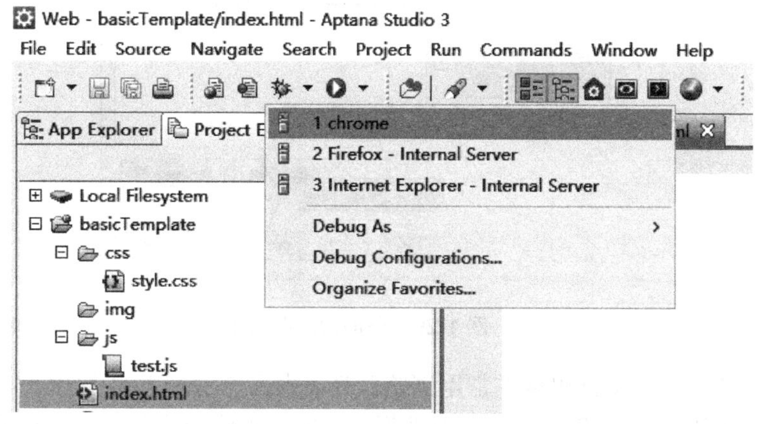

图 1-23　选择项目运行的浏览器

图 1-24　Chrome 浏览器中运行结果

Aptana Studio 允许配置常用浏览器，点击“Run As”功能键的向下箭头，再点击“Organize Favorites”，打开“添加常用浏览器”对话框，如图 1-25 所示。

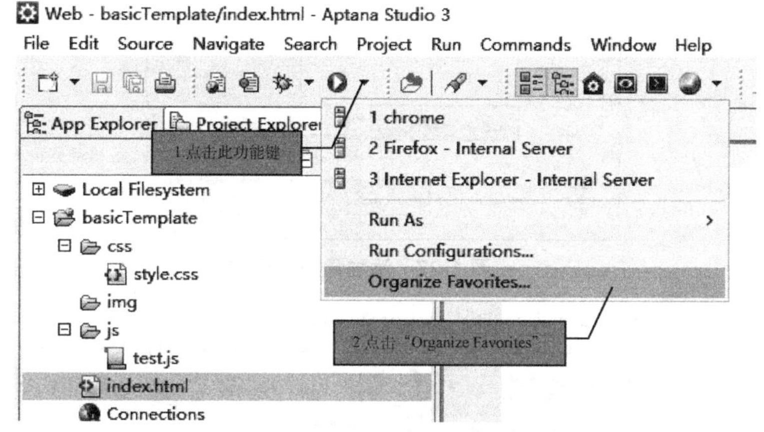

图 1-25　配置常用浏览器

勾选浏览器列表中的常用浏览器，点击下方的“OK”按钮，如图 1-26 所示。

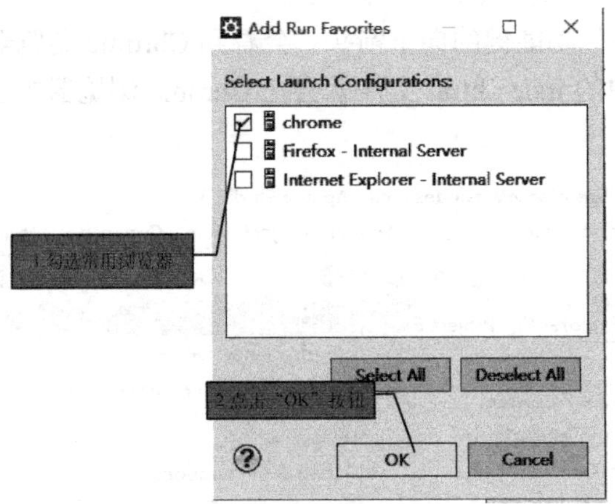

图 1-26　添加常用浏览器

会看到刚才勾选的浏览器出现在常用浏览器列表中，点击下方的“OK”按钮，确认并应用配置，Chrome 浏览器将出现在常用浏览器栏中，居于其他浏览器上方，如图 1-27、图 1-28 所示。

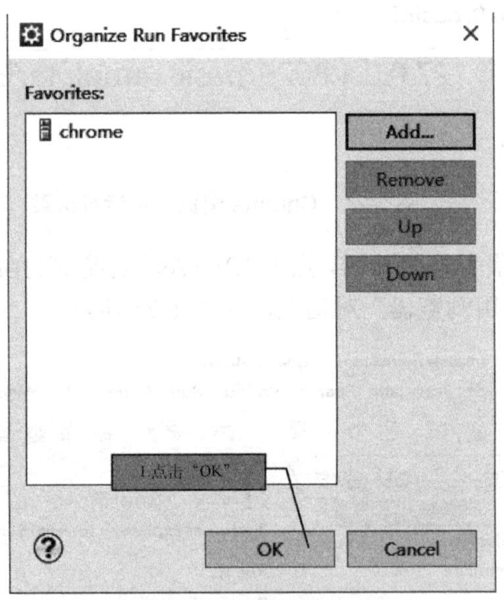

图 1-27　添加常用浏览器

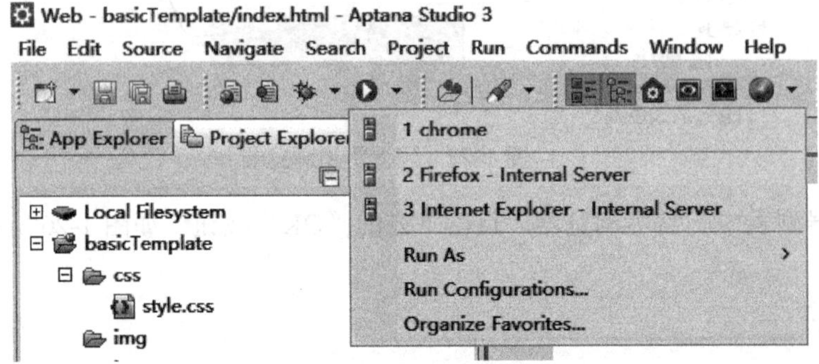

图 1-28　常用浏览器列表

1.1.6 调试环境

Aptana Studio 可以通过在窗口中打开 Firefox 浏览器的方式进行调试，但如果是其他浏览器就不支持内部调试了，这时我们可以借助浏览器自身的调试器进行代码调试。下面通过一个例子来图解如何在 Chrome 浏览器中进行调试。

示例 1-1 实现了一个简易四则运算器，用户输入两个运算数，并选择运算符，点击“计算”按钮后得到运算结果，结果保留小数点后两位。例如，计算 2.4 除以 7，得到的结果如图 1-29 所示。

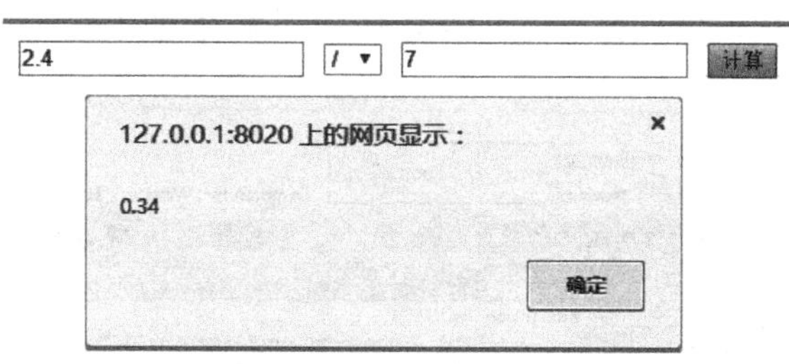

图 1-29 示例 1-1 运行效果

☑ 示例 1-1 源代码

index.html 代码如下：

```
<!doctype HTML>
<html>
    <head>
        <meta charset="UTF-8">
        <link type="text/css" rel="stylesheet" href="css/style.css" >
        <script src="js/test.js"></script>
        <title>test</title>
    </head>
    <body>
        <input type="text" id="num1"/>
        <select id="operator">
            <option>+</option>
            <option>-</option>
            <option>*</option>
            <option>/</option>
        </select>
        <input type="text" id="num2"/>
        <input type="button" value="计算" onclick="cal()">
    </body>
</html>
```

下面是一段有错误的 test.js 代码：

```
function cal() {
    var num1 = document.getElementById("num1").value;
    var num2 = document.getElementById("num2").value;
    var operator = document.getElementBy("operator");
    switch(operator) {
        case "+":
            alert(num1 + num2);
            break;
        case "-":
```

```
10.             alert(num1 - num2);
11.             break;
12.         case "*":
13.             alert(num1 * num2);
14.             break;
15.         case "/":
16.             alert(num1 / num2);
17.     }
18. }
```

源代码编写完成后，点击菜单“Source”→“Format”进行格式化代码（见图 1-30），使得代码以业内公认缩进风格呈现，在增加可读性的同时也可以及早发现部分语法错误，例如，结构符号{ }漏写，造成语法结构错误等，但由于 JS 是解释性语言，有些语法错误需要在运行时才能被发现。

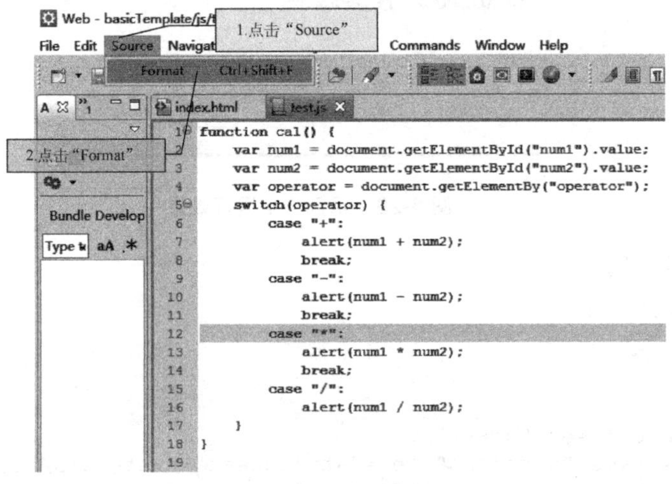

图 1-30　源代码格式化

运行示例 1-1，在浏览器中并没有看到结果，说明源代码存在错误，需要进行调试，右击页面，在弹出的快捷菜单中选择“检查”，在某些浏览器中显示为“审查元素”或“检查元素”，打开调试窗口，如图 1-31 所示。

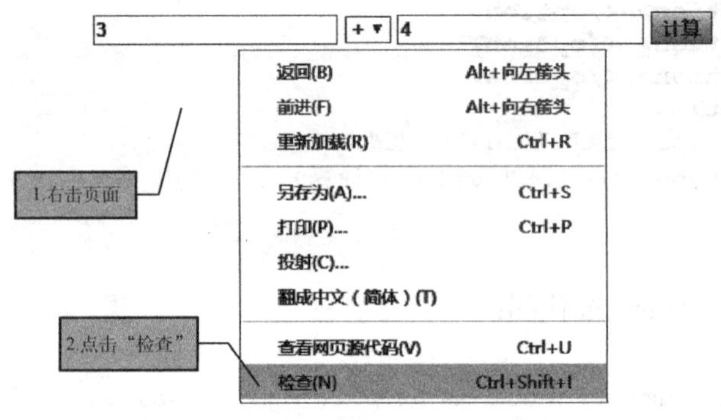

图 1-31　打开 Chrome 浏览器调试窗口

再次运行示例 1-1，在窗口中明确提示了语法错误，“test.js:4”说明 test.js 第 4 行有错误，在源代码的第 4 行出错处也有明确的下画波浪线提示，如图 1-32 所示。

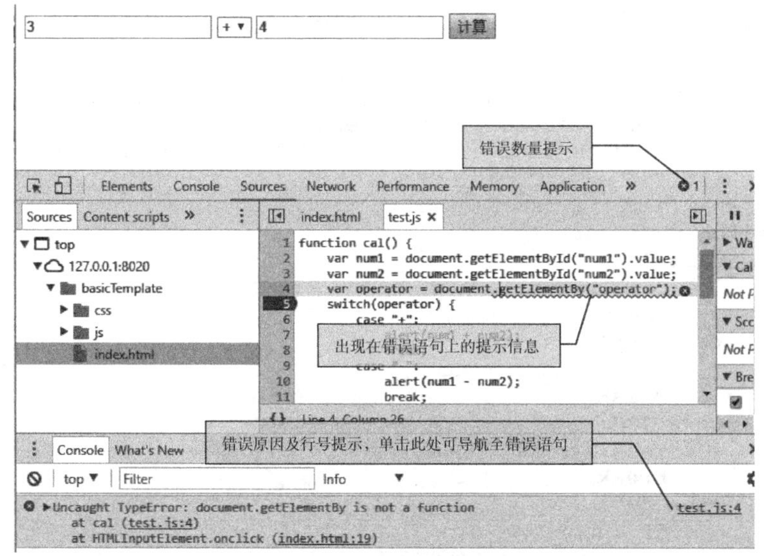

图 1-32　Chrome 浏览器编译错误提示

分析可知，其错误原因是函数名错误，将第 4 行进行修改，如下所示

```
4.    var operator = document.getElementById("operator");
```

修改过源代码后，一定要刷新页面，以确保代码重新加载。我们再次运行示例 1-1，发现仍然没有结果，也没有编译错误提示，说明程序没有语法错误，但是仍然存在逻辑设计等其他错误，我们需要对程序进行调试。

点击下方调试窗口中的“Sources”，双击项目中的 test.js 文件，在右侧打开源代码中，在关键位置设置“断点”，点击行号即可设置断点，如图 1-33 所示，我们在第 5 行设置了断点，再次点击“计算”按钮，程序“断”在第 5 行，使我们可以观察变量的值，并可以根据用户的指令进行“单步执行”来观察程序逻辑是否正确。

在图 1-33 中我们看到，第 2 至第 4 行后面都列出了该行变量的值，num1 和 num2 是我们输入的两个运算数，而 operator 却不是运算符，而是一个 id 为“operator”的 DOM 对象，switch…case 语句因为条件变量的值不正确，所以不能正确运行。

这样我们就通过调试找到了程序的问题所在，并进行针对性修改。

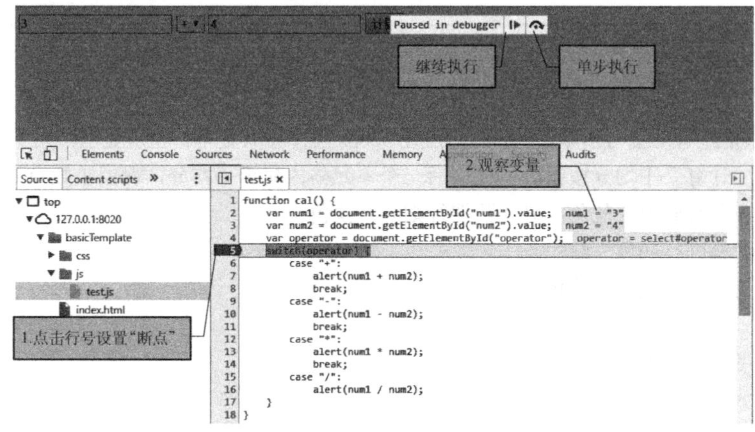

图 1-33　js 代码调试窗口

前面的代码还有未做入口参数检查的问题，修改后的cal()函数如下所示：

```
1. function cal() {
2.     var num1 = Number(document.getElementById("num1").value);
3.     var num2 = Number(document.getElementById("num2").value);
4.     var operator = document.getElementById("operator").value;
5.     var result;
6.     if (!(isNaN(num1) | isNaN(num2))) {
7.         switch(operator) {
8.             case "+":
9.                 result=num1 + num2;
10.                break;
11.            case "-":
12.                result=num1 - num2;
13.                break;
14.            case "*":
15.                result=num1 * num2;
16.                break;
17.            case "/":
18.                if (num2 === 0)
19.                    alert("0 不能做除数");
20.                else
21.                    result=num1 / num2;
22.        }
23.        alert(result.toFixed(2));
24.    } else {
25.        alert("请输入合法数字");
26.    }
27. }
```

JS 语言可以对数字字符串做简单的四则运算，加法是做字符串拼接，其他运算就如同数字的运算结果一样，但是当用户输入的不是数字时，再做减、乘、除运算，就会报错。所以，修改后的 cal()函数第 2、第 3 行将用户的输入字符串类型转换为数字，第 6 行判断两个运算数是否都是数字，在都是数字的情况下才进行计算，第 18 行添加了对除数是否为 0 的条件检查，以免出现除以 0 的情况。第 23 行中使用 JS 的 toFixed 函数保留运算结果到小数点后两位。

后面的两个小节是两个任务，读者可以尝试独立完成，以检查自己的基础知识是否满足开始学习 jQuery 的要求。

任务 1.1　成绩单

任务目标：成绩单

要求：

- 适应不同的移动设备分辨率，当设备宽度在 320px 至 640px 之间，全屏显示；大于 640px，居中显示。
- 当点击“计算”平均分按钮时，在最后一个单元格内显示平均分，保留小数点后两位。
- 表头和表尾行底色为蓝色，普通数据行则隔行换色。
- 成绩不及格的行底色为红色。
- 未参加考试的行底色为橙色。

技能训练：

- 移动设备常见布局。
- CSS 样式设计。
- JS 编程。

Chrome 浏览器调试器还可以模拟移动设备，如图 1-34 所示，为开发阶段的调试带来便利。

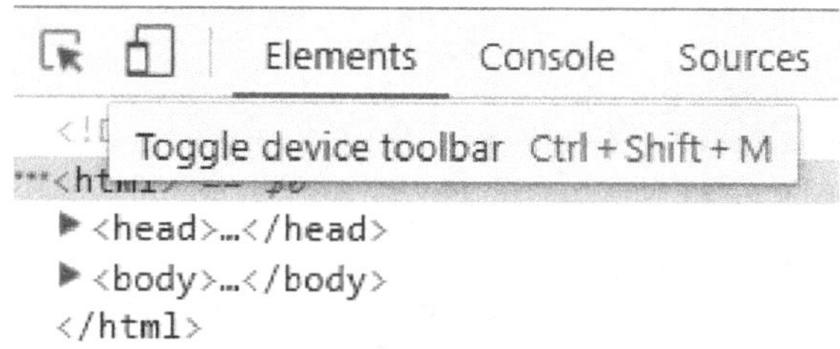

图 1-34 Chrome 浏览器中模拟移动设备

Chrome 移动设备模拟器有一些默认“模板”移动设备，图 1-35 所示的是模拟任务 1.1 在 iPhone6 上的运行结果。

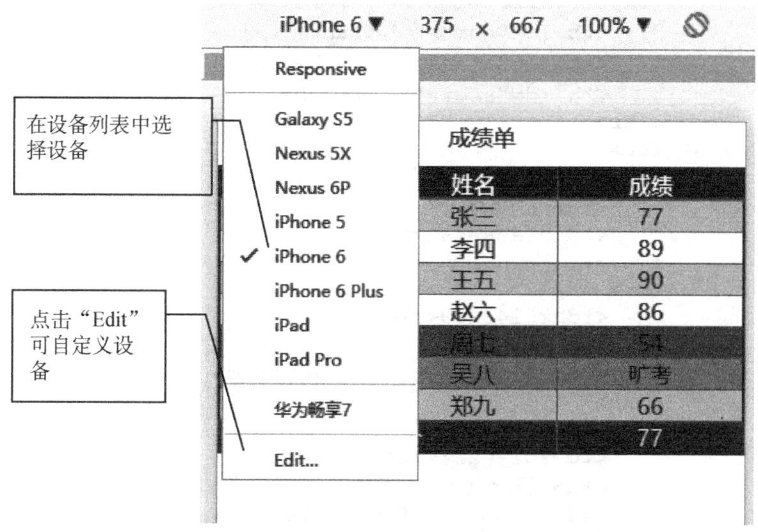

图 1-35 Chrome 浏览器中模拟 iPhone6 显示效果

选择“Responsive”模式则可以自由调节模拟设备的分辨率，图 1-36 所示的是模拟任务 1.1 成绩单在 771×409 的设备上的运行结果。

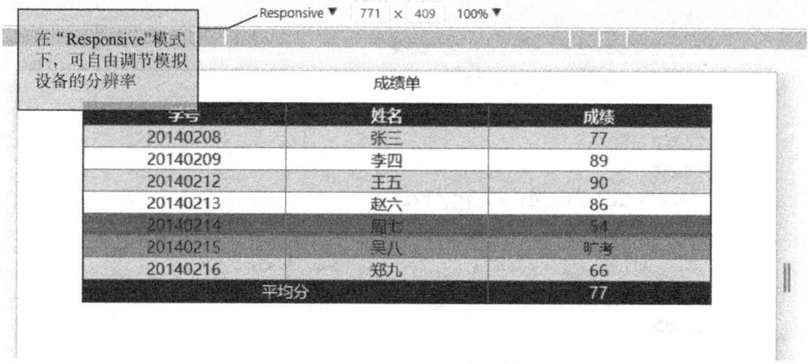

Responsive ▼ 771 x 409 100% ▼

在“Responsive”模式下，可自由调节模拟设备的分辨率

成绩单

学号	姓名	成绩
20140208	张三	77
20140209	李四	89
20140212	王五	90
20140213	赵六	86
20140214	周七	54
20140215	吴八	旷考
20140216	郑九	66
平均分		77

图 1-36 Chrome 浏览器中模拟的较大屏幕移动端显示效果

1. index.html 源代码

```
<!doctype html>
<html>
    <head>
        <meta charset="utf-8" />
        <meta name="viewport" content="width=device-width, initial-scale=1.0, maximum-scale=1.0, minimum-scale=1.0, user-scalable=0">
        <title>成绩单</title>
        <link rel="stylesheet" type="text/css" href="css/style.css">
        <script src="js/avg.js"></script>
    </head>
    <body>
        <div id="wrap">
            <div>
                成绩单
            </div>
            <table id="report">
                <tr id="firstLine">
                    <th id="num">学号</th>
                    <th id="name">姓名</th>
                    <th id="score">成绩</th>
                </tr>
                <tr>
                    <td>20140208</td>
                    <td>张三</td>
                    <td class="stuScore">77</td>
                </tr>
                <tr>
                    <td>20140209</td>
                    <td>李四</td>
                    <td class="stuScore">89</td>
                </tr>
                <tr>
                    <td>20140212</td>
                    <td>王五</td>
                    <td class="stuScore">90</td>
                </tr>
                <tr>
                    <td>20140213</td>
                    <td>赵六</td>
                    <td class="stuScore">86</td>
                </tr>
                <tr>
                    <td>20140214</td>
                    <td>周七</td>
                    <td class="stuScore">54</td>
                </tr>
                <tr>
                    <td>20140215</td>
                    <td>吴八</td>
                    <td class="stuScore">旷考</td>
                </tr>
                <tr>
                    <td>20140216</td>
                    <td>郑九</td>
                    <td class="stuScore">66</td>
                </tr>
```

```
56.                 <tr id="lastLine">
57.                     <td  colspan="2">平均分</td>
58.                     <td id="average"></td>
59.                 </tr>
60.             </table>
61.         </div>
62.     </body>
63.</html>
```

注意：index.html 的第 5 行，是移动端网页必须配置的。

2. style.css 源代码

```
1.  *{
2.      margin:0;
3.      padding:0;
4.  }
5.  body{
6.      text-align:center;
7.  }
8.  #wrap{
9.      margin:0 auto;
10.     max-width: 640px;
11.     min-width:320px;
12. }
13. #report{
14.     width: 100%;
15.     border-collapse: collapse;
16.     border:2px solid navy;
17.     margin-top:10px;
18. }
19. #num,#name{
20.     width:30%;
21. }
22. #score{
23.     width: 33%;
24. }
25. #firstLine,#lastLine{
26.     background-color:navy;
27.     color:white;
28. }
29. th,td{
30.     border:1px solid #888;
31. }
32. tr:nth-child(even){
33.     background-color:#eee;
34. }
```

上述 style.css 中使用了 css id 选择器（第 8 行等）、元素选择器（第 5 行）、多重选择器（第 15 行、第 29 行）、伪类选择器（第 32 行），熟悉 CSS 选择器可以为理解 jQuery 选择器打下良好的基础。

作为移动 Web 应用，本任务采用了图 1-3 所示的布局，包裹层的宽度适应 320px 至 640px 之间的变化，子元素的宽度都是以百分比的形式配置的，如第 20 行、第 23 行。

3. avg.js 源代码

```
window.onload=function(){
    function calAvg(){
        var stuScores=document.getElementsByClassName("stuScore");
```

```
4.          var sum=0;score=0;absence=0;rows=stuScores.length;
5.          var thisStu;
6.          for (var i=0; i < rows; i++) {
7.            thisStu=stuScores[i];
8.            score=parseFloat(thisStu.innerText);
9.            if(!isNaN(score))
10.           {
11.                sum+=score;
12.                if(score<60)
13.                {
14.                    thisStu.parentNode.style.backgroundColor="red";
15.                }
16.           }
17.           else{
18.                thisStu.parentNode.style.backgroundColor="orange";
19.                absence++;
20.           }
21.         };
22.         return sum/(rows-absence).toFixed(2);
23.     }
24.     document.getElementById("average").innerText=calAvg();
25. };
```

任务 1.1 JS 代码的涉及以下技能点。

- **JS 获取 DOM 对象**：第 3 行通过类名“查询”获得的结果是一个 DOM 对象的数组，具体到上述代码，获得的结果是表格中成绩这一列的所有单元格。
- **JS 循环语句、条件语句**：第 6 行至第 21 行对该数组循环遍历，第 8 行获取遍历到的单元格 DOM 对象的 innerText 属性的值，并转换为浮点型，第 9 至第 20 行的条件语句判断出成绩为“非数字”以及“不及格”的情况，来为当前行设置不同的背景颜色。
- **JS 遍历 DOM 对象**：在循环语句中我们只有当前的成绩单元格 DOM 对象，要想设置整行的背景颜色就需要利用 JS 遍历节点属性，第 14 行、第 18 行使用了“parentNode”来获取“thisStu”的父节点。
- **JS 设置 DOM 样式**：第 14 行、第 18 行通过“style”属性设置背景颜色。
- **JS 的自运行函数**：第 24 行通过 id 获取一个 DOM 对象，继而设置该 DOM 对象 innerText 的值，“=”右侧的 calAvg()为自运行的 calAvg 函数。

任务 1.2　轮播器与选项卡

任务目标：轮播器与选项卡

要求：

- ◆ 适应不同的分辨率，分辨率宽度在 1020px 以下时，全屏显示，不变形；大于 1020px 时，居中显示。
- ◆ 左侧为图片轮播器，当点击右下角序号时，显示相应图片，被点击的序号底色变为不透明。
- ◆ 右侧为选项卡，点击“校园播报”或者“媒体报道”图片按钮时，出现不同的标题组。

技能训练：

- ◆ PC 端常见布局。
- ◆ CSS 样式设计。
- ◆ JS 编程。

任务 1.2 的运行效果如图 1-37 所示。

图 1-37 任务 1.2 的运行效果

1. index.html 源代码

```
<!doctype html>
<html>
    <head>
        <meta charset="utf-8" />
        <meta name="keywords" content="深圳信息职业技术学院,职业教育" />
        <meta name="description" content="深圳信息职业技术学院首页新闻" />
        <link rel="stylesheet" href="css/common.css">
        <link rel="stylesheet" href="css/index.css">
        <script type="text/javascript" src="js/tabs.js"></script>
        <title>首页</title>
    </head>
    <body>
        <div id="container" class="clearfix">
            <div id="news_img">
                <div id="img_list">
                    <ul >
                        <li class="imgs"><img src="img/76.jpg">
                        </li>
                        <li class="imgs"><img src="img/80.jpg">
                        </li>
                        <li class="imgs"><img src="img/77.jpg">
                        </li>
                        <li class="imgs"><img src="img/79.jpg">
                        </li>
                    </ul>
                </div>
                <div id="num">
                    <ul >
                        <li class="num_list">
                            1
                        </li >
                        <li class="num_list">
                            2
                        </li>
                        <li class="num_list">
                            3
                        </li>
                        <li class="num_list">
                            4
                        </li>
                    </ul>
                </div>
```

```
                </div>
                <div id="news">
                    <div id="icons">
                        <span id="news_dot"><img src="img/dot2.gif" /> </span>
                        <span class="news_ico" id="news1" ><img src="img/news1.jpg" /> </span>
                        <span class="news_ico" id="news2" ><img src="img/news2.jpg" /> </span>
                    </div>
                    <div class="newsList" id="newsList1">
                        <ul>
                            <li class="newsItem">
                                <a href="#" >我校隆重举行 2017 届毕业典礼</a><span class="date">2017-06-11</span>
                            </li>
                            <li class="newsItem">
                                <a href="#" >省职业院校教师信息化教学设计大赛我校教师再获奖项</a><span class="date">2017-06-10</span>
                            </li>
                            <li class="newsItem">
                                <a href="#" >我校成为“智能电动汽车职业教育联盟”常务理事单位</a><span class="date">2017-06-09</span>
                            </li>
                            <li class="newsItem">
                                <a href="#">我校 5 项目获市哲学社会科学规划项目立项</a><span class="date">2017-06-08</span>
                            </li>
                            <li class="newsItem">
                                <a href="#">德国 TÜV 集团莱茵学院客人来校交流</a><span class="date">2017-06-07</span>
                            </li>
                            <li class="newsItem">
                                <a href="#">柳州职业技术学院客人来校交流</a><span class="date">2017-06-06</span>
                            </li>
                            <li class="newsItem">
                                <a href="#">我校再添一市级公共技术服务平台</a><span class="date">2017-06-05</span>
                            </li>
                            <li class="newsItem">
                                <a href="#">中联办深圳培训调研中心领导来我校调研交流</a><span class="date">2017-06-04</span>
                            </li>
                        </ul>
                    </div>
                    <div class="newsList" id="newsList2" >
                        <ul>
                            <li class="newsItem">
                                <a href="#">［深圳广电集团·CUTV 深圳台］2017 届深圳信息学院毕业生就业率超 98%</a><span class="date">2017-06-15</span>
                            </li>
                            <li class="newsItem">
                                <a href="#">［深圳特区报］深圳信息学院举行毕业典礼</a><span class="date">2017-06-14</span>
                        </li>
                            <li class="newsItem">
                                <a href="#">［深圳晚报］深信院 2017 届学子大运村里唱响毕业歌</a><span class="date">2017-06-13</span>
```

```
87.                         </li>
88.                         <li class="newsItem">
89.                             <a href="#">[南方都市报·奥一网]深信院电商专业排名全国高职第四</a><span class="date">2017-06-12</span>
90.                         </li>
91.                         <li class="newsItem">
92.                             <a href="#">[羊城晚报·羊城派] 深信院五千学子毕业 校长为毕业生上"最后一课"</a><span class="date">2017-06-11</span>
93.                         </li>
94.                         <li class="newsItem">
95.                             <a href="#">[深圳商报] 戴 VR 眼镜漫游信息学院</a><span class="date">2017-06-10</span>
96.                         </li>
97.                         <li class="newsItem">
98.                             <a href="#">[南方日报·版样] 信息时代上深圳信息学院</a><span class="date">2017-06-08</span>
99.                         </li>
100.                        <li class="newsItem">
101.                            <a href="#">[深圳商报·读创] 企业急需特殊对口人才怎么办? 找深信院直接下"订单"</a><span class="date">2017-06-02</span>
102.                        </li>
103.                    </ul>
104.                </div>
105.            </div>
106.        </div>
107.    </body>
108. </html>
```

2. common.css 源代码

```
1.  *{
2.      padding:0;
3.      margin:0;
4.  }
5.  body{
6.      text-align:center;
7.      font:16px Arial,"微软雅黑",sans-serif;
8.  }
9.  #container{
10.     width: 1024px;
11.     margin:auto;
12. }
13. li{
14.     list-style-type: none;
15. }
16. a{
17.     text-decoration: none;
18. }
19. .clearfix:after{
20.     content:"";
21.     display:block;
22.     visibility:hidden;
23.     clear:both;
24. }
```

common.css 文件中的样式为网站中所有页面通用样式，第 19 行 clearfix 类使用 after 伪元素选择器清除浮动，clearfix 类在 index.html 的第 13 行应用于<div>元素，因为它的两个子元素都配置了浮动。

3. index.css 源代码

```
1.  #news_img,#news{
2.      float: left;
3.  }
4.  #news_img{
5.      width: 500px;
6.      height:331px;
7.      position: relative;
8.  }
9.  #news{
10.     width:460px;
11. }
12. .imgs,#newsList2{
13.     display:none;
14. }
15. #num{
16.     position: absolute;
17.     right:10px;
18.     bottom:10px;
19. }
20. .num_list{
21.     display:inline-block;
22.     float: left;
23.     margin-right: 15px;
24.     width: 20px;
25.     height: 20px;
26.     background-color: orange;
27.     opacity: 0.7;
28. }
29. #news{
30.     text-align: left;
31.     margin-left:20px;
32. }
33. .newsItem{
34.     line-height: 25px;
35. }
36. .newsItem a{
37.     display:inline-block;
38.     width:300px;
39.     color:#444;
40.     overflow:hidden;
41.     text-overflow:ellipsis;
42.     white-space: nowrap;
43. }
44. .date{
45.     float:right;
46. }
47. .newsList{
48.     margin-top:20px;
49. }
```

index.css 中的样式为 index.html 特有样式，第 1 行至第 3 行设置了“#news_img”和“#news”向左浮动，它们分别是“图片轮播器”和“新闻选项卡”的布局“盒子”，为它们配置浮动可以使这两个块状元素“盒子”处于同一行中；在第 12 行设置了轮播器新闻图片和媒体报道新闻板块默认的样式为隐藏；第 40 至第 42 行设置了文字的溢出隐藏。

4. tab.js 源代码

```
1.  window.onload = function() {
2.      var news_ico = document.getElementsByClassName("news_ico");
3.      for (var i = 0; i < news_ico.length; i++) {
4.          news_ico[i].onmouseover = changeNews;
5.      };
6.      function changeNews() {
7.          var id = this.id;
8.          if (id == "news1") {
9.              document.getElementById("newsList1").style.display = "block";
10.             document.getElementById("newsList2").style.display = "none";
11.         } else {
12.             document.getElementById("newsList1").style.display = "none";
13.             document.getElementById("newsList2").style.display = "block";
14.         }
15.     }
16.     var imgs = document.getElementsByClassName("imgs");
17.     imgs[0].style.display = "block";
18.     var num_list = document.getElementsByClassName("num_list");
19.     for (var i = 0; i < num_list.length; i++) {
20.         num_list[i].onmouseover = changeImg;
21.         num_list[i].onmouseout = mouseOutAction;
22.     };
23.     function changeImg() {
24.         this.style.opacity = 1;
25.         for (var i = 0; i < imgs.length; i++) {
26.             imgs[i].style.display = "none";
27.         };
28.         imgs[this.innerText - 1].style.display = "block";
29.     }
30.
31.     function mouseOutAction() {
32.         this.style.opacity = 0.7;
33.     }
34. };
```

在 tab.js 中使用了 JS 事件处理技术。

第 1 行语句的作用是当 DOM 数加载完毕后触发执行"="右侧的匿名函数；第 4 行、第 20 行、第 21 行则为 DOM 对象绑定事件发生时的处理函数，本任务中是在鼠标移入和移出时，被触发执行。

如果读者能够完全理解任务 1.1 和 1.2 的代码，说明所具备的基础知识满足学习 jQuery 的基础要求了。

1.2 jQuery 的特点

jQuery 是由 John Resig 等人于 2006 年 1 月创建的，jQuery 的信条是"写得更少，做得更多"（write less，do more）。

1. jQuery 的优点

（1）轻量、稳定。jQuery 是一个轻量级的 JavaScript 库，jQuery3.2.1 的库文件只有 261KB，压缩后只有几十 KB，这对于包含了丰富多媒体文件的网页，jQuery 库对网页加载速度的影响几乎可以忽略不计。jQuery 版本持续更新，在 Web 应用开发上有很高的使用率，大量实践证明 jQuery 具有良好的稳定性和运行效率。

（2）函数库丰富、语法简洁。jQuery 将常用的 JavaScript 功能进行了函数封装，例如 DOM 操作、对 Ajax 的支持、CSS 样式设置等，并提供了更简洁的语法，与 JavaScript 相比，实现同样的功能，jQuery 代码要简洁许多。

（3）跨平台、跨浏览器兼容。jQuery 基本兼容了谷歌 Chrome、微软 Edge、IE、Firefox、Safari、Opera 等目前 PC 和移动端主流的浏览器，使用 jQuery 可以避免很多由浏览器兼容性带来的问题。

（4）可扩展性强、插件丰富。jQuery 除了提供丰富的函数库外，还提供了扩展接口，使得用户可以根据自己需要去改写和封装，从而得到自己的 jQuery 插件库。jQuery 有着丰富的开源第三方的插件，例如：日期控件、轮播器插件、报表插件等，为前端开发带来了便利。

（5）详尽的文档、基础广泛。jQuery 官方网站的网址是 http://jquery.com。在官网上可以在线阅读 jQuery 的 API 文档（http://api.jquery.com/ jQuery）。

jQuery 在国内也拥有广大的开发者基础，API 文档也被翻译成中文，下面两个网站都可以在线学习基础语法：

http://www.w3school.com.cn/jquery/index.asp

http://www.runoob.com/jquery/jquery-tutorial.html/

2. jQuery 的缺点

每个版本的 jQuery 都不满足向后兼容，也就是说使用旧版本的 jQuery 库的项目，在更换了新版本后，编写的代码或者引用的第三方插件可能会出现错误或者功能失效的情况。

目前，jQuery 的最新版本是 3.2.1，但是由于上述原因，很多网站仍然在使用 1.x 版本或者 2.x 版本。jQuery 的版本选择并没有一定之规，开发人员应根据版本特点和项目需求选择合适的版本，jQuery 也有一些里程碑式的版本，如 jQuery1.5 修复了许多 Bug，显著提高了性能，jQuery2.0 取消了对 IE 6/7/8 的支持。

本教材前 8 章的例子和任务案例使用的都是 jQuery 3.2.1 版。

1.3　jQuery 引用方式

jQuery 库需要通过在 HTML 文件添加<script></script>标签引用来得到应用，引用源通过 src 属性设置。

引用方式有两种：一种是在线引用，另一种是本地引用。

1. 在线引用

在线引用是指引用分布在内容分发网络（Content Delivery Network, CDN）上的 jQuery 库。CDN 通过负载均衡、分布式存储、调度技术，使用户可以更快、更稳定地访问 jQuery 库，同时减轻了网站所在服务器的压力。

在线引用的另一个好处是如果用户在访问其他站点时，已经从一个来源网站上加载过 jQuery 库，那么当他们访问其他做相同引用的站点时，会从浏览器缓存中加载 jQuery，从而减少加载时间。

表 1-2 中列举了 4 个在线引用资源。

表 1-2 jQuery 在线引用资源

序 号	来 源	src
1	jQuery 官网	https://code.jquery.com/jquery-3.2.1.min.js
2	百度静态资源公共库	http://apps.bdimg.com/libs/jquery/2.1.4/jquery.min.js
3	七牛云 Staticfile CDN	https://cdn.staticfile.org/jquery/3.2.1/jquery.min.js
4	新浪云计算 CDN 公共库	http://lib.sinaapp.com/js/jquery/3.1.0/jquery-3.1.0.min.js

如果我们在线引用来自七牛云的 jQuery 库，需要在 HTML 文件中添加以下代码：

```
<script src="https://cdn.staticfile.org/jquery/3.2.1/jquery.min.js"></script>
```

还有一些分布在 Google Ajax Library、Microsoft ASP.net CDN、CDNJS 等平台上的公共库，但在国内的网络访问不稳定，速度也不理想，本教材中就不做列举了。

2. 本地引用

在线引用受限于提供资源平台的网络情况，而且所提供的版本不一定满足需要，例如百度公共库就没有提供最新版本的 jQuery 库。除了在线引用之外，我们还可以采用本地引用的方式。

本地引用是将所需的 jQuery 库下载到本地，jQuery 官网对每个版本都提供了 3 个下载文件：压缩版、非压缩版和 map 文件。如果希望深入理解 jQuery 库，阅读 jQuery 的源代码，则应该选择非压缩版；压缩版的文件更小，适合用在上线运行的网站上，但是它是以去掉帮助阅读的分隔符和将函数名、变量名重新以单个字母命名为代价的，可读性很差；map 文件保留了压缩前和压缩后函数、变量的对应关系等，当采用 jQuery 压缩版进行调试时，可以恢复 jQuery 的可读性。

本地引用时要注意文件的路径要正确，例如我们把下载的 jquery-3.2.1.min.js 文件，放在项目的 js 子目录下，应该做如下引用：

```
<script src="/js/jquery-3.2.1.min.js"></script>
```

1.4 jQuery 编程第一步

下面通过任务 1.3 来编写第一个 jQuery 程序。

任务 1.3 编写第一个 jQuery 程序——jQuery Hello World

任务目标：jQuery Hello World

要求：

- 第一个 jQuery 程序，在浏览器控制台中输出“Hello jQuery”。
- 分别采用两种形式引用 jQuery 库，并验证其有效性。
- 分别采用 jQuery 和别名$的形式，并验证其有效性。

- ♦ （非必做）尝试用其他的符号替换默认别名$。

技能训练：

- ♦ PC 端常见布局。
- ♦ jQuery 的引用方式。
- ♦ jQuery 封装格式。
- ♦ jQuery 别名。

1. index.html 源代码

```
1.  <!doctype HTML>
2.  <html>
3.      <head>
4.          <meta charset="UTF-8">
5.          <link rel="shortcut icon" href="img/favicon.ico" type="image/x-icon" />
6.          <link rel="stylesheet" href="css/style.css">
7.          <script src="js/jquery-3.2.1.min.js"></script>
8.          <script src="js/hello.js"></script>
9.          <title>Hello World</title>
10.     </head>
11.     <body>
12.         <div id="container"></div>
13.         <!-- <div id="container">
14.         <img src="img/bearn.JPG">
15.         </div> -->
16.         <script src="js/test.js"></script>
17.     </body>
18. </html>
```

index.html 中第 5 行用于设置网站显示在浏览器的地址栏中的缩略标志；第 7 行本地引用 jQuery 库；第 13 行至第 15 行的图片大小为 2MB，用于测试 window.onload()和 document.ready()的执行时机。

2. style.css 源代码

```
body{
    text-align: center;
}
#container{
    width: 1024px;
    height: 768px;
    margin:0 auto;
    background-size:100%;
}
```

3. hello.js 源代码

```
window.onload = function init2() {
    console.log('Hello jQuery!');
};
var $j = jQuery.noConflict();
$j(function() {//jQuery官方文档推荐这种写法
    a = 3;
    /*
     ! function() {
     console.log(a);
     }();*/
```

```
11.     /*
12.      (function() {
13.      console.log(a);
14.      })();*/
15.     console.log(a);
16. });
17. $j(document).ready(function() {
18.     console.log(a);
19. });
20. var j = 30;
21. window.onload = function init() {
22.     j = 90;
23.     console.log('window onload');
24. };
```

hello.js 第 7 行至第 14 行示例两种自运行 JS 函数的写法。

4. test.js 源代码

```
1. console.log(j);
```

控制台输出如图 1-38 所示。

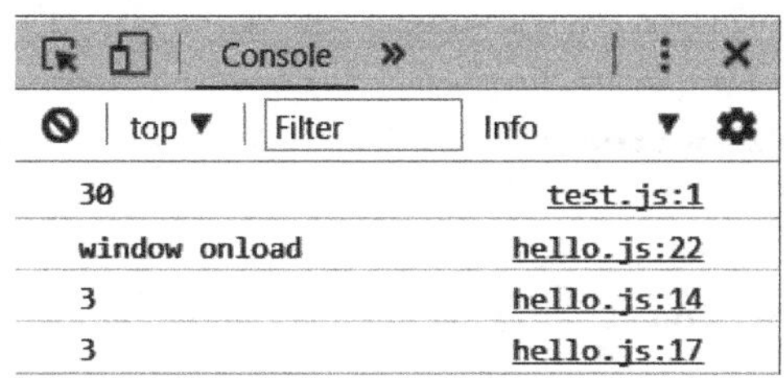

图 1-38　任务 1.3 控制台输出

在第 1 行和第 23 行中，都给 window 绑定了 onload 事件，但只有第 23 行被执行，JS 为一个对象的同一个事件绑定多个不同的函数时，后面的会覆盖前面的，即只有最后一个绑定的函数有效。

test.js 运行结果输出的是 30，而不是 hello.js 中第 24 行赋值给变量 j 的 90，说明 test.js 先于 hello.js 的第 24 行执行，因为 window.onload()的执行时机是在网页中的所有元素包括关联文件加载完毕后才执行的。

jQuery 的 document.ready()即$()也是在 document 加载完毕后执行的，从图 1-38 的运行结果来看 window.onload()先于$()执行。

$()即 document.ready()可以出现多次，但都是有效的。hello.js 第 5 行的变量 a 没有使用关键字 var 来声明，所以 a 是全局变量。

去掉 index.html 第 13 行到第 15 行的注释，网页包含了一个大小为 2MB 的图片，则运行效果如图 1-39 所示。这时，document.ready()会先于 window.onload()执行。

Console
top
Filter
Info
30 test.js:1
3 hello.js:14
3 hello.js:17
window onload hello.js:22

图 1-39　任务 1.2 运行效果

jQuery 使用“$”作为 jQuery 的简写方式，某些其他 JavaScript 库也默认采用同样的符号作为简写方式，在同时使用多种库的项目时可能产生冲突。jQuery 的全局函数 noConflict() 支持开发人员自定义简写符号。

下列代码中的第 4 行使用 jQuery 核心函数 noConflict 重新定义的 jQuery 的别名为“$j”，在第 5 行和第 17 行用“$j”替代了原来的“$”。

```
1.  window.onload = function init2() {
2.      console.log("Hello jQuery!");
3.  };
4.  var $j = jQuery.noConflict();
5.  $j(function() {//jQuery 官方文档推荐这种写法
6.      a = 3;
7.      /*
8.       ! function() {
9.       console.log(a);
10.      }();*/
11.     /*
12.      (function() {
13.      console.log(a);
14.      })();*/
15.     console.log(a);
16. });
17. $j(document).ready(function() {
18.     console.log(a);
19. });
20. var j = 30;
21. window.onload = function init() {
22.     j = 90;
23.     console.log("window onload");
24. };
```

对 jQuery 库的引用一定要先于其他使用了 jQuery 的 JS 文件。如果 index.html 中第 7 行和第 8 行互换了位置，hello.js 将不能正确运行，如图 1-40 所示。

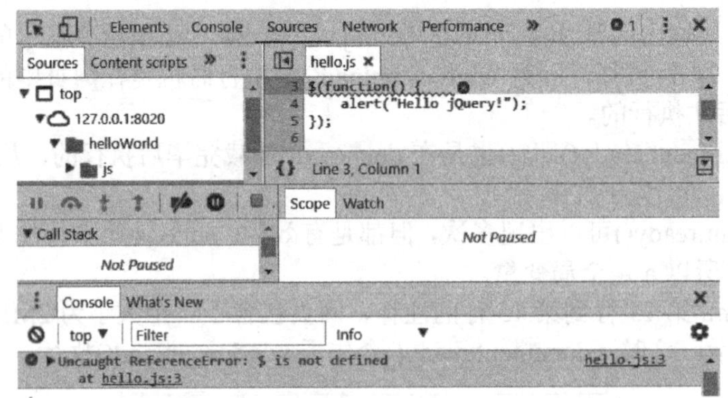

图 1-40　未正确引用 jQuery 库时的错误提示信息

课后练习

一、填空

1. 在<script>元素中，可以使用_________属性指定引用 jQuery 脚本的路径。

2. ___________是 W3C 组织推荐的处理可扩展标记语言的标准编程接口。

3. 谷歌浏览器（Chrome）的内核是___________。

4. jQuery 是一个轻量级的________________库。

5. JavaScript 语言对变量的类型检查不严格，允许变量类型的隐式转换，这样的语言称为___________的语言。JavaScript 代码不进行预编译，说明它是一种_____________ 脚本语言。

二、单选题

1. 在 jQuery 程序中，（　　）是 jQuery()的缩写。

   A. $()　　B. #()　　C. &()　　D. jq()

2. JS 特性不包括（　　）。

   A. 解释性　　B. 用于客户端　　C. 基于对象　　D. 面向对象

3. 下列不是 CSS 选择器的是（　　）。

   A. 通配符选择器　　B. 属性选择器　　C. 伪类选择器　　D. 以上都是

三、问答题

1. 简述浏览器的渲染过程。

2. jQuery 有哪些优点和缺点？

第 2 章　jQuery 选择器

本章学习要求：

- 熟练掌握 jQuery 基本选择器。
- 熟练掌握 jQuery 层次选择器。
- 熟练掌握 jQuery 基本过滤器。
- 熟练掌握 jQuery 内容过滤器。
- 熟练掌握 jQuery 属性选择器。

具有 CSS+JavaScript 前端开发经验的读者都知道，JavaScript 首先需要获取 DOM 对象并通过 DOM 对象来完成对网页元素的管理和操作。JS 获取 DOM 对象的方式只有通过 ID、名称、类名、标签名这 4 种方式，而编写 CSS 规则时我们使用的 CSS 选择器相对而言就更丰富、更强大。jQuery 提供的选择器与 CSS 选择器的语法很相似，比 JS 获取 DOM 对象的语法更精练，在减少代码量的同时还可以很方便地对 HTML 元素组或单个元素进行操作。jQuery 选择器返回 jQuery 对象，即 jQuery 包装 DOM 对象后产生的对象。

在 jQuery 的官方 API 文档中，jQuery 选择器（selector）分为 9 类，如表 2-1 所示。

表 2-1　jQuery 选择器分类

序　号	英 文 名 称	中 文 名 称
1	Attribute	属性选择器
2	Basic	基本选择器
3	Basic Filter	基本过滤器
4	Child Filter	子元素选择器
5	Content Filter	内容过滤器
6	Form	表单选择器
7	Hierarchy	层次选择器
8	jQuery Extensions	扩展选择器
9	Visibility Filter	可见性过滤器

本章下面的小节讲述了除表单选择器之外的其他选择器的语法及应用，表单选择器的语法及实战应用将在第 5 章中展开。

2.1　jQuery 基本选择器

jQuery 基本选择器与 CSS 基本选择器一致，共有 5 种，如表 2-2 所示。

表 2-2　jQuery 基本选择器表

序　　号	英 文 名 称	符 号 表 示	中 文 名 称
1	id selector	#id	id 选择器
2	element selector	element	元素选择器
3	class selector	.class	类选择器
4	all selector	*	*选择器
5	multiple selector	selector1,selector2…,selectorN	多重选择器

2.1.1　jQuery id 选择器

jQuery id 选择器根据给定的 id 选取唯一的一个元素。jQuery id 选择器的标志符号是“#”。语法格式如下：

```
jQuery('#id') 或 $('#id')
```

☑ 示例 2-1 源代码

```
1.  <!doctype html>
2.  <html>
3.      <head>
4.          <meta charset="UTF-8">
5.          <script type="text/javascript" src="jquery-3.2.1.min.js"></script>
6.          <script type="text/javascript">
7.              $(document).ready(function() {
8.                  jQuery('#btn1').click(function() {
9.                      alert('id 选择器示例');
10.                 });
11.             });
12.         </script>
13.     </head>
14.     <body>
15.         <button id="btn1">
16.             按钮 1
17.         </button>
18.         <button id="btn2">
19.             按钮 2
20.         </button>
21.     </body>
22. </html>
```

示例 2-1 源代码第 8 行中的 jQuery ('#btn1')就是一个 jQuery id 选择器，它将获得一个 id 为“btn1”，也就是代表第 15 至第 17 行定义的按钮的 jQuery 对象，第 8 行 jQuery ("#btn1").click()是向获得的 jQuery 对象上绑定“点击”事件，当该对象上发生“点击”事件时，将会触发第 8 至第 10 行之间的匿名函数中的语句。在示例 2-1 中当点击“按钮 1”时，会弹出警告框，文字提示“id 选择器示例”，如图 2-1 所示。点击“按钮 2”的时候不会有任何响应。jQuery 的事件处理，我们将在第 4 章展开详细讲解。

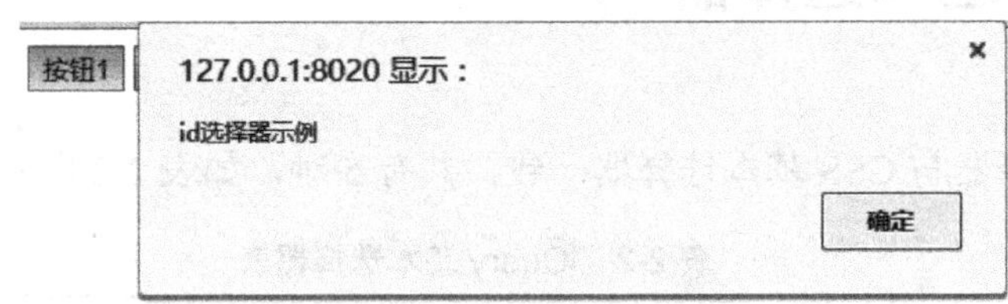

图 2-1　示例 2-1 运行结果

2.1.2　jQuery 元素选择器

jQuery 元素选择器用于选取所有满足给定的标签名的元素。jQuery 元素选择器无标志符号，在引号中直接写合法的标签名即可。

语法格式如下：

```
jQuery('element') 或$('element')
```

☑ 示例 2-2 源代码

```
1.  <!doctype html>
2.  <html>
3.      <head>
4.          <meta charset="UTF-8">
5.          <script type="text/javascript" src="jquery-3.2.1.min.js"></script>
6.          <script type="text/javascript">
7.              $(document).ready(function() {
8.                  jQuery('button').click(function() {
9.                      alert('标签选择器示例');
10.                 });
11.             });
12.         </script>
13.     </head>
14.     <body>
15.         <button id="btn1">
16.             按钮 1
17.         </button>
18.         <button id="btn2">
19.             按钮 2
20.         </button>
21.     </body>
22. </html>
```

示例 2-2 源代码第 8 行中的 jQuery ('button')是一个 jQuery 元素选择器，它将获得所有标签为“button”的 jQuery 对象，本例中的两个按钮都会响应点击事件，当点击“按钮 1”和“按钮 2”时，都会弹出警告框，如图 2-2 所示。

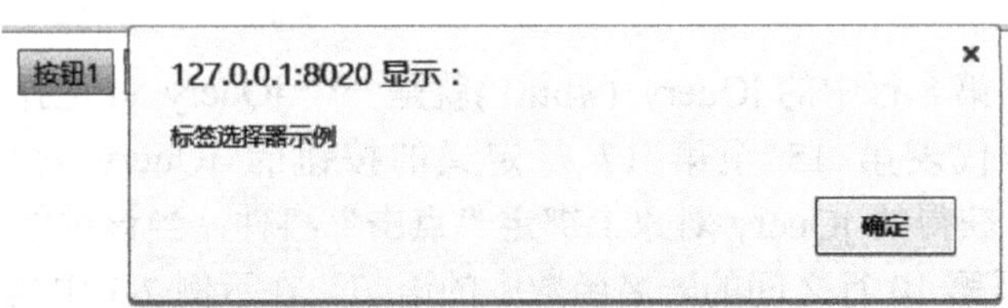

图 2-2　示例 2-2 运行结果

2.1.3 jQuery 类选择器

jQuery 类选择器用于选取所有满足给定的类名的元素，jQuery 类选择器标志符号是“.”。

语法格式如下：

```
jQuery('.class') 或$('.class')
```

☑ 示例 2-3 源代码

```
1.  <!doctype html>
2.  <html>
3.      <head>
4.          <meta charset="UTF-8">
5.          <script type="text/javascript" src="jquery-3.2.1.min.js"></script>
6.          <script type="text/javascript">
7.              $(document).ready(function() {
8.                  $('.myClass').click(function() {
9.                      alert('类选择器示例');
10.                 });
11.             });
12.         </script>
13.     </head>
14.     <body>
15.         <button class="myClass">
16.             按钮
17.         </button>
18.         <p class="myClass">
19.             段落
20.         </p>
21.     </body>
22. </html>
```

示例 2-3 源代码第 8 行中的$('.myClass')是 jQuery('.myClass')的简写，是一个 jQuery 类选择器，结果是所有类名为“myClass”的 jQuery 对象集合，本例中的按钮和段落都会绑定点击事件，点击按钮或者段落都会弹出如图 2-3 所示的警告框。

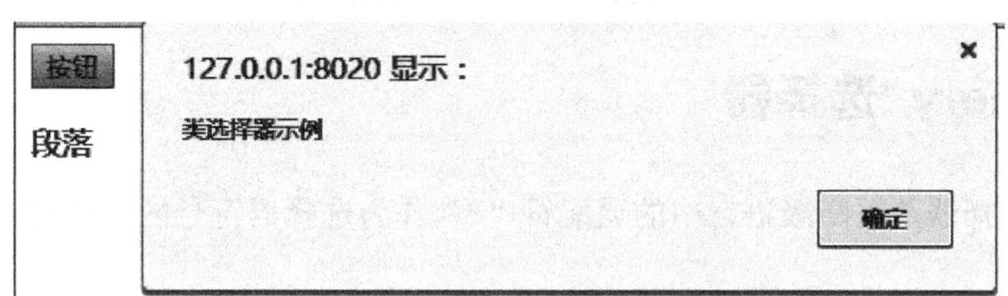

图 2-3 示例 2-3 运行结果

2.1.4 jQuery 多重选择器

jQuery 多重选择器用于返回一个复合结果，该结果中包含所有满足列出的选择器的元素，每个选择器之间用“,”隔开。

语法格式如下：

```
jQuery('selector1,selector2,…,selectorN')或 $('selector1,selector2,…,selectorN')
```

☑ 示例 2-4 源代码

```
1.  <!doctype html>
2.  <html>
3.      <head>
4.          <meta charset="UTF-8">
5.          <script type="text/javascript" src="jquery-3.2.1.min.js"></script>
6.          <script type="text/javascript">
7.              $(document).ready(function() {
8.                  $('button,p').click(function() {
9.                      alert('多重选择器示例');
10.                 });
11.             });
12.         </script>
13.     </head>
14.     <body>
15.         <button>
16.             按钮
17.         </button>
18.         <p>
19.             段落
20.         </p>
21.     </body>
22. </html>
```

示例 2-4 源代码第 8 行中的$('button,p')是一个由两个标签选择器构成的多重选择器，它将获得所有“button”和“p”标签元素的 jQuery 对象，即此例中所有的按钮和段落的 jQuery 对象，运行结果如图 2-4 所示。

图 2-4　示例 2-4 运行结果

2.1.5　jQuery *选择器

jQuery *选择器是以高级语言中的通配符“*”作为选择器符号的选择器，它将选取网页中所有元素。

语法格式如下：

```
jQuery('*') 或 $('*')
```

☑ 示例 2-5 源代码

```
<!doctype html>
<html>
    <head>
        <meta charset="UTF-8">
        <script type="text/javascript" src="jquery-3.2.1.min.js"></script>
        <script type="text/javascript">
            $(document).ready(function() {
                var $elements=jQuery('*');
```

```
9.                  alert('共有'+$elements.length+'个元素');
10.             });
11.         </script>
12.     </head>
13.     <body>
14.         <button>
15.             按钮
16.         </button>
17.         <p>
18.             段落
19.         </p>
20.     </body>
21. </html>
```

示例 2-5 源代码第 8 行中的 jQuery('*')使用了通配符选择器，在第 8 行中我们将其赋值给变量$elements，使用 jQuery 编程中的一个命名约定是在 jQuery 对象变量前加 jQuery 符号“$”，来表明这是一个 jQuery 对象。$elements 中包含本例中所有的标签元素，共有 9 个，运行结果如图 2-5 所示。

图 2-5　示例 2-5 运行结果

我们在单步调试模式下可以看到$elements 中包含了所有 HTML 中的元素，包括 head 中的元素，如图 2-6 所示。

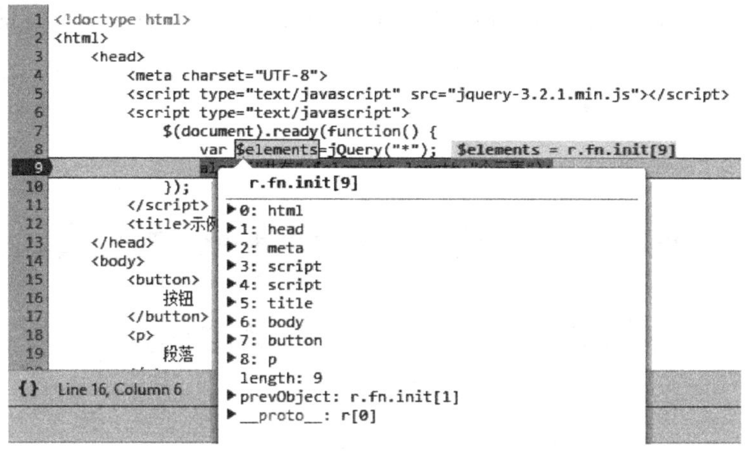

图 2-6　调试模式下观察 jQuery 对象变量$elements

2.1.6　jQuery 对象和 DOM 对象相互转换

在前面几个小节的例子中，我们使用 jQuery 选择器获得了 jQuery 对象，它和 DOM 对象有什么区别和联系呢？我们首先通过例子来理解它们的区别。

我们对示例 2-2 做一下修改，要求当点击按钮 1 的时候不再弹出警告框，而是将按钮 2 的边框变为 0。根据我们使用 JS 的经验，JS 设置 CSS 样式时，是通过改变 DOM 对象的 style 属性来进行的，代码如下：

☑ 示例 2-6 源代码

```
1.  <!doctype html>
2.  <html>
3.      <head>
4.          <meta charset="UTF-8">
5.          <script type="text/javascript" src="jquery-3.2.1.min.js"></script>
6.          <script type="text/javascript">
7.              $(document).ready(function() {
8.                  $('#btn1').click(function() {
9.                      document.getElementById('btn2').style.border='0';
10.                 });
11.             });
12.         </script>
13.     </head>
14.     <body>
15.         <button id="btn1">
16.             按钮 1
17.         </button>
18.         <button id="btn2">
19.             按钮 2
20.         </button>
21.     </body>
22. </html>
```

网页加载完成后，点击按钮 1，会看到按钮 2 的边框消失。如果我们将第 9 行的 DOM 对象改写成使用 id 选择器的 jQuery 对象，代码如下：

```
9.                      $('btn2').style.border="0";
```

当点击按钮 1 时，网页没有任何反应，在调试模式下，会看到第 9 行的报错信息，如图 2-7 所示。

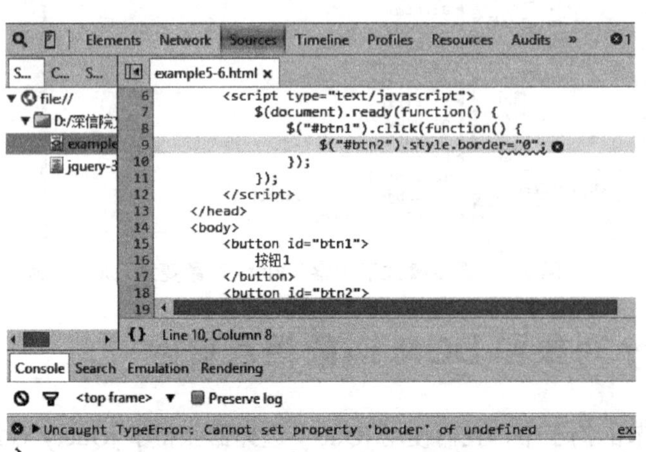

图 2-7 调试模式下语法错误信息提示

出错的原因是 style 属性是仅仅属于 DOM 对象的，而不是 jQuery 对象的属性。我们将属于 DOM 对象的属性或者函数应用到了 jQuery 对象上，反之将属于 jQuery 的属性或者函数应用到 DOM 对象上都会出错。

虽然 jQuery 对象和 DOM 对象的属性与函数不能混用，但是它们可以很方便地完成相互转换。通过图 2-8 我们可以看到，jQuery 对象是 DOM 对象的集合，DOM 对象是 jQuery 对象中的一个元素。

还有一点要注意，即便是 jQuery id 选择器，其结果也是一个集合，这个集合中只有一个索引为 0 的元素。

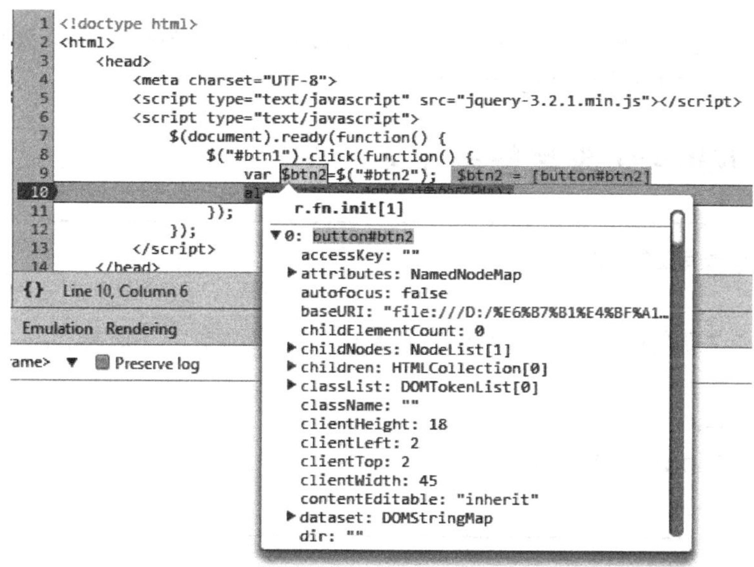

图 2-8 调试模式下观察 jQuery 对象变量$btn2

所以 jQuery 对象转 DOM 对象，可以通过根据索引取出 jQuery 对象中的某个元素来完成，$('#btn2')[0]就是 id 为“btn2”的 DOM 对象了，所以示例 2-7 可以得到与示例 2-6 相同的结果。

☑ 示例 2-7 源代码

```
<!doctype html>
<html>
    <head>
        <meta charset="UTF-8">
        <script type="text/javascript" src="jquery-3.2.1.min.js"></script>
        <script type="text/javascript">
            $(document).ready(function() {
                //$(document.getElementById('btn1')).click(function() {
                $('#btn1').click(function() {
                    $('#btn2')[0].style.border = '0';
                    //$('#btn2').get(0).style.border = '0';
                });
            });
        </script>
    </head>
    <body>
        <button id="btn1">
            按钮 1
```

```
19.         </button>
20.         <button id="btn2">
21.             按钮 2
22.         </button>
23.     </body>
24. </html>
```

当点击按钮 1 时，按钮 2 的边框消失，如图 2-9 所示。

按钮1 按钮2

图 2-9　示例 2-7 运行结果

DOM 对象转 jQuery 对象也很简单，只需用 jQuery()或者$()封装即可。示例 2-7 中的第 9 行与第 8 行注释的语句执行结果是一样的。

任务 2.1　jQuery 改写任务 1.2

任务目标： jQuery 改写任务 1.2

要求：

- 采用本小节学习的 jQuery 基本选择器改写任务 1.2 “首页新闻栏” 中的 JS 代码。

技能训练：

- jQuery 选择器。
- jQuery 对象与 DOM 对象的转换。
- css()函数。

1. index.html 源代码

```
9.          <script src="js/jquery-3.2.1.min.js"></script>
10.         <script type="text/javascript" src="js/tabs.js"></script>
```

任务 2.1 使用了 jQuery 技术，index.html 一定要在任务 1.2 的基础上添加对入 jQuery 库的引用。如以上代码的第 9 行所示。

2. tab.js 源代码

```
$(function() {
    var $news_ico = $('.news_ico');
    for (var i = 0; i < $news_ico.length; i++) {
        $news_ico[i].onmouseover = changeNews;
    };
    function changeNews() {
        var id = this.id;
        if (id == 'news1') {
            $('#newsList1').css('display', 'block');
            $('#newsList2').css('display', 'none');
         } else {
            $('#newsList1').css('display', 'none');
            $('#newsList2').css('display', 'block');
         }
    }
    var $imgs = $('.imgs');
    $imgs[0].style.display = 'block';
```

```
18.     var $num_list = $('.num_list');
19.     for (var i = 0; i < $num_list.length; i++) {
20.         $num_list[i].onmouseover = changeImg;
21.         $num_list[i].onmouseout = mouseOutAction;
22.     };
23.     function changeImg() {
24.         $(this).css('opacity', 1);
25.         $imgs.css('display', 'none');
26.         $imgs[this.innerText - 1].style.display = 'block';
27.     }
28.
29.     function mouseOutAction() {
30.         $(this).css('opacity', 0.7);
31.     }
32. });
```

tab.js 第 2、第 16、第 18 行使用 jQuery 的类选择器获得相应的 jQuery 对象；第 4、第 10、第 21 行将 jQuery 对象转换成 DOM 对象，再将事件绑定到 DOM 对象上，这种实现方法是暂时的，随着我们对 jQuery 技术学习的深入，事件处理也会采用 jQuery 技术来完成。

tab.js 的第 9、第 10、第 12、第 13 行使用 jQuery 的 id 选择器获得相应的 jQuery 对象，第 24、第 30 行将当前 DOM 对象“this”转换成当前 jQuery 对象“$(this)”，然后调用 jQuery 对象的 css()函数完成 css 样式的设置。

3. css()函数

css()函数用于读取或者设置“可计算的”样式属性的值，使用规则如表 2-3 所示。

表 2-3 css()函数使用规则

序　号	使 用 规 则	描　述
1	.css(propertyName)	获取指定元素集合中第一个元素的一个 CSS 属性的值 propertyName：字符串，CSS 属性名称 返回值：字符串
2	.css(propertyNames)	获取指定元素集合中第一个元素的多个 CSS 属性的值 propertyNames：字符串数组，一至多个 CSS 属性名称 返回值：JS 对象
3	.css(propertyName,value|function)	设置指定元素集合中每一个元素的一个 CSS 属性的值 value：属性的值 function：返回属性的值的 JS 函数
4	.css(properties)	设置指定元素集合每一个元素的多个 CSS 属性的值 properties：JS 简单对象，CSS 属性的键值对

如果“#btn”元素在样式表中的 css 属性如下所示：

```
#btn {
    position: relative;
    background-color: lightblue;
    width: 10%;
    border: 1px solid #222;
    margin-left:3em;
}
```

则 jQuery 语句如下所示：

```
console.log($('#btn').css(['position','backgroundColor', 'width', 'border']));
```

运行结果如图 2-10 所示。

```
▼Object
   backgroundColor: "rgb(173, 216, 230)"
   border: "1px solid rgb(34, 34, 34)"
   margin-left: "40px"
   position: "relative"
   width: "166.391px"
 ▶ __proto__: Object
```

图 2-10　运行结果

css()函数中的复合词属性可以采用 CSS 属性名，如“background-color”，也可以用 DOM 属性名，如“backgroundColor”。

诸如颜色、距离等有多种表示形式的量，css()函数获取的结果在不同的浏览器中可能得到不同表示形式的值，不一定与样式表中设置的值是一致的。例如，样式表中颜色的值采用了用颜色名或者十六进制数表示的颜色码，在谷歌浏览器中用 css()获取的颜色值是 RGB 的表示形式。所以如果所获得样式属性的值是用来做判断条件的，一定要注意表示形式的一致性。

任务 2.1 中 tab.js 的第 9、第 10、第 12、第 13、第 25 行是以表 2-3 中第 3 种使用规则设置的 CSS 属性的值。

下面的代码是以简单对象键值对的形式设置 CSS 属性的值，注意，DOM 属性名可以不加引号，而 CSS 的复合词属性名必须加引号。

```
$('#btn').css({
        'background-color':'green',
        borderColor:'red'
});
```

2.2　jQuery 层次选择器

jQuery 层次选择器共有 4 种，其说明如表 2-4 所示。

表 2-4　jQuery 层次选择器说明

序　号	英文名称	符号表示	中文名称
1	descendant selector	ancestor descendant	后代选择器
2	children selector	parent > child	父子选择器
3	next adjacent selector	prev + next	前后选择器
4	next siblings selector	prev ～ siblings	前兄弟选择器

2.2.1　jQuery 后代选择器

后代选择器可以用于选取满足条件的所有层级的后代元素。

语法格式如下：

```
jQuery('ancestor descendant') 或 $('ancestor descendant')
```

ancestor 和 descendant 都是合法的 jQuery 选择器，它们之间用空格相连。

☑ 示例 2-8 源代码

```
1.  <!doctype html>
2.  <html>
3.      <head>
4.          <meta charset="UTF-8">
5.          <script type="text/javascript" src="jquery-3.2.1.min.js"></script>
6.          <script type="text/javascript">
7.              $(function() {
8.                  var $divs = $('#father div');
9.                  var s = '被选元素的 id 是: ';
10.                 for (var i = 0; i < $divs.length; i++) {
11.                     s = s + $divs[i].id + ' ';
12.                 };
13.                 alert(s);
14.             });
15.         </script>
16.     </head>
17.     <body id="father">
18.         <div id="child">
19.             <div id="grandchild"></div>
20.         </div>
21.         <div id="secondChild"></div>
22.     </body>
23. </html>
```

示例 2-8 源代码第 8 行中后代选择器可以选取 id 为“father”元素所有标签为< div >的后代元素，运行结果如图 2-11 所示。

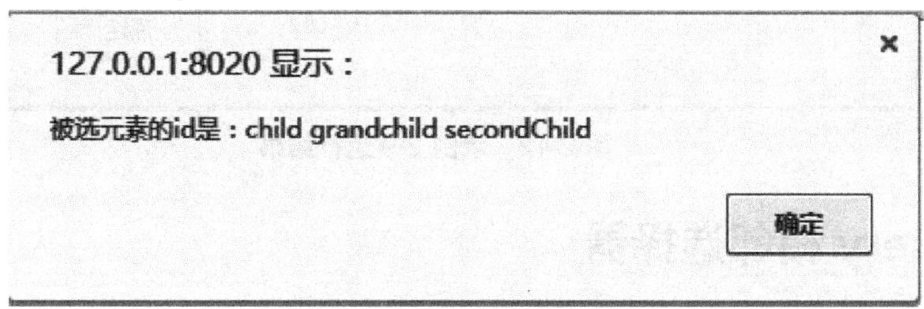

图 2-11 示例 2-8 运行结果

2.2.2 jQuery 父子选择器

父子选择器用于选取指定元素的所有指定子元素。与祖先后代选择器不同的是，父子选择器只选取满足条件的第一层级后代元素。

语法格式如下：

```
jQuery('parent > child') 或 $('parent > child')
```

parent 和 child 都是合法的 jQuery 选择器，它们之间用“>”相连。

☑ 示例 2-9 源代码

```
<!doctype html>
<html>
    <head>
        <meta charset="UTF-8">
        <script type="text/javascript" src="jquery-3.2.1.min.js"></script>
```

```
6.          <script type="text/javascript">
7.              $(function() {
8.                  var $divs = $('#father>div');
9.                  var s = '被选元素的id是: ';
10.                 for (var i = 0; i < $divs.length; i++) {
11.                     s = s + $divs[i].id + ' ';
12.                 };
13.                 alert(s);
14.             });
15.         </script>
16.     </head>
17.     <body id="father">
18.         <div id="firstChild">
19.             <div id="grandchild"></div>
20.         </div>
21.         <div id="secondChild">
22.         </div>
23.     </body>
24. </html>
```

示例 2-9 源代码的第 8 行中使用了父子选择器，运行结果如图 2-12 所示。与示例 2-9 的结果对比来看父子选择器的结果中不包括层级大于 1 的后代元素 div#grandchild。

图 2-12　示例 2-9 运行结果

2.2.3　jQuery 相邻选择器

相邻选择器用于选取与指定元素同级并紧跟在它后面的相邻元素。

语法格式如下：

```
jQuery('prev+next') 或 $('prev+next')
```

prev 和 next 都是合法的 jQuery 选择器，它们之间用“+”相连。

☑ 示例 2-10 源代码

```
<!doctype html>
<html>
    <head>
        <meta charset="UTF-8">
        <script type="text/javascript" src="jquery-3.2.1.min.js"></script>
        <script type="text/javascript">
            $(function() {
                var $divs = $('#firstChild+div');
                var s = '被选元素的id是: ';
                for (var i = 0; i < $divs.length; i++) {
                    s = s + $divs[i].id + ' ';
```

```
12.                 };
13.                 alert(s);
14.             });
15.         </script>
16.     </head>
17.     <body id="father">
18.         <div id="firstChild">
19.         </div>
20.         <div id="secondChild">
21.             <div id="grandchild"></div>
22.         </div>
23.         <div id="thirdChild">
24.         </div>
25.     </body>
26. </html>
```

示例 2-10 源代码的第 8 行中使用了相邻选择器，选取紧跟在 div#firstChild 后的元素 div#secondChild，运行结果如图 2-13 所示。

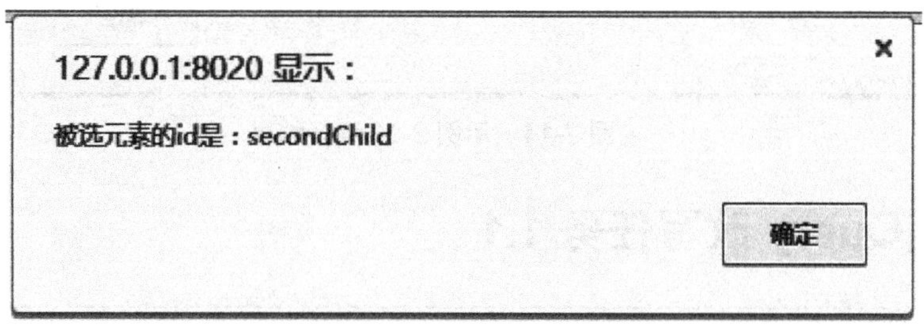

图 2-13　示例 2-10 运行结果

2.2.4　jQuery 兄弟选择器

兄弟选择器用于选取跟在指定元素的所有兄弟元素。

语法格式如下：

```
jQuery('prev~siblings') 或 $('prev~siblings')
```

prev 和 siblings 都是合法的 jQuery 选择器，它们之间用“~”相连。

☑ 示例 2-11 源代码

```
<!doctype html>
<html>
    <head>
        <meta charset="UTF-8">
        <script type="text/javascript" src="jquery-3.2.1.min.js"></script>
        <script type="text/javascript">
            $(function() {
                var $divs = $('#firstChild~div');
                var s = '被选元素的 id 是: ';
                for (var i = 0; i < $divs.length; i++) {
                    s = s + $divs[i].id + ' ';
                };
                alert(s);
            });
        </script>
    </head>
```

```
17.     <body id="father">
18.         <div id="firstChild"></div>
19.         <div id="secondChild">
20.             <div id="grandchild"></div>
21.         </div>
22.         <p id="thirdChild"></p>
23.         <div id="fourthChild"></div>
24.     </body>
25. </html>
```

示例 2-11 源代码的第 8 行中使用了兄弟选择器，选取 div#firstChild 之后所有与之同级的 div 元素，运行结果如图 2-14 所示。

图 2-14　示例 2-11 运行结果

任务 2.2　jQuery 改写任务 1.1

任务目标：jQuery 改写任务 1.1

要求：

- 采用 jQuery 层次选择器改写任务 1.1“成绩单”中的 JS 代码。要求仅保留表格标签的 id，在去掉表格中其他标签的 id 和 class 属性的情况下，仍能得到正确的平均分。

技能训练：

- jQuery 层次选择器。
- jQuery 对象和 DOM 对象的相互转换。

其 tab.js 源代码为：

```
$(function() {
    function calAvg() {
        var $stuScores = $('#report tr');
        var sum = 0;
        score = 0;
        absence = 0;
        rows = $stuScores.length-2;
        var thisStu;
        for (var i = 1; i <= rows; i++) {
            thisStu = $stuScores[i].childNodes[5];
            score = parseFloat(thisStu.innerText);
            if (!isNaN(score)) {
                sum += score;
                if (score < 60) {
                    thisStu.parentNode.style.backgroundColor = "red";
                }
            } else {
                thisStu.parentNode.style.backgroundColor = "orange";
```

```
19.                absence++;
20.            }
21.        };
22.        return sum / (rows - absence).toFixed(2);
23.    }
24.
25.    var $td=$('#report td');
26.    var lastTDIndex=$td.length;
27.    $td[lastTDIndex-1].innerText = calAvg();
28. });
```

第 3、第 25 行都使用了 jQuery 后代选择器，第 10 行通过 childNodes 获取 DOM 对象的子节点，第 15、第 18 行通过 parentNode 获取 DOM 对象的父节点。

2.3 jQuery 过滤选择器

jQuery 过滤选择器（简称 jQuery 过滤器）可细分为基本过滤选择器、内容过滤选择器和可见性过滤选择器三种。

2.3.1 jQuery 基本过滤选择器

jQuery 基本过滤选择器共有 10 种，其说明如表 2-5 所示。

表 2-5 jQuery 基本过滤选择器说明

序　号	英 文 名 称	功　能
1	:first	选取指定集合中的第一个元素
2	:last	选取指定集合中最后一个元素
3	:not(selector)	去除指定集合中所有与给定选择器匹配的元素
4	:even	选取指定集合中索引为偶数的元素，索引从 0 开始
5	:odd	选取指定集合中索引为奇数的元素，索引从 0 开始
6	:eq(index)	选取指定集合中指定索引的元素，索引从 0 开始
7	:gt(index)	选取指定集合中索引大于指定 index 的元素，索引从 0 开始
8	:lt(index)”	选取指定集合中索引小于指定 index 的元素，索引从 0 开始
9	:header	选取指定集合中所有的标题元素，如 hq、h2 等
10	:animated	选取指定集合中当前正在执行的所有动画元素

下面通过示例代码讲解基本过滤器的用法。

☑ 示例 2-12 源代码

```
<!doctype html>
<html>
    <head>
        <meta charset="UTF-8">
        <style>
            #bills{
                width: 400px;
            }
```

```
9.          </style>
10.         <script type="text/javascript" src="jquery-3.2.1.min.js"></script>
11.         <script type="text/javascript">
12.             $(function() {
13.                 var $first = $('#bills tr:first');
14.                 $first.css('background-color','yellow');
15.             });
16.         </script>
17.     </head>
18.     <body>
19.         <table id="bills">
20.             <tr >
21.                 <th>编号</th>
22.                 <th>分类</th>
23.                 <th>名称</th>
24.                 <th>价格(元)</th>
25.             </tr>
26.             <tr >
27.                 <td>01</td>
28.                 <td>食品</td>
29.                 <td>农夫山泉矿泉水</td>
30.                 <td>2.00</td>
31.             </tr
32.             <tr >
33.                 <td>02</td>
34.                 <td>日用品</td>
35.                 <td>洗发水</td>
36.                 <td>25.00</td>
37.             </tr>
38.             <tr>
39.                 <td>03</td>
40.                 <td>娱乐休闲</td>
41.                 <td>暑假旅游</td>
42.                 <td>5000.00</td>
43.             </tr>
44.         </table>
45.     </body>
46. </html>
```

第 13 行使用了:first 过滤器，获取表格的第 1 行。运行结果如图 2-15 所示。

编号	分类	名称	价格(元)
01	食品	农夫山泉矿泉水	2.00
02	日用品	洗发水	25.00
03	娱乐休闲	暑假旅游	5000.00

图 2-15　示例 2-12 运行结果

☑ 示例 2-13 部分源代码

```
12.             $(function() {
13.                 var $first = $('#bills tr:first');
```

```
14.                 $first.css('background-color', 'yellow');
15.                 var $notFirst = $('#bills tr:not(:first)');
16.                 $notFirst.css({
17.                     'background-color' : 'blue',
18.                     'color' : 'white'
19.                 });
20.             });
```

将示例 2-12 的 jQuery 代码部分做修改，第 15 行使用了:not 过滤器，获取表格除第一行外的其他行。运行结果如图 2-16 所示。

编号	分类	名称	价格(元)
01	食品	农夫山泉矿泉水	2.00
02	日用品	洗发水	25.00
03	娱乐休闲	暑假旅游	5000.00

图 2-16　示例 2-13 运行结果

☑ 示例 2-14 部分源代码

```
12.             $(function() {
13.                 var $first = $('#bills tr:first');
14.                 $first.css('background-color','yellow');
15.                 var $notFirstEven = $('#bills tr:not(:first):even');
16.                 $notFirstEven.css({
17.                     'background-color':'blue',
18.                     'color':'white'
19.                 });
20.             });
```

将示例 2-12 的 jQuery 代码部分做了修改，第 15 行添加了:even 过滤器，获取表格除第一行外的其他行中的索引为偶数行，:even 过滤器是作用在“#bills tr:not(:first)”选择器的结果之上的，所以索引为 0 的并不是表头，而是除表头外的第 1 行。运行结果如图 2-17 所示。

编号	分类	名称	价格(元)
01	食品	农夫山泉矿泉水	2.00
02	日用品	洗发水	25.00
03	娱乐休闲	暑假旅游	5000.00

图 2-17　示例 2-14 运行结果

☑ 示例 2-15 部分源代码

```
12.             $(function() {
13.                 var $first = $('#bills tr:first');
14.                 $first.css('background-color', 'yellow');
15.                 var $notFirstEven = $('#bills tr:gt(0):even');
16.                 $notFirstEven.css({
17.                     'background-color':'blue',
18.                     'color':'white'
19.                 });
20.             });
```

示例 2-15 部分源代码的第 15 行使用:gt()过滤器替换了示例 2-14 部分源代码中的:not()过滤器，结果是获取表格中索引大于 0 的其他行中的索引为偶数的行。运行结果与示例 2-14 相同，如图 2-17 所示。

任务 2.3　采用 jQuery 基本过滤器改写“成绩单”任务

任务目标：采用 jQuery 基本过滤器改写“成绩单”任务

要求：

- ♦ 采用 jQuery 基本过滤器改写任务 2.2 中的 JS 代码。要求去掉 CSS 文件中所有有关表格的样式，改用 jQuery 代码来实现。

技能训练：

- ♦ jQuery 基本过滤选择器。
- ♦ jQuery css()函数。
- ♦ JSON。

去掉任务 2.2 的 style.css 中有关表格的样式后，源代码如下所示。

1. style.css 源代码

```
*{
    margin:0;
    padding:0;
}
body{
    text-align:center;
}
#wrap{
    margin:0 auto;
    max-width: 640px;
    min-width:320px;
}
```

2. tab.js 源代码

```
$(function() {
    function calAvg() {
        $('#report').css({
            width : '100%',
            'border-collapse' : 'collapse',
            border : '2px solid navy',
            'margin-top' : '10px'
        });
        $('#report th:lt(2)').css({
            width : '30%',
        });
        $('#report th:last').css({
            width : '33%',
        });
        $('#report tr:first').css({
            'background-color' : 'navy',
            color : 'white'
        });
        $('#report th,#report td').css({
```

```
20.                 border : '1px solid #888',
21.             });
22.             $('#report tr:odd').css({
23.                 'background-color' : '#eee',
24.             });
25.             $('#report tr:last').css({
26.                 'background-color' : 'navy',
27.                 color : 'white'
28.             });
29.             var $stuScores = $('#report tr');
30.             var sum = 0;
31.             score = 0;
32.             absence = 0;
33.             rows = $stuScores.length - 2;
34.             var thisStu;
35.             for (var i = 1; i <= rows; i++) {
36.                 thisStu = $stuScores[i].childNodes[5];
37.                 score = parseFloat(thisStu.innerText);
38.                 if (!isNaN(score)) {
39.                     sum += score;
40.                     if (score < 60) {
41.                         thisStu.parentNode.style.backgroundColor = "red";
42.                     }
43.                 } else {
44.                     thisStu.parentNode.style.backgroundColor = "orange";
45.                     absence++;
46.                 }
47.             };
48.             return sum / (rows - absence).toFixed(2);
49.         }
50.         $('#report td:last')[0].innerText = calAvg();
51.     });
```

第 9 行使用了:lt()过滤器，选取 index 小于 2 的即前两个表头单元格；第 12 行使用了:last 过滤器，选取最后一个表头单元格；第 22 行使用了:odd 过滤器，选取表格中 index 为奇数的行。

2.3.2　jQuery 内容过滤选择器

jQuery 内容过滤选择器共有 4 种，其说明如表 2-6 所示。

表 2-6　jQuery 内容过滤选择器说明

序　号	英文名称	功　能
1	:contains(text)	选取指定集合中含有文本内容为“text”的元素
2	:empty	选取指定集合中不包含子元素或者文本的空元素集合
3	:has(selector)	选取指定集合中含有选择器所匹配的元素的元素集合
4	:parent	选取指定集合中含有子元素或者文本的元素的元素集合

☑ 示例 2-16 部分源代码

```
        $(function() {
            var $first = $('#bills tr:first');
            $first.css('background-color', 'yellow');
```

```
15.                 var $food = $('#bills tr:contains(食品)');
16.                 $food.css({
17.                     'background-color' : 'blue',
18.                     'color' : 'white'
19.                 });
20.             });
```

示例 2-16 部分源代码中的第 15 行使用了:contains()过滤器，结果是获取表格含有文本“食品”的行。运行结果如图 2-18 所示。

编号	分类	名称	价格(元)
01	食品	农夫山泉矿泉水	2.00
02	日用品	洗发水	25.00
03	娱乐休闲	暑假旅游	5000.00

图 2-18　示例 2-16 运行结果

☑ 示例 2-17 源代码

```
12.             $(function() {
13.                 var $first = $('tr:has(th)');
14.                 $first.css('background-color', 'yellow');
15.             });
```

示例 2-17 源代码的第 13 行使用了:has()过滤器，选取含有子元素 th 的行，与示例 2-12 执行结果相同，将表头的底色设置为黄色。

☑ 示例 2-18 源代码

```
12.             $(function() {
13.                 var $first = $('tr:has(th)');
14.                 $first.css('background-color', 'yellow');
15.                 var $empty = $('#bills td:empty');
16.                 $empty.css('background-color', 'grey');
17.                 var $parent = $('#bills td:parent');
18.                 $parent.css({
19.                     'background-color' : 'blue',
20.                     'color' : 'white'
21.                 });
22.             });
```

示例 2-18 源代码的第 15 行使用了:empty 过滤器，选取含有子元素 th 的行；第 17 行使用了:parent 过滤器。运行结果如图 2-19 所示。

编号	分类	名称	价格(元)
01	食品		2.00
02	日用品	洗发水	25.00
03		暑假旅游	5000.00

图 2-19　示例 2-18 运行结果

任务 2.4 使用内容过滤器改写“成绩单”任务

任务目标：使用内容过滤器改写“成绩单”任务

要求：

- 采用 jQuery 内容过滤器改写任务 2.3 中的 jQuery 代码，实现未参加考试的学生，成绩栏可以是“旷考”“缺勤”等，行底色用橙色提亮。

技能训练：

- jQuery 内容过滤选择器。

avg.js 源代码

```
$(function() {
    function calAvg() {
        $('#report').css({
            width : '100%',
            'border-collapse' : 'collapse',
            border : '2px solid navy',
            'margin-top' : '10px'
        });
        $('#report th:lt(2)').css({
            width : '30%',
        });
        $('#report th:last').css({
            width : '33%',
        });
        $('#report tr:first').css({
            'background-color' : 'navy',
            color : 'white'
        });
        $('#report th,#report td').css({
            border : '1px solid #888',
        });
        $('#report tr:odd').css({
            'background-color' : '#eee',
        });
        $('#report tr:last').css({
            'background-color' : 'navy',
            color : 'white'
        });
        $('#report tr:contains(缓考),#report tr:contains(旷考)').css({
            'background-color' : 'orange',
        });
        var $stuScores = $('#report tr');
        var sum = 0;
        score = 0;
        absence = 0;
        rows = $stuScores.length - 2;
        var thisStu;
        for (var i = 1; i <= rows; i++) {
            thisStu = $stuScores[i].childNodes[5];
            score = parseFloat(thisStu.innerText);
            if (!isNaN(score)) {
                sum += score;
                if (score < 60) {
                    thisStu.parentNode.style.backgroundColor = "red";
                }
```

```
46.             } else {
47.                 absence++;
48.             }
49.         };
50.         return sum / (rows - absence).toFixed(2);
51.     }
52.     $('#report td:last')[0].innerText = calAvg();
53. });
```

第 29 行使用了:contains()过滤选择器，选取表格中含有“缓考”或者“旷考”的行。

2.3.3 jQuery 可见性过滤选择器

jQuery 可见性过滤选择器只有两种，其说明如表 2-7 所示。

表 2-7 jQuery 可见性过滤选择器说明

序 号	英 文 名 称	功 能
1	:hidden:	选取指定集合中所有不可见元素
2	:visible	选取指定集合中当前是可见的元素

jQuery3.0 以后的版本，可见性过滤选择器选取的并不是指是否在网页中可以看到，而是指是否占位，只要元素具有任何布局，包括那些宽度或高度为 0 的元素被认为是可见的。

☑ 示例 2-19 源代码

```
<!doctype html>
<html>
    <head>
        <meta charset="UTF-8">
        <style>
            #bills {
                width: 400px;
            }
            .livinggoods {
                visibility:hidden;
            }
            .leisure {
                display: none;
            }
        </style>
        <script type="text/javascript" src="jquery-3.2.1.min.js"></script>
        <script type="text/javascript">
            $(function() {
                var $hidden = $(':hidden');
                var $visible = $(':visible');
                var s = '可见的元素的类名是: ';
                for (var i = 0; i < $visible.length; i++) {
                    s = s + $visible[i].className + ' ';
                };
                var s = s+'\n 不可见的元素的类名是: ';
                for (var i = 0; i < $hidden.length; i++) {
                    s = s + $hidden[i].className + ' ';
                };
                alert(s);
            });
        </script>
```

```
32.     </head>
33.     <body>
34.         <table id="bills">
35.             <tr >
36.                 <th>编号</th>
37.                 <th>分类</th>
38.                 <th>名称</th>
39.                 <th>价格(元)</th>
40.             </tr>
41.             <tr class="food">
42.                 <td>01</td>
43.                 <td>食品</td>
44.                 <td>农夫山泉矿泉水</td>
45.                 <td>2.00</td>
46.             </tr>
47.             <tr class="livinggoods">
48.                 <td>02</td>
49.                 <td>日用品</td>
50.                 <td>洗发水</td>
51.                 <td>25.00</td>
52.             </tr>
53.             <tr class="leisure">
54.                 <td>03</td>
55.                 <td>娱乐休闲</td>
56.                 <td>暑假旅游</td>
57.                 <td>5000.00</td>
58.             </tr>
59.             </tbody>
60.         </table>
61.         <div class="emptyDiv"></div>
62.     </body>
63. </html>
```

第 19 行使用了:hidden 可见性过滤选择器，第 20 行使用了:visible 可见性过滤选择器，分别过滤选择网页中可见的和不可见的元素，输出它们的类名。运行结果如图 2-20 所示。

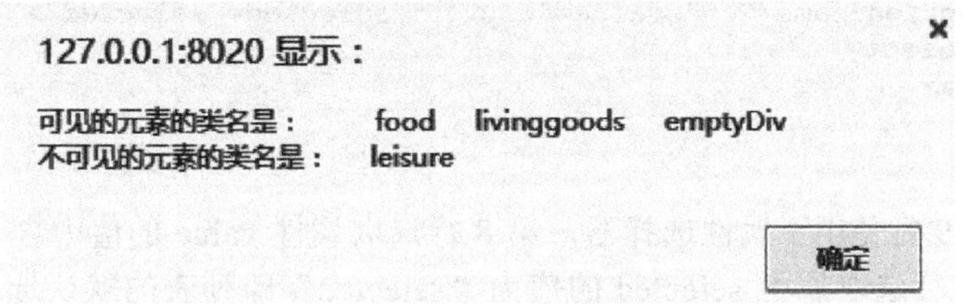

图 2-20 示例 2-19 运行结果

2.4 jQuery 属性选择器

HTML 标签中通常包含有多个属性(attribute)。jQuery 可以根据标签的各种属性，对由前面章节中讲授过的选择器选取的元素进行进一步的选择过滤。属性选择器包含在括号“[]”中，通常使用“选择器[属性选择器]”语法格式。

jQuery 属性选择器有 8 种用法，其说明如表 2-8 所示。

表 2-8　jQuery 属性选择器说明

序号	英 文 名 称	功　　能
1	$('selector[attribute]')	选取包含给定属性的所有元素
2	$('selector[attribute=value]')	选取给定属性等于某特定值的所有元素
3	$('selector[attribute*=value]')	选取指定属性值包含给定字符串的所有元素
4	$('selector[attribute~=value]')	选取指定属性值中包含给定单词(由空格分隔)的元素
5	$('selector[attribute!=value]')	选取不包含指定属性，或者包含指定属性但该属性不等于某个值的所有元素
6	$('selector[attribute^=value]')	选取给定属性是以某特定值开始的所有元素
7	$('selector[attribute$=value]')	选取给定属性是以某特定值结尾的所有元素
8	$('selector[selector1][selector2]...[selector[N] ')	选取同时满足多个条件的所有元素

☑ 示例 2-20 源代码

```
1.  <!doctype html>
2.  <html>
3.      <head>
4.          <meta charset="UTF-8">
5.          <script type="text/javascript" src="jquery-3.2.1.min.js"></script>
6.          <script type="text/javascript">
7.              $(function() {
8.                  var $classes1 = $('option[value*=HTML5]');
9.                  var $classes2 = $('option[selected=selected]');
10.                 $classes1.css('background-color', 'red');
11.                 $classes2.css('background-color', 'green');
12.             });
13.         </script>
14.     </head>
15.     <body>
16.      <form>
17.        <select>
18.         <option name="c1" value="Java 程序设计基础">Java 程序设计基础</option>
19.         <option name="c2" value="HTML5 开发基础">HTML5 开发基础</option>
20.         <option name="c3" value="HTML5 开发进阶">HTML5 开发进阶</option>
21.         <option name="c4" value="jQuery 前端开发实战">jQuery 前端开发实战</option>
22.         <option name="c5" value="UI 设计" selected="selected">UI 设计</option>
23.        </select>
24.      </form>
25.    </body>
26. </html>
```

第 8 行、第 9 行使用了属性选择器，第 8 行选取属性 value 的值中含有“HTML5”的列表选项，第 9 行选取属性 selected 的值为“selected”即列表的默认选项。运行结果如图 2-21 所示。

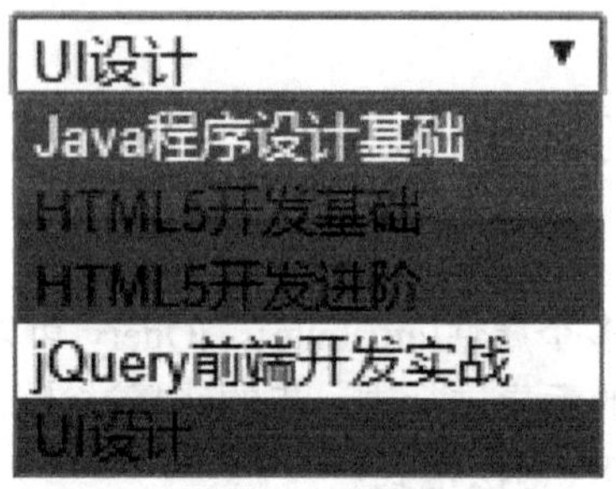

图 2-21　示例 2-20 运行结果

2.5 jQuery 选择器的 context 参数

前面小节中我们只使用了带有一个参数 selector 的 jQuery()函数，jQuery()函数还可以有两个参数，如下所示。

```
jQuery(expression, [context])
```

context 参数用于指定上下文，在没有 context 参数时，jQuery()在 document 中查找符合选择器条件的元素；如果指定了 context，则在 context 范围内查找符合选择器条件的元素。

context 可以是 DOM 对象、document 和 jQuery，如果 context 是后两者，那么写与不写是一样的，其查找范围都是整个 document。

☑ 示例 2-21 源代码

```
1.  <!doctype html>
2.  <html>
3.      <head>
4.          <meta charset="UTF-8">
5.          <script type="text/javascript" src="jquery-3.2.1.min.js"></script>
6.          <script type="text/javascript">
7.              $(function() {
8.                  var $classes1 = $('option[value*=HTML5]',document.getElement
        ById('form1'));
9.                  var $classes2 = $('option[selected=selected]', jQuery);
10.                 $classes1.css('background-color', 'red');
11.                 $classes2.css('background-color', 'green');
12.             });
13.         </script>
14.         <style>
15.             select{
16.                 height:100px;
17.             }
18.         </style>
19.     </head>
20.     <body>
21.      <form>
22.        <select id="form1" multiple="multiple">
23.         <option name="c1" value="Java 程序设计基础">Java 程序设计基础</option>
24.         <option name="c2" value="HTML5 开发基础">HTML5 开发基础</option>
25.         <option name="c3" value="HTML5 开发进阶">HTML5 开发进阶</option>
26.         <option name="c4" value="jQuery 前端开发实战">jQuery 前端开发实战</option>
27.         <option name="c5" value="UI 设计" selected="selected">UI 设计</option>
28.        </select>
29.        <select id="form2" multiple="multiple">
30.         <option name="c1" value="Java 程序设计基础">Java 程序设计基础</option>
31.         <option name="c2" value="HTML5 开发基础">HTML5 开发基础</option>
32.         <option name="c3" value="HTML5 开发进阶">HTML5 开发进阶</option>
33.         <option name="c4" value="jQuery 前端开发实战">jQuery 前端开发实战</option>
34.         <option name="c5" value="UI 设计" selected="selected">UI 设计</option>
35.        </select>
36.      </form>
37.     </body>
38. </html>
```

第 8 行设置上下文为 select#form1，所以 select#form2 中 value 值含有“HTML5”的列表

选项并没有红色的底色；第 9 行的上下文是“jQuery”所有 selected 属性值为 selected 的列表选项都被设置为绿色背景。运行结果如图 2-22 所示。

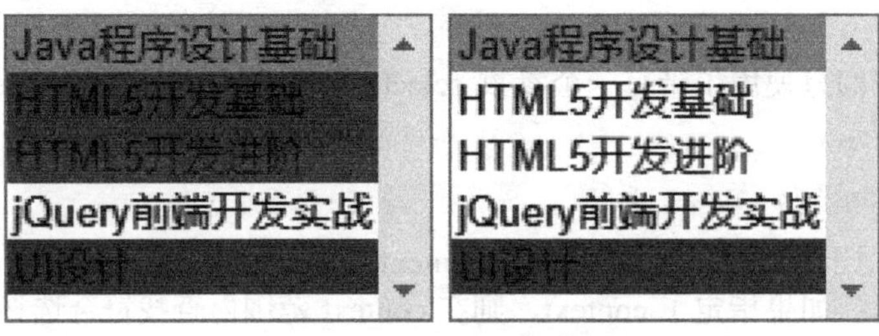

图 2-22　示例 2-21 运行结果

课后练习

一、填空

1．使用____________过滤选择器可以匹配所有索引值为奇数的元素。

2．使用 ____________可以选取表格的最后 1 行，使用_____________可以选择网页中所有的 HTML 元素。

二、单选题

1．使用（　　）可以选取网页中所有应用了类名为“classname”的 CSS 类 HTML 元素

A. $(classname)　　B. $("classname")　　C. $(". classname")　　D. $(. classname)

2. 如果想要找到一个表格的指定行数的元素，用下面哪个选择器可以快速地找到指定元素？（　　）

A. :eq(index)　　B. :gt(index)　　C. :lt(index)　　D. :not(index)

3. 使用（　　）可以选择所有紧接在 li 元素后面的 a 元素。

A. $("li a")　　B. $("li~a")　　C. $("li>a")　　D. $("li+a")

4. 能够获取列表菜单中所有被选中的选项的是（　　）。

A. $('option[checked=checked]')　　B. $('option[selected=selected]')

C. $('option[checked]')　　D. $('option[selected]')

5. 在 jQuery 的非插件函数中，（　　）是一个 jQuery 对象，表示当前引用的 HTML 元素对象。

A. self　　B. $(self)　　C. this　　D. $(this)

三、问答题

1. 列出至少 5 种 jQuery 基本选择器并简述其功能。

2. 试述 DOM 对象和 jQuery 对象的关系。

3. 列出至少 5 种 jQuery 过滤选择器并简述其功能。

第 3 章　jQuery 操作 DOM

本章学习要求：

- 熟练掌握 jQuery 设置 HTML 元素的属性和内容。
- 熟练掌握 jQuery 向 HTML 添加内容。
- 熟练掌握 jQuery 删除 HTML 元素及其属性。
- 熟练掌握 jQuery 复制和替换 HTML 元素。
- 熟练掌握 jQuery 遍历 HTML 元素。
- 熟练掌握操作 DOM 样式。

jQuery 比 JS 具有更为灵活、丰富的 DOM 操作能力。在本章我们将学习 jQuery 操作 DOM。

3.1　读取和设置 HTML 元素

读取和设置 HTML 元素，主要包括内容 HTML、内容文本和属性的读取和设置，简称读写操作。

3.1.1　获取和设置元素的 HTML 内容

jQuery html()函数可以完成 HTML 内容的读写，其使用规则如表 3-1 所示。

表 3-1　html()函数使用规则

序号	函　　数	描述与参数说明
1	.html()	获取指定元素集合中第一个元素的 HTML 内容 返回值：字符串
2	.html(htmlString)	设置指定元素集合中每一个元素的 HTML 内容 htmlString：HTML 字符串
3	.html(function(index,oldhtml))	设置指定元素集合中每一个元素的 HTML 内容 function：返回 HTML 字符串的函数 index：当前元素在集合中的索引 oldhtml：当前元素原有的 HTML 内容

☑ 示例 3-1 源代码

```
1.  <!doctype html>
2.  <html>
3.      <head>
4.          <meta charset="UTF-8">
5.          <script type="text/javascript" src="js/jquery-3.2.1.min.js"></script>
6.          <script type="text/javascript">
7.              $(function() {
8.                  alert($('div').html());
9.                  $('#p1').click(function() {
10.                     $('p').html('<a href="#">变成超链了</a>');
11.                 });
12.             });
13.         </script>
14.     </head>
15.     <body>
16.         <div id="container">
17.             <p id="p1">
18.                 我本一个段落。点我，会变化的。
19.             </p>
20.         </div>
21.         <div>
22.             <p>段落二</p>
23.         </div>
24.     </body>
25. </html>
```

示例 3-1 源代码的第 8 行使用 jQuery 标签选择器选择的结果是页面中两个 div 元素的集合，调用 html()函数只能获取集合中第一个元素即 div#container 元素的 HTML 内容，结果如图 3-1 弹窗中所示。

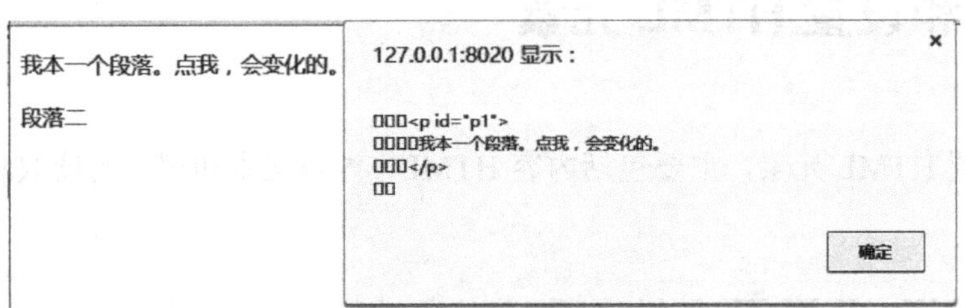

图 3-1　示例 3-1 加载后的结果

变成超链了

变成超链了

图 3-2　示例 3-1 点击段落文字后的结果

第 10 行使用了 html(htmlString)用于设置所有 p 元素的 HTML 内容，当点击 p#p1 时，页面中的两个段落都变成了超链接，如图 3-2 所示。注意：HTML 标签属性的值也需要使用引号，为了不与 jQuery 字符串引号冲突导致语法解析错误，一定要使用不同的引号，本例中 jQuery 使用单引号，HTML 标签属性使用双引号。

3.1.2　获取和设置元素的文本内容

jQuery text()函数可以完成元素文本内容的读写，使用规则如表 3-2 所示。

表 3-2　text()函数使用规则

序号	函　　数	描述与参数说明
1	.text()	获取指定元素集合中所有元素包括其子元素的文本内容 返回值：字符串
2	.text(text)	设置指定元素集合中每一个元素的 HTML 内容 text：要设置为内容的字符串
3	.text(function(index,text))	设置指定元素集合中每一个元素的 HTML 内容 function：返回内容字符串的函数 index：当前元素在集合中的索引 text：当前元素原有的文本

☑ 示例 3-2 源代码

```
1.  <!doctype html>
2.  <html>
3.      <head>
4.          <meta charset="UTF-8">
5.          <script type="text/javascript" src="js/jquery-3.2.1.min.js"></script>
6.          <script type="text/javascript">
7.              $(function() {
8.                  alert($('div').text());
9.              });
10.         </script>
11.     </head>
12.     <body>
13.         <div id="div1">
14.             div#div1
15.             <p id="p1">
16.                 我本一个段落。点我，会变化的。
17.             </p>
18.         </div>
19.         <div id="div2">
20.             div#div2
21.             <p>
22.                 段落二
23.             </p>
24.         </div>
25.     </body>
26. </html>
```

示例 3-2 源代码的第 8 行使用 text()函数获取网页中标签为 div 的元素 HTML 文本内容，结果是页面中两个 div 元素以及它们的子元素 p 中的文本都能够被获取，结果如图 3-3 弹窗中所示。

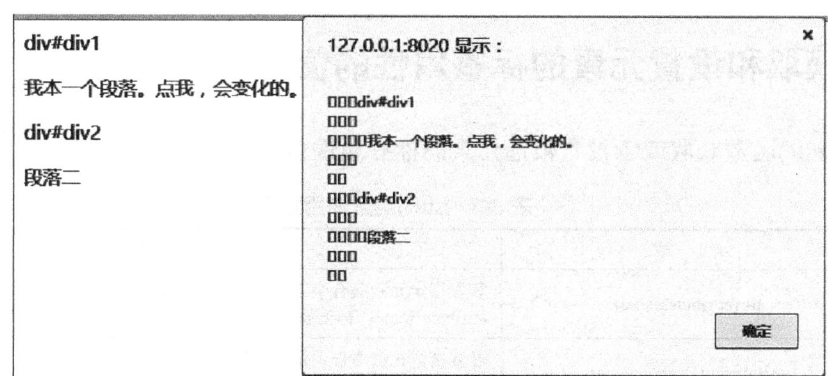

图 3-3　示例 3-2 运行结果

☑ 示例 3-3 源代码

```
1.  <!doctype html>
2.  <html>
3.      <head>
4.          <meta charset="UTF-8">
5.          <script type="text/javascript" src="js/jquery-3.2.1.min.js"></script>
6.          <script type="text/javascript">
7.              $(function() {
8.                  $('#p1').click(function() {
9.                      $('p').text(function(index, text) {
10.                      return ('我是第<a>'+index+'</a>个段落原来的内容是:'+text);
11.                     });
12.                 });
13.             });
14.         </script>
15.     </head>
16.     <body>
17.         <div id="container">
18.             <p id="p1">
19.                 段落 1<em>点我，我会变化</em>
20.             </p>
21.             <p>
22.                 段落 2
23.             </p>
24.         </div>
25.     </body>
26. </html>
```

示例 3-3 源代码的第 9 行 text()函数的参数是一个匿名函数，此匿名函数的返回值用来设置文本内容的字符串，虽然第 10 行中出现了 HTML 标签<a></a>，但在图 3-4 的显示结果中我们可以看到，它们只作为文本出现而没有被浏览器解析为超链接。匿名函数的入口参数 index 是当前元素在集合中的索引，参数 text 是 HTML 元素原来的文本内容，结果如图 3-4 所示。

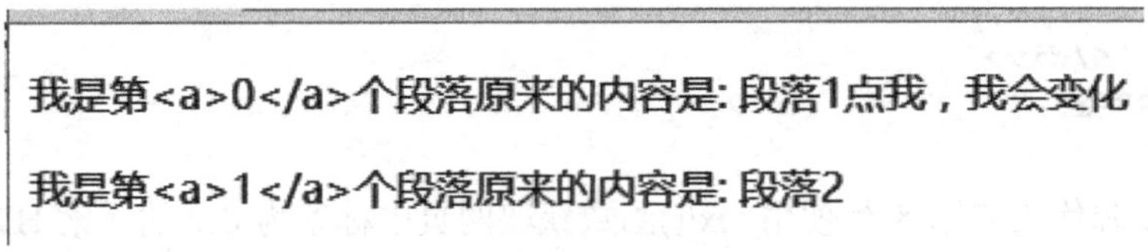

我是第<a>0</a>个段落原来的内容是: 段落1点我，我会变化

我是第<a>1</a>个段落原来的内容是: 段落2

图 3-4　示例 3-3 点击 p#p1 后的结果

3.1.3　获取和设置元素的标签属性的值

jQuery attr()函数获取或者设置被选元素的标签属性值，使用规则如表 3-3 所示。

表 3-3　attr()函数使用规则

序号	函　　数	描述与参数说明
1	.attr(attributeName)	获取指定元素集合中第一个元素的指定标签属性的值 attributeName：标签属性的名字
2	.attr(attributeName,value)	设置指定元素集合中每一个元素的指定标签属性的值 value：字符串、Number、Null 以及要设置的值

（续表）

序号	函　　数	描述与参数说明
3	.attr(attributeName, function(inex,oldValue))	设置指定元素集合中每一个元素的指定标签属性的值 function：函数，返回要设置的值 index：当前元素在集合中的索引 currentValue：当前元素标签属性原有的值
4	.attr(attributes)	设置指定元素集合中每一个元素的一个或多个标签属性的值 attributes：JS 简单对象，标签属性键值对

☑ 示例 3-4 源代码

```
<!doctype html>
<html>
    <head>
       <meta charset="UTF-8">
       <script type="text/javascript" src="js/jquery-3.2.1.min.js"></script>
       <script type="text/javascript">
            $(function() {
                    alert($('font').attr('color'));
            });
       </script>
    </head>
    <body>
        <div id="container">
            <font color="red" id="font">获取</font>
            <font color="green" id="font">属性的值</font>
        </div>
    </body>
</html>
```

本示例中有两个<font>标签，运行结果中只获取了第一个<font>标签的属性“color”的值，如图 3-5 所示。

图 3-5　示例 3-4 运行结果

☑ 示例 3-5 源代码

```
<!doctype html>
<html>
    <head>
       <meta charset="UTF-8">
       <script type="text/javascript" src="js/jquery-3.2.1.min.js"></script>
       <script type="text/javascript">
            $(function() {
                var a = $('a[href^="http"]');
                $('a[href^="http"]').attr({
                    target: '_blank',
                    draggable: 'true'
                });
            });
       </script>
```

```
15.     </head>
16.     <body>
17.         <div id="container">
18.             <a href="http://www.tmall.com">去天猫商城</a>
19.             <a href="http://www.jd.com">去京东商城</a>
20.             <a href="#">哪儿也不去</a>
21.         </div>
22.     </body>
23. </html>
```

本示例中有两个 href 属性值以“http”开头的超链接，第 9 至第 12 行运行的结果为这两个超链接都添加了 target 和 draggable 属性。示例 3-5 运行结果如图 3-6 所示。

去天猫商城 去京东商城 哪儿也不去

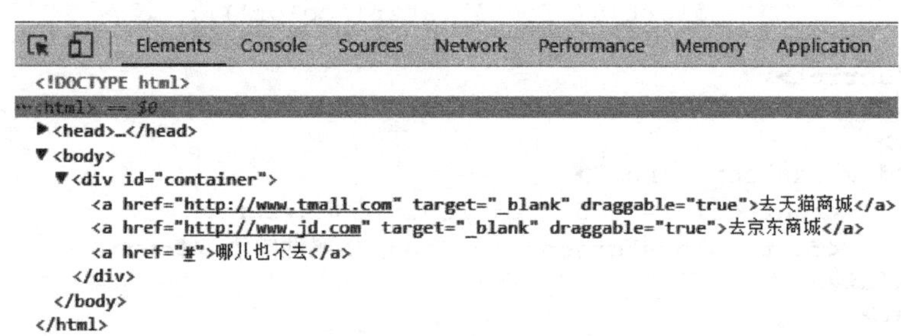

图 3-6　示例 3-5 运行结果

3.1.4　获取和设置元素的 DOM 属性的值

prop()函数用于获取或者设置被选元素 DOM 属性的值，许多标准的标签属性都有与之同名的 DOM 属性，但值不一定相同。

prop()函数使用规则如表 3-4 所示。

表 3-4　prop()函数使用规则

序号	函数	描述与参数说明
1	.prop(propertyName)	获取指定元素集合中第一个元素的指定 DOM 属性的值 propertyName：DOM 属性的名字
2	.prop(propertyName,value)	设置指定元素集合中每一个元素的指定 DOM 属性的值 value：字符串、Number、Null 以及要设置的值
3	.prop(propertyName, function(inex,oldPropertyValue))	设置指定元素集合中每一个元素的指定 DOM 属性的值 function：函数，返回要设置的值 index：当前元素在集合中的索引 oldPropertyValue：当前元素 DOM 属性原有的值
4	.prop(properties)	设置指定元素集合中每一个元素的一个或多个 DOM 属性的值 properties：JS 简单对象，DOM 属性键值对

☑ 示例 3-6 源代码

```
<!doctype html>
```

```
<html>
    <head>
        <meta charset="UTF-8">
        <script type="text/javascript" src="js/jquery-3.2.1.min.js"></script>
        <script type="text/javascript">
            $(function() {
                $('button').prop('disabled', false).text('启用状态');
                $('input').prop('checked', false);
                var tips = '<br>$("option").attr("selected")的结果是-->';
                tips += $('option').attr('selected') + '<br>';
                tips += '$("option").prop("selected")的结果是-->';
                tips += $('option').prop('selected') + '<br>';
                tips += '$("#op2").attr("selected")的结果是-->';
                tips += $('#op2').attr('selected') + '<br>';
                tips += '$("#op2").prop("selected")的结果是-->';
                tips += $('#op2').prop('selected') + '<br>';
                tips += '$("button").attr("disabled")的结果是-->';
                tips += $('button').attr('disabled') + '<br>';
                tips += '$("button").prop("disabled")的结果是-->';
                tips += $('button').prop('disabled') + '<br>';
                tips += '$("input").attr("checked")的结果是-->';
                tips += $('input').attr('checked') + '<br>';
                tips += '$("input").prop("checked")的结果是-->';
                tips += $('input').prop('checked') + '<br>';
                $('#container').append(tips);
            });
        </script>
    </head>
    <body>
        <div id="container">
            <select>
                <option>1</option>
                <option selected="selected" id="op2">2</option>
                <option>3</option>
                <option>4</option>
            </select>
            <button disabled="disabled">
                禁用状态
            </button>
            <input type="checkbox" checked="checked">
        </div>
    </body>
</html>
```

示例 3-6 运行结果如图 3-7 所示。

2 ▾ 启用状态
$("option").attr("selected")的结果是-->undefined
$("option").prop("selected")的结果是-->false
$("#op2").attr("selected")的结果是-->selected
$("#op2").prop("selected")的结果是-->true
$("button").attr("disabled")的结果是-->undefined
$("button").prop("disabled")的结果是-->false
$("input").attr("checked")的结果是-->checked
$("input").prop("checked")的结果是-->false

图 3-7　示例 3-6 运行结果

示例 3-6 中分别获取了表单控件的同名标签属性和 DOM 属性“selected”“disabled”“checked”的值，从图 3-7 中可以看到它们的值是不同的。这 3 个属性作为标签属性，用于获取或者设置控件的初始被选状态值，并不随该控件后来的被选状态的动态变化而变化；而作为 DOM 属性时，可以反映动态的变化，所以动态修改表单控件的被选状态或者判断该控件在用户操作后是否被选中应该使用 prop()函数，如示例 3-6 源代码中的第 8、第 9 行所示。

任务 3.1　实现移动端登录页面

任务目标：实现移动端登录页面

要求：

- 制作一个移动端的登录页面，要求有设备宽度、高度的适应性，如图 3-8 所示。
- 点击“登录”按钮时，检查用户是否输入了手机号码和密码，并给出相应的提示，如图 3-9 所示。手机号码和密码首尾的空格视为无效

技能训练：

- 移动端布局。
- jQuery 读取、设置 HTML。
- $.trim()函数。

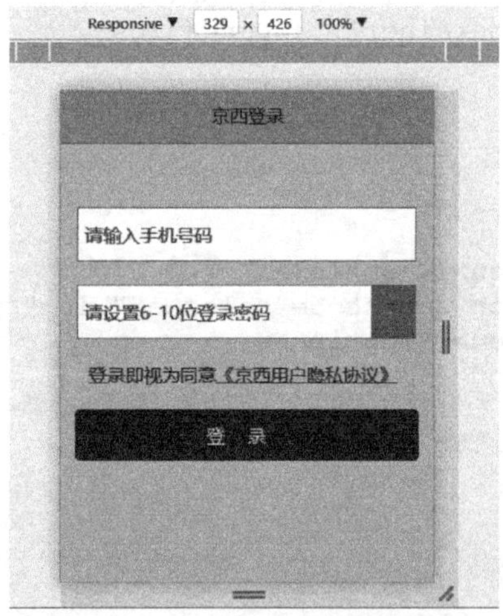

图 3-8　任务 3.1 布局示意图

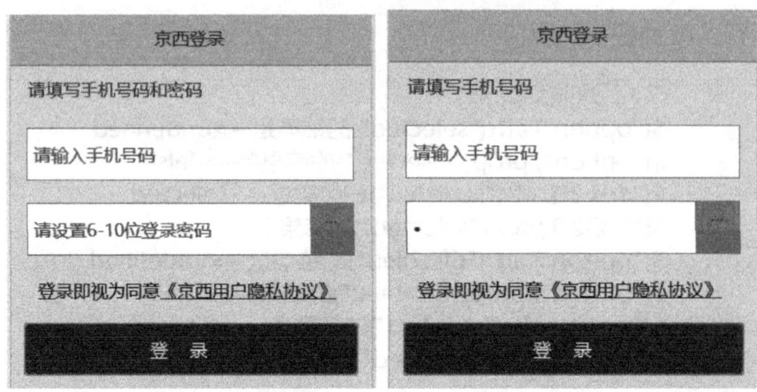

图 3-9　任务 3.1 用户输入检查示意图

1. login.html 源代码

```
<!DOCTYPE html>
<html>
    <head>
        <meta charset=utf-8>
        <meta name="viewport" content="width=device-width, initial-scale=1.0,
    minimum-scale=1, maximum-scale=1, user-scalable=no" />
        <link href="css/common.css" rel="stylesheet" type="text/css" />
        <link href="css/login.css" rel="stylesheet" type="text/css" />
        <script src="js/jquery-3.2.1.slim.min.js"></script>
        <script src="js/check.js"></script>
    </head>
    <body>
        <div id="container">
            <header>
                京西登录
            </header>
            <section>
                <form id="login-form" action="regAction">
                    <div id="tips">

                    </div>
                    <div class="form-item">
                        <input name="phone" id= "phone" type="text" placeholder=
    "请输入手机号码" />
                    </div>
                    <div class="form-item">
                        <input name="password" id= "password" type="password"
    placeholder="请设置 6-10 位登录密码" />
                        <span id="passMode">...</span>
                    </div>
                    <div id="pro">
                        登录即视为同意<a href="#">《京西用户隐私协议》</a>
                    </div>
                    <button type="submit">
                        登录
                    </button>
                </form>
            </section>
        </div>
    </body>
</html>
```

2. check.js 源代码

```
$(function() {
    $('button').click(function() {
        var tips = ' ';
        if ($.trim($('#phone')[0].value) == '') {
            tips = '请填写手机号码';
        }
        if ($.trim($('#password')[0].value) == '') {
            tips = tips==' '?'请填写密码':tips+'和密码';
        }
        $('#tips').html(tips);
        return false;
    });
});
```

check.js 源代码的第 2 行是 jQuery 的事件处理，当点击按钮时执行匿名 function 中的语句，jQuery 事件将在第 4 章中详细讲解，这里读者只需要明白第 2 行的写法可以响应鼠标点击事件并作出处理就可以了。

第 4 行和第 7 行都使用了 jQuery 全局函数 trim()，这个函数的作用是去掉字符串开头和结尾的空格。关于 jQuery 全局函数和对象级函数的概念理解，也留待第 7 章再进一步弄清楚，对于初学者这个任务只要求掌握$.trim()这个非常有用的函数的用法即可。

第 10 行使用 html()函数设置 div#tips 的 HTML 内容，也可以使用 text()函数来完成。div#tips 是 login.html 中专门预留输出错误提示信息的容器。

3.2 向 HTML 元素添加内容

需要注意的是：本小节涉及的多个函数都可以接受 HTML 元素，包括<script></script>包含的 JS 脚本以及通过设置如 onlick 属性值等的可执行代码，这样就会带来 JS 注入风险，所以不要使用这类函数向网页中添加来自不可信来源的内容，例如 URL 参数、表单输入、cookies 等都是不可信来源，否则会使网站暴露在"跨站脚本攻击 (cross-site-scripting ，XSS)"之下。

3.2.1 在元素的开头添加内容

prepend()函数用于在指定元素集合中每一个元素开头添加内容，其使用规则如表 3-5 所示。

表 3-5 prepend()函数使用规则

序号	函数	参数
1	.prepend(content1,…,contentN)	content：HTML 字符串、DOM 元素、文本、数组、jQuery 对象，要添加的一个或者多个内容
2	.prepend(function(index,html))	function：函数，返回要添加的内容 index：当前元素在集合中的索引 html：当前元素原有的 html

☑ 示例 3-7 源代码

```
<!doctype html>
<html>
    <head>
        <meta charset="UTF-8">
        <script type="text/javascript" src="js/jquery-3.2.1.min.js"></script>
        <script type="text/javascript">
            $(function() {
                var date=new Date().toLocaleString();
                $('#p1').prepend('<div>'+date+'</div>');
            });
        </script>
    </head>
    <body>
        <div id="container">
            <p id="p1">这是一段刚发表的论坛发言</p>
        </div>
    </body>
</html>
```

示例 3-7 源代码的第 9 行使用 prepend()函数将当前系统时间添加到 p#p1 的开头，从图 3-10 中可以看到内容为时间的 div（<div>2018/1/6 下午 3：34：48</div>），它是 p#p1 的第一个子元素。

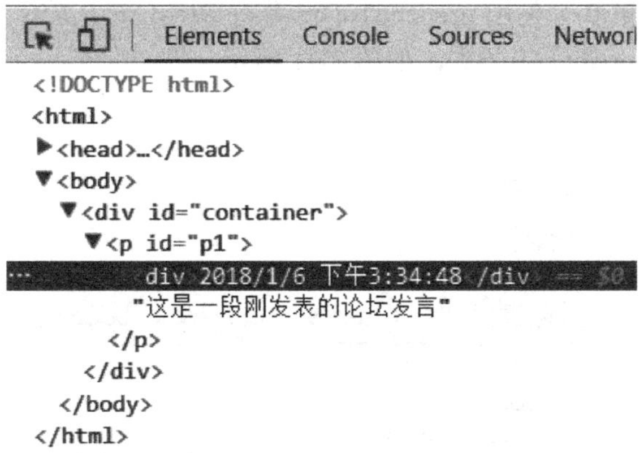

图 3-10　示例 3-7 运行结果

3.2.2　将元素添加到指定元素的开头

prependTo()函数用于将指定元素添加到目标集合中每一个元素的开头，其使用规则如表 3-6 所示。

表 3-6　prependTo()函数使用规则

序号	函　数	参　数
1	.prependTo(target)	target：选择器、HTML 字符串、DOM 元素、数组、jQuery 对象，目标元素集合

☑ 示例 3-8 源代码

```
<!doctype html>
<html>
    <head>
        <meta charset="UTF-8">
        <script type="text/javascript" src="js/jquery-3.2.1.min.js"></script>
        <script type="text/javascript">
            $(function() {
                $('#btn').click(function() {
                    $('#p2').prependTo($('#container'));
                });
            });
        </script>
    </head>
    <body>
        <div id="container">
            <p id="p1">
                第一段
            </p>
            <p id="p2">
                第二段
```

```
21.             </p>
22.             <button id="btn">
23.                 点击
24.             </button>
25.         </div>
26.     </body>
27. </html>
```

示例 3-8 源代码的第 9 行使用 prependTo()函数将 DOM 树中原有的 DOM 对象 p#p2 从它原来的位置移至 div#container 的开头，如图 3-11 所示。

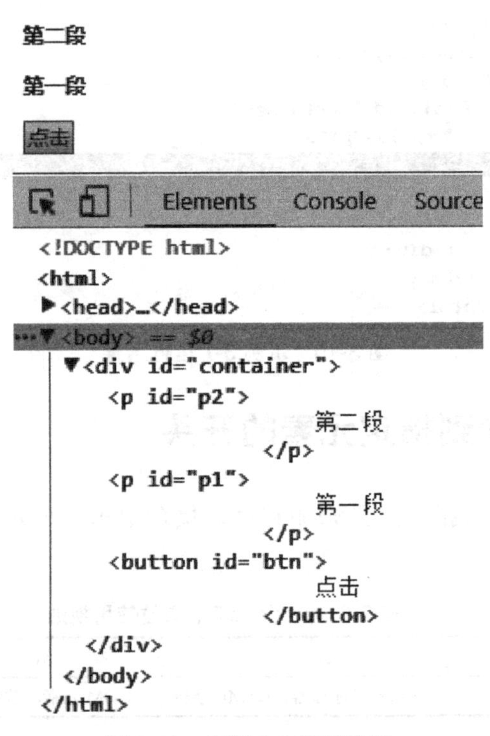

图 3-11　示例 3-8 运行结果

3.2.3　在元素的结尾添加内容

append()函数用于在指定元素集合中每一个元素结尾添加内容，其使用规则如表 3-7 所示。

表 3-7　append()函数使用规则

序号	函　数	参　数
1	.append(content1,…,contentN)	content：HTML 字符串、DOM 元素、文本、数组、jQuery 对象，要添加的一个或者多个内容
2	.append(function(index,html))	function：函数，返回要添加的内容 index：当前元素在集合中的索引 html：当前元素原有的 html

将示例 3-7 中的第 9 行改为下述例子所示，当前系统时间就被添加到了 p#p1 中，成为它的最后一个子元素，如图 3-12 所示。

☑ 示例 3-9 部分源代码

```
            $(function() {
                var date=new Date().toLocaleString();
                $('#p1').append('<div>'+date+'</div>');
            });
```

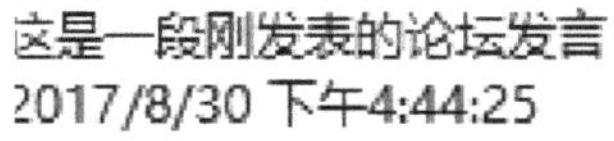

这是一段刚发表的论坛发言
2017/8/30 下午4:44:25

图 3-12 示例 3-9 运行结果

3.2.4 将元素添加到指定元素的结尾

appendTo()函数将内容添加到指定目标集合中每一个元素的结尾。如果指定元素已经存在于在 DOM 树中的其他位置，那么该元素将被移动至目标元素的结尾；如果目标是有多个元素的集合，那么指定元素的复制元素将被添加到除最后一个元素之外的每一个目标元素的结尾，指定元素移至最后一个元素的结尾。append To()函数使用规则如表 3-8 所示。

表 3-8 appendTo()函数使用规则

序号	函 数	参 数
1	.appendTo(target)	target：选择器、HTML 字符串、DOM 元素、数组、jQuery 对象，目标元素集合

☑ 示例 3-10 源代码

```
<!doctype html>
<html>
    <head>
        <meta charset="UTF-8">
        <script type="text/javascript" src="js/jquery-3.2.1.min.js"></script>
        <script type="text/javascript">
            $(function() {
                $('#btn').click(function() {
                    $(this).appendTo($('#container'));
                });
            });
        </script>
    </head>
    <body>
        <div id="container">
            <button id="btn">
                点击
            </button>
            <p id="p1">
                第一段
            </p>
            <p id="p2">
                第二段
            </p>
        </div>
    </body>
</html>
```

示例 3-10 源代码的第 9 行使用 appendTo()函数将 DOM 对象中原有的 button#btn 移至 div#container 的结尾，如图 3-13 所示。

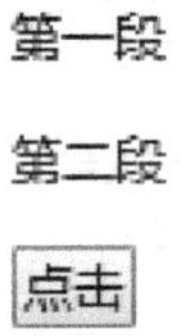

第一段

第二段

点击

图 3-13　示例 3-10 运行结果

3.2.5　在元素之前添加内容

before()函数用于向指定元素集合的每一个元素前面添加内容，其使用规则如表 3-9 所示。

表 3-9　before()函数使用规则

序号	函　数	参　数
1	.before(content1,…,contentN)	content：HTML 字符串、DOM 元素、文本、数组、jQuery 对象，要添加的一个或者多个内容
2	.before(function(index,html))	function：函数，返回要添加的内容 index：当前元素在集合中的索引 html：当前元素原有的 html

☑ 示例 3-11 源代码

```
1.  <!doctype html>
2.  <html>
3.      <head>
4.          <meta charset="UTF-8">
5.          <script type="text/javascript" src="js/jquery-3.2.1.min.js"></script>
6.          <script type="text/javascript">
7.              $(function() {
8.                  $('p').before($('<span style="opacity:0">版权所有</span><br>'));
9.              });
10.         </script>
11.     </head>
12.     <body>
13.         <div id="container">
14.             <p>
15.                 第一段
16.             </p>
17.             <p>
18.                 第二段
19.             </p>
20.         </div>
21.     </body>
22. </html>
```

示例 3-11 源代码的第 8 行向所有的<p>标签的前面添加了透明文字“版权所有”的<span>，从图 3-14 中可以看到，标签结构中的<p>与<span>是兄弟关系。

第一段

第二段

Elements Console Sources Netwo

```
<!DOCTYPE html>
<html>
▶<head>…</head>
▼<body>
  ▼<div id="container">
      <span style="opacity:0">版权所有</span>
      <br>
      <p>
                  第一段
            </p>
      <span style="opacity:0">版权所有</span>
      <br>
      <p>
                  第二段
            </p>
    </div>
  </body>
</html>
```

图 3-14 示例 3-11 运行结果

3.2.6 将元素添加到指定元素之前

insertBefore()函数用于将指定内容集合添加到目标集合中每一个元素的前面，其使用规则如表 3-10 所示。

表 3-10 insertBefore()函数使用规则

序号	函 数	参 数
1	.insertBefore(target)	target：选择器、HTML 字符串、DOM 元素、数组、jQuery 对象，目标元素集合

将示例 3-11 源代码的第 8 行，改为如示例 3-12 部分源代码所示，运行结果与示例 3-11 相同。

☑ 示例 3-12 部分源代码

```
8.      $('<span style="opacity:0">版权所有</span><br>').insertBefore($('p'));
```

3.2.7 在元素之后添加内容

after()函数用于向指定元素集合的每一个元素后面添加内容，其使用规则如表 3-11 所示。

表 3-11 after()函数使用规则

序号	函 数	参 数
1	.after(content1,…,contentN)	content：HTML 字符串、DOM 元素、文本、数组、jQuery 对象，要添加的一个或者多个内容
2	.after(function(index,html))	function：函数，返回要添加的内容 index：当前元素在集合中的索引 html：当前元素原有的 html

☑ 示例 3-13 源代码

```
1.  <!doctype html>
2.  <html>
3.      <head>
4.          <meta charset="UTF-8">
5.          <script type="text/javascript" src="js/jquery-3.2.1.min.js"></script>
6.          <script type="text/javascript">
7.              $(function() {
8.                  $('span:contains("白色")').after('&radic;');
9.              });
10.         </script>
11.     </head>
12.     <body>
13.         <div id="container">
14.             <p >
15.                 <span>手工绣花白色短袖</span>
16.             </p>
17.             <p >
18.                 <span>绿色短袖 T 恤</span>
19.             </p>
20.             <p >
21.                 <span>短袖白色 T 恤</span>
22.             </p>
23.             <p >
24.                 <span>红色印花 T 恤</span>
25.             </p>
26.         </div>
27.     </body>
28. </html>
```

示例 3-13 源代码的第 8 行向每个含有“白色”文本的<span>后面添加了一个“√”符号，结果如图 3-15 所示。

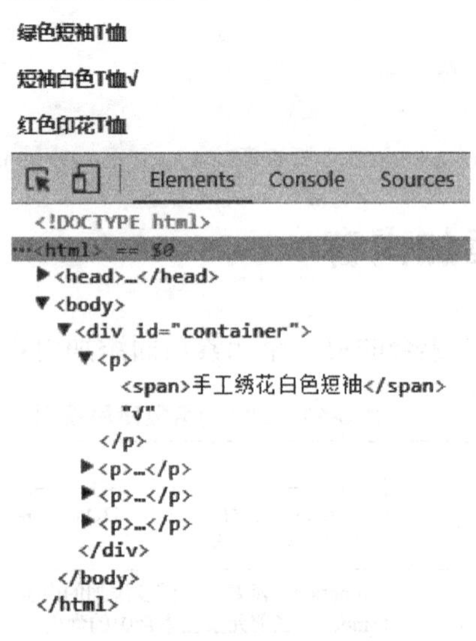

图 3-15　示例 3-13 运行结果

3.2.8 将元素添加到指定元素之后

insertAfter() 函数用于将指定元素集合添加到目标集合中每一个元素的后面，其使用规则如表 3-12 所示。

表 3-12 insertAfter()函数使用规则

序号	函　　数	参　　数
1	.insertAfter(target)	target：选择器、HTML 字符串、DOM 元素、数组、jQuery 对象，目标元素集合

将示例 3-13 源代码的第 8 行，改为如示例 3-14 部分源代码所示，运行结果与示例 3-13 相同。

☑ 示例 3-14 部分源代码

```
8.        $('<span>&radic;</span>').insertAfter('span:contains("白色")');
```

3.2.9 为元素添加包裹元素

jQuery 提供了为指定元素添加包裹元素的函数，如表 3-13 所示。

表 3-13 jQuery 添加包裹元素的函数

序号	函　　数	描述与参数说明
1	.wrap(wrappingElement|function)	将指定集合中的每一个元素用指定的 HTML 结构包裹 wrappingElement：选择器、元素、HTML 字符串、或 jQuery 对象，指明包裹 HTML 结构 function：返回包裹 HTML 结构的函数
2	.wrapInner(wrappingElement|function)	将指定集合中的每一个元素的子元素用指定的 HTML 结构包裹 参数同 wrap 函数
3	.wrapAll(wrappingElement|function)	将指定集合用一个 HTML 结构包裹 参数同 wrap 函数

☑ 示例 3-15 源代码

```
<!doctype html>
<html>
    <head>
        <meta charset="UTF-8">
        <script type="text/javascript" src="js/jquery-3.2.1.min.js"></script>
        <script type="text/javascript">
            $(function() {
                $('input').wrapAll('<form></form>');
                $('span').click(function() {
                    var id = parseInt($(this).text());
                    $(this).wrap('<p id=' + id + '></p>').wrapInner('<i></i>');
                });
            });
        </script>
    </head>
    <body>
        <div id="container">
            <span>2016010508 张三</span>
            <span>2016010508 李四</span>
        </div>
```

```
21.         <input type="text">
22.         <input type="password">
23.     </body>
24. </html>
```

示例 3-15 源代码中使用了 3 种包裹函数。第 8 行使用 wrapAll()函数为第 21 行、第 22 行的两个<input>标签添加了共同的包裹元素<form></form>；第 11 行使用 wrap()函数为点击事件的目标<span>标签添加外包裹元素<p>，并为其设置了 id 属性，接着采用 jQuery 的链式调用，使用 wrapInner()函数为该目标<span>的子元素添加包裹也就是内包裹元素。图 3-16 所示的是点击网页上的文字“2016010508 张三”后的运行结果。

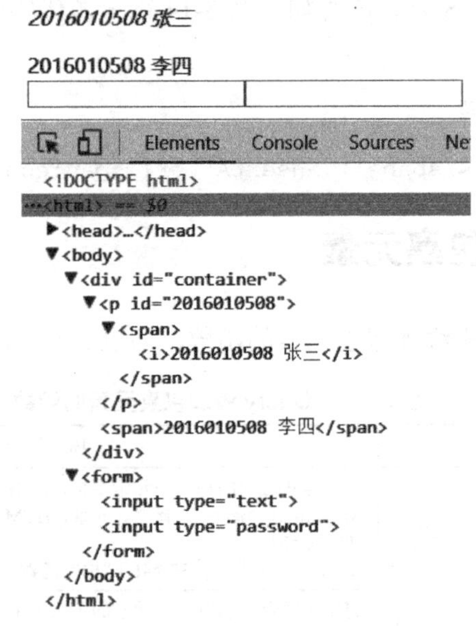

图 3-16　示例 3-15 运行结果

jQuery 链式调用（chaining）技术，允许在同一个 jQuery 对象上调用多个 jQuery 函数，之间用“.”号链接。链式调用技术使得 jQuery 代码更加简洁，效率更高。

任务 3.2　实现 PC 端登录页

任务目标：实现 PC 端登录页

要求：

- 制作一个 PC 端的登录页面，头部的底色部分适应设备宽度，页面主要内容部分居中显示，导航栏部分遮盖头部，如图 3-17 所示。
- 点击“登录”按钮时，检查用户是否输入了手机号码和密码，并给出相应的提示，如图 3-18 所示。手机号码和密码首尾的空格视为无效。

技能训练：

- PC 端布局的实现。
- 负边距技术。
- jQuery 添加 HTML。
- jQuery 链式调用。

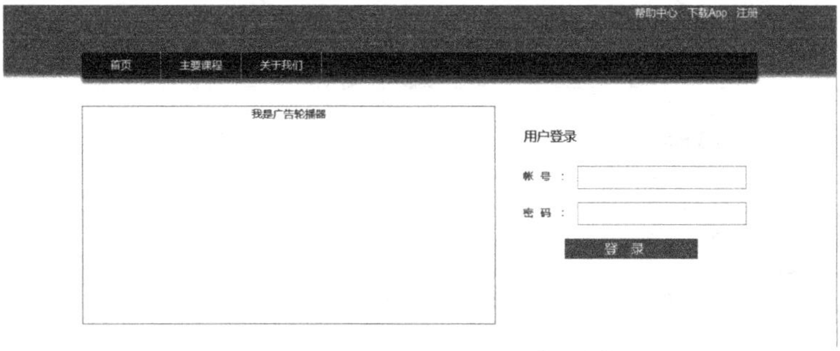

图 3-17 任务 3.2 的页面布局

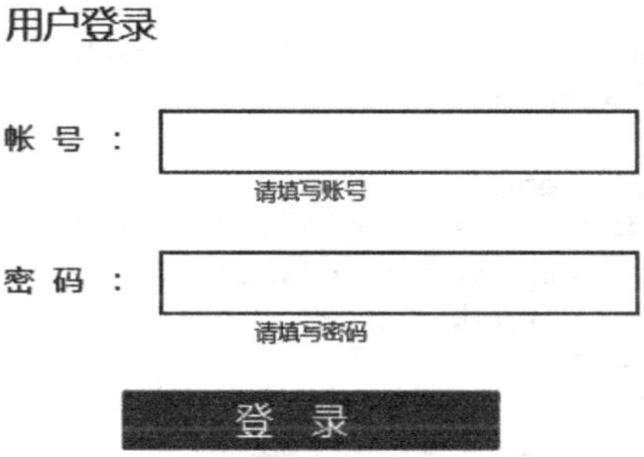

图 3-18 对用户的输入的简单检查

1. login.html 源代码

```
<!DOCTYPE html>
<html>
    <head>
        <meta charset="utf-8" />
        <link rel="stylesheet" href="css/common.css">
        <link rel="stylesheet" href="css/header.css">
        <link rel="stylesheet" href="css/login.css">
        <script src="js/jquery-3.2.1.min.js"></script>
        <script src="js/check.js"></script>
        <title>登录</title>
    </head>
    <body>
        <div id="header">
            <div id="header-content">
                <ul class="clearfix">
                    <li>
                        <a href="#">帮助中心</a>
                    </li>
                    <li>
                        <a href="#">下载 App</a>
                    </li>
                    <li>
                        <a href="#">注册</a>
                    </li>
                </ul>
            </div>
        </div>
        <div id="nav">
            <ul class="clearfix">
                <li>
                    <a href="#">首页</a>
```

```
                </li>
                <li>
                    <a href="#">主要课程</a>
                </li>
                <li>
                    <a href="#">关于我们</a>
                </li>
            </ul>
        </div>
        <div id="container" class="clearfix">
            <div id="main-left">
                我是广告轮播器
            </div>
            <div id="main-right">
                <form id="login-form" method="post" action="my.php">
                    <legend>
                        用户登录
                    </legend>
                    <div class="login-form-item">
                        <span>帐号：</span>
                        <input type="text" name="username" id="username"/>
                    </div>
                    <div class="login-form-item">
                       <span>密码：</span>
                       <input type="password" name="password" id="password"/>
                     </div>
                     <div class="login-form-item">
                        <button>
                            登录
                        </button>
                     </div>
                </form>
            </div>
        </div>
    </body>
</html>
```

2. common.css 源代码

```
* {
    padding: 0;
    margin: 0;
}
body {
    text-align: center;
    font: 16px Arial, "微软雅黑", sans-serif;
}
#container {
    width: 1024px;
    margin: auto;
}
li {
    list-style-type: none;
}
a {
    text-decoration: none;
}
.clearfix:after {
    content: "";
```

```
    display: block;
    visibility: hidden;
    clear: both;
}
```

3. header.css 源代码

```
1.  #header {
2.      width: 100%;
3.      background: #EE4000;
4.      height: 100px;
5.      box-shadow: 0px 5px 5px #888;
6.      -webkit-box-shadow: 0px 5px 5px #888;
7.      -moz-box-shadow: 0px 5px 5px #888;
8.  }
9.  #header-content {
10.     width: 1024px;
11.     margin: 0 auto;
12.     position: relative;
13. }
14. #header-content ul {
15.     position: absolute;
16.     top: 0;
17.     right: 0;
18. }
19. #header-content li {
20.     float: left;
21.     margin-left: 15px;
22. }
23. #header-content a {
24.     color: white;
25. }
26. #nav {
27.     width: 1024px;
28.     margin: 0 auto;
29.     background: #222;
30.     line-height: 40px;
31.     border-radius: 5px;
32.     -webkit-border-radius: 5px;
33.     -moz-border-radius: 5px;
34.     box-shadow: 0px 5px 5px #888;
35.     -webkit-box-shadow: 0px 5px 5px #888;
36.     -moz-box-shadow: 0px 5px 5px #888;
37.     margin-top:-30px;
38. }
39. #nav li {
40.     float: left;
41.     width: 120px;
42.     border-right:1px dotted white;
43. }
44. #nav a {
45.     color: white;
46. }
```

header.css 源代码第 37 行 margin-top 的值是负值，结果使#nav 和#header 区域部分重叠。CSS 语法允许 margin 的值为负，巧妙使用负边距可以提升网页的呈现效果。

4. login.css 源代码

```
#container {
    margin-top: 40px;
```

```
}
#main-left, #main-right {
    float: left;
}
#main-left {
    width: 624px;
    height: 324px;
    border: 1px solid #EE4000;
}
#main-right {
    width: 360px;
    height: 324px;
    margin-left: 25px;
}
legend {
    line-height: 50px;
    margin-top: 20px;
    margin-left: 18px;
    font-size: 20px;
}
.login-form-item {
    margin: 20px 0px;
}
.login-form-item span {
    display: inline-block;
    width: 25%;
    text-align: right;
    letter-spacing: 10px;
}
.login-form-item input {
    display: inline-block;
    width: 70%;
    text-align: left;
    line-height: 30px;
}
#login-form button {
    display: inline-block;
    width: 200px;
    line-height: 30px;
    background-color: #EE4000;
    color: white;
    border: 0;
    letter-spacing: 20px;
    font-size: 20px;
}
```

5. check.js 源代码

```
$(function() {
    $('button').click(function() {
        var $username = $('#username');
        var username = $.trim($username[0].value);
        var $password = $('#password');
        var password = $.trim($password[0].value);
        if (username == '') {
            $username.css('border-color', 'red').after('<div>请填写账号</div>');
            $('#username+div').css({
                color : 'red',
                'font-size' : '12px',
                height : '20px'
            });
```

```
14.         }
15.         if (password == '') {
16.             $password.css('border-color', 'red').after('<div>请填写密码</div>');
17.             $('#password+div').css({
18.                 color : 'red',
19.                 'font-size' : '12px',
20.                 height : '20px'
21.             });
22.         }
23.         return false;
24.     });
25. });
```

check.js 源代码的第 8 行和第 16 行使用了 after()函数在输入控件后面追加错误提示信息。

3.3　删除 HTML 元素及其属性

任务 3.2 目前的完成状态并不理想，在未输入账号或者密码的情况下，如果多次点击“登录”按钮，错误提示信息会不断添加；当我们输入了账号或者密码时，错误提示信息仍然存在，一种很自然的解决方案是应该在适当的时候删除错误提示信息，我们带着这个问题进入本小节的学习。

3.3.1　删除元素及其子元素

remove() 函数用于删除指定集合中的全部或者部分元素及其子元素，其使用规则如表 3-14 所示。

表 3-14　remove()函数使用规则

序号	函　　数	参　　数
1	.remove([selector])	selector：字符串，选择器表达式，起到过滤的作用

如果设置了 selector 参数，则将元素集合中满足过滤条件的部分元素删除。如果没有设置 selector 参数，则将指定集合中所有元素都删除。

☑ 示例 3-16 源代码

```
<!doctype html>
<html>
    <head>
        <meta charset="UTF-8">
        <script type="text/javascript" src="js/jquery-3.2.1.min.js"></script>
        <script type="text/javascript">
            $(function() {
                $('.delBtn').click(function() {
                    $('#cart' + $(this).attr('id')).remove();
                });
                $('#partlyRemove').click(function() {
                    $('tr').remove(':contains(店铺 1)');
                });
            });
```

```
15.         </script>
16.     </head>
17.     <body>
18.         <div id="container">
19.             <table>
20.                 <tr>
21.                     <th>商品名称</th>
22.                     <th>价格</th>
23.                     <th>店铺名称</th>
24.                     <th>操作</th>
25.                 </tr>
26.                 <tr id="cart20170607">
27.                     <td>手工绣花白色短袖</td>
28.                     <td>89</td>
29.                     <td>店铺 1</td>
30.                     <td>
31.                     <button class="delBtn" id="20170607">
32.                         删除
33.                     </button></td>
34.                 </tr>
35.                 <tr id="cart201607028">
36.                     <td>绿色短袖 T 恤</td>
37.                     <td>58</td>
38.                     <td>店铺 2</td>
39.                     <td>
40.                     <button class="delBtn" id="201607028">
41.                         删除
42.                     </button></td>
43.                 </tr>
44.             </table>
45.             <button id="partlyRemove">删除店铺 1 的商品</button>
46.         </div>
47.     </body>
48. </html>
```

示例 3-16 源代码的第 9 行使用 remove()函数没有参数，将 jQuery 对象本身删除；第 12 行使用 remove()函数时，设置了参数，结果只删除含有内容“店铺 1”的行。示例 3-16 网页加载后的效果如图 3-19 所示。

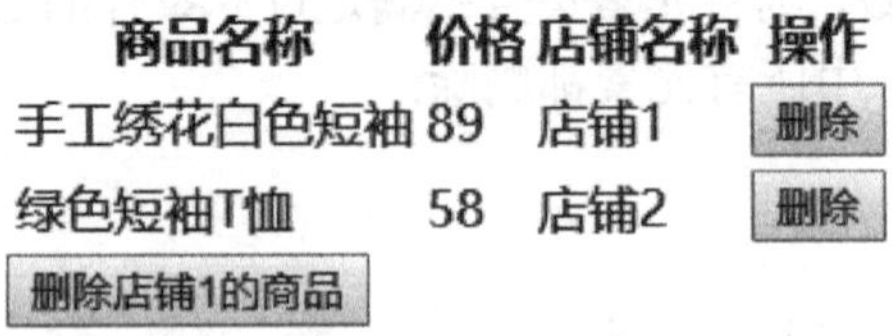

商品名称	价格	店铺名称	操作
手工绣花白色短袖	89	店铺1	删除
绿色短袖T恤	58	店铺2	删除

删除店铺1的商品

图 3-19　示例 3-16 网页加载后的效果

3.3.2　删除元素的子元素

empty()函数用于删除指定集合中所有元素的所有子元素，其使用规则如表 3-15 所示。

表 3-15　empty()函数使用规则

序号	函　数	参　数
1	.empty()	函数没有入口参数

☑ 示例 3-17 源代码

```
1.  <!doctype html>
2.  <html>
3.      <head>
4.         <meta charset="UTF-8">
5.         <script type="text/javascript" src="js/jquery-3.2.1.min.js"></script>
6.         <script type="text/javascript">
7.              $(function() {
8.                  $('#btn').click(function() {
9.                      $('#article').empty();
10.                 });
11.             });
12.        </script>
13.     </head>
14.     <body>
15.         <div id="container">
16.             <div id="article">
17.                 <h1>标题</h1>
18.                 内容
19.             </div>
20.             <button id="btn">
21.                 清空文章内容
22.             </button>
23.         </div>
24.     </body>
25. </html>
```

示例 3-17 源代码的第 9 行使用了 empty()函数，当点击“清空文章内容”按钮后，将 div#container 的子元素都清空了，如图 3-20 所示。

图 3-20　示例 3-17 点击“清空文章内容”按钮后

3.3.3　从被选元素中删除属性

removeAttr()函数的功能是删除指定集合中每个元素的指定属性，其使用规则如表 3-16 所示。

表 3-16　removeAttr()函数使用规则

序号	函　数	参　数
1	.removeAttr(attrName)	attrName：字符串，属性名。多个属性名之间用空格隔开

☑ 示例 3-18 源代码

```
1.  <!doctype html>
2.  <html>
3.      <head>
4.          <meta charset="UTF-8">
5.          <script type="text/javascript" src="js/jquery-3.2.1.min.js"></script>
6.          <script type="text/javascript">
7.              $(function() {
8.                  $('#btn').click(function() {
9.                      $('#article').removeAttr('id style');
10.                 });
11.             });
12.         </script>
13.     </head>
14.     <body>
15.         <div id="container">
16.             <div id="article" style="display: none">
17.                 <h1>标题</h1>
18.                 内容
19.             </div>
20.             <button id="btn">
21.                 显示文章内容
22.             </button>
23.         </div>
24.     </body>
25. </html>
```

示例 3-18 源代码的第 9 行使用了 removeAttr()函数删除 id 和 style 两个属性，当点击“显示文章内容”按钮后这两个属性都删除了，如图 3-21 所示。

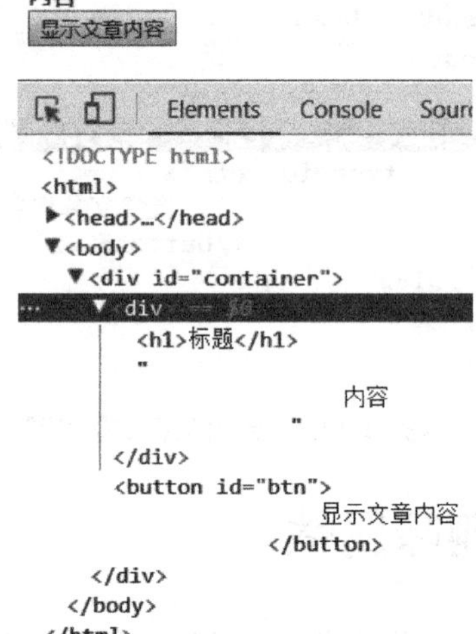

图 3-21　示例 3-18 点击“显示文章内容”按钮后

3.3.4　从 DOM 中移除元素集合

detach() 函数的功能是从 DOM 中移除指定集合。与 remove()的区别在于 detach()只是从 DOM 中移除，相关的数据和事件绑定仍然保留，适用于删除后有需要进行恢复操作的应用场景，其使用规则如表 3-17 所示。

表 3-17　detach()函数使用规则

序号	函　　数	参　　数
1	.detach([selector])	selector：字符串，选择器表达式，起到过滤的作用

☑ 示例 3-19 源代码

```
<!doctype html>
<html>
    <head>
        <meta charset="UTF-8">
        <script type="text/javascript" src="js/jquery-3.2.1.min.js"></script>
        <script type="text/javascript">
            $(function() {
                var $currentItem;
                $('.delBtn').click(function() {
                    $currentItem=$('#cart' + $(this).attr('id'));
                    $currentItem.detach();
                });
                $('#cancelBtn').click(function() {
                    $('#table1').append($currentItem);
                });
            });
        </script>
    </head>
    <body>
        <div id="container">
            <table id="table1">
                <tr>
                    <th>商品名称</th>
                    <th>价格</th>
                    <th>店铺名称</th>
                    <th>操作</th>
                </tr>
                <tr id="cart20170607">
                    <td>手工绣花白色短袖</td>
                    <td>89</td>
                    <td>店铺 1</td>
                    <td>
                    <button class="delBtn" id="20170607">
                        删除
                    </button></td>
                </tr>
                <tr id="cart201607028">
                    <td>绿色短袖 T 恤</td>
                    <td>58</td>
                    <td>店铺 2</td>
                    <td>
                    <button class="delBtn" id="201607028">
                        删除
```

```
44.                         </button></td>
45.                     </tr>
46.                 </table>
47.                 <button id="cancelBtn">撤销操作</button>
48.             </div>
49.         </body>
50. </html>
```

示例 3-19 源代码的第 11 行使用 detach()函数移除表格中的一行，第 14 行使用 append()函数将被移除的对象重新添加到表格的最后一行，实现“撤销操作”功能，被恢复的行中的“删除”按钮上绑定的点击事件仍然有效，可以再一次删除该行。但是如果把第 11 行的 detach()改为 remove()，点击“撤销操作”恢复曾被删除的行后，该行的“删除”按钮就失效了。

3.3.5 删除包裹元素

unwrap() 函数的功能是删除指定集合中每一个元素的包裹元素其使用规则如表 3-18 所示。

表 3-18 unwrap()函数使用规则

序号	函　数	参　数
1	.unwrap([selector])	selector：字符串，选择器表达式，起到过滤的作用。如果没有设置 selector 参数则直接删除包裹元素，如果设置此参数则只删除满足过滤条件的包裹元素

示例 3-20 源代码

```
1.  <!doctype html>
2.  <html>
3.      <head>
4.          <meta charset="UTF-8">
5.          <script type="text/javascript" src="js/jquery-3.2.1.min.js"></script>
6.          <script type="text/javascript">
7.              $(function() {
8.                  $('span').click(function() {
9.                      $(this).unwrap();
10.                     //$(this).unwrap('#p1');
11.                 });
12.             });
13.         </script>
14.     </head>
15.     <body>
16.         <div id="container">
17.             <p id="p1">
18.                 <span>第一段</span>
19.             </p>
20.             <p>
21.                 <span>第二段</span>
22.             </p>
23.         </div>
24.     </body>
25. </html>
```

示例 3-20 源代码的第 9 行使用 unwrap()函数删除当前元素的包裹元素，当点击“第二段”文字时，它的包裹元素<p>被删除了，如图 3-21 所示。如果使用第 10 行中带 selector 参数的 unwrap()，点击“第二段”时，因为它的包裹元素不满足 id=p1 的条件，所以并不会被删除，

DOM 结构不会发生变化。

```
第一段

第二段

Elements    Console
<!DOCTYPE html>
<html>
 ▶<head>…</head>
 ▼<body>
   ▼<div id="container">
     ▼<p id="p1">
         <span>第一段</span>
       </p>
       <span>第二段</span>
     </div>
...  </body> == $0
 </html>
```

图 3-22 示例 3-20 点击“第二段”文字后

任务 3.3 PC 端登录页的改进

任务目标：PC 端登录页的改进

要求：

◆ 在任务 3.2 的基础上修改，当用户输入了有效账号或密码时，点击“登录”按钮，错误提示应消失。

技能训练：

◆ jQuery 删除 HTML 元素。

check.js 源代码

```
$(function() {
    $('button').click(function() {
        var $username = $('#username');
        var username = $.trim($username[0].value);
        var $password = $('#password');
        var password = $.trim($password[0].value);
        if (username == '') {
            $username.css('border-color', 'red').after('<div> 请 填 写 账 号</div>');
            $('#username+div').css({
                color : 'red',
                'font-size' : '12px',
                height : '20px'
            });
        } else {
            $username.css('border-color', '#aaa');
            $('#username+div').remove();
        }
        if (password == '') {
            $password.css('border-color', 'red').after('<div> 请 填 写 密 码
```

```
</div>');
20.             $('#password+div').css({
21.                 color : 'red',
22.                 'font-size' : '12px',
23.                 height : '20px'
24.             });
25.         } else {
26.             $password.css('border-color', '#aaa');
27.             $('#password+div').remove();
28.         }
29.         return false;
30.     });
31. });
```

在任务 3.2 的基础上，我们添加了 14～17 行和 25～28 行的 else 语句，当用户输入不为空串时，输入框的边框将变回灰色，接下来使用 remove()函数删除错误提示信息。但是在用户输入为空的情况下重复添加提示信息的问题目前仍未解决，我们继续学习后面的章节。

3.4 复制和替换 HTML 元素

3.4.1 复制元素

clone()函数用于生成指定元素集合中每个元素的深拷贝副本，包含其子节点、文本、属性和事件处理程序等，其使用规则如表 3-19 所示。

表 3-19　clone()函数使用规则

序号	函　数	参　数
1	.clone([withDataAndEvents],[deepWithDataAndEvents])	withDataAndEvents：布尔型，是否复制事件处理函数，默认值是 false deepWithDataAndEvents：布尔型，是否复制子节点的事件处理函数，默认值与第一个参数的值相同

☑ 示例 3-21 源代码

```
<!doctype html>
<html>
    <head>
        <meta charset="UTF-8">
        <script type="text/javascript" src="js/jquery-3.2.1.min.js"></script>
        <script type="text/javascript">
            $(function() {
                $('.cloneTrue').click(function() {
                    $(this).clone(true).appendTo($('#container'));
                });
                $('.cloneFalse').click(function() {
                    $(this).clone().appendTo($('#container'));
                });
            });
        </script>
    </head>
    <body>
        <div id="container">
```

```
19.             <p class="cloneTrue">
20.                 第一段
21.             </p>
22.             <p  class="cloneFalse">
23.                 第二段
24.             </p>
25.         </div>
26.     </body>
27. </html>
```

示例 3-21 源代码第 9 行中的 clone 函数设置了参数 true，事件的处理函数会一并复制，当点击“第一段”或者其复制的副本“第一段”时，都会产生复制添加的效果。而第 12 行中的 clone 没有设置参数，事件函数不会被复制，所以点击“第二段”的“复制品”时，并不会产生复制添加“第二段”的效果。

3.4.2　替换元素

replaceWith()函数和 replaceAll()函数都可以完成 HTML 元素的替换，二者的区别在于内容和替换目标在语法中的位置。jQuery 替换函数使用规则如表 3-20 所示。

表 3-20　jQuery 替换函数使用规则

序号	函　　数	描述与参数说明
1	.replaceWith(newContent|function)	将指定集合元素的内容替换为新内容 newContent：HTML 字符串、DOM 元素或数组、jQuery 对象，要替换的新内容 function：返回值为新内容的函数 返回值：被替换的元素集合
2	.replaceAll(target)	用指定集合替换目标集合中的每个元素 target：选择器、DOM 元素或数组、jQuery 对象，目标元素集合

☑ 示例 3-22 部分源代码

```
12.  $(function() {
13.      // $('td:contains(食品)').replaceWith('<td><img src="img/food.jpg"\></td>');
14.      $('<td><img src="img/food.jpg"\></td>').replaceAll($('td:contains(食品)'));
15.  });
```

将示例 2-12 中的 jQuery 代码改为示例 3-22 部分源代码所示，第 13 行、第 14 行可以完成相同的功能，即用含有图片的单元格来替换内容含有“食品”的单元格，两个函数的区别在于替换和被替换的元素的位置进行了对调。

编号	分类	名称	价格(元)
01		农夫山泉矿泉水	2.00
02	日用品	洗发水	25.00
03	娱乐休闲	暑假旅游	5000.00

图 3-23　示例 3-22 运行结果

3.5 遍历 HTML 元素

jQuery 提供了多种遍历 DOM 的方法。通过 jQuery 遍历，能够从被选（当前的）元素开始，轻松地在家族树中向上移动（祖先）、向下移动（子孙）、水平移动（同胞）。这种移动被称为对 DOM 进行遍历。

jQuery 遍历函数包括了用于筛选、查找和串联元素的函数。

3.5.1 向上遍历 DOM 树

向上遍历 DOM 树是指获取指定元素的一级至多级祖先节点，jQuery 向上遍历 DOM 的函数使用规则如表 3-21 所示。

表 3-21 jQuery 向上遍历 DOM 的函数使用规则

序号	函　数	描述与参数说明
1	.parent([selector])	获取指定元素集合中每一个元素的父元素 selector：字符串，选择器表达式，作为过滤条件。如果没有参数，返回指定元素的父元素，如果有参数，则返回匹配参数要求的父元素
2	.parents([selector])	获取指定元素集合中每一个元素的祖先元素 selector：字符串，选择器表达式，作为过滤条件。如果没有参数，返回指定元素的祖先元素集合，直到文档的根元素，如果有参数，则返回匹配参数要求的所有祖先元素集合
3	.parentsUntil([stop][,filter])	返回指定元素的祖先元素集合，直到（但不包括）满足 stop 指定的元素为止，及 filter 条件匹配的元素 stop：选择器表达式、DOM 或者 jQuery 对象，向上遍历的终止条件 filter：选取祖先元素集合中的子集过滤条件
4	.offsetParent()	返回最近的祖先定位元素 ，定位元素指设置了 position 的值为 relative、absolute 或者 fixed
5	.closest(selector)	返回上溯祖先树时第一个匹配参数要求的的祖先元素 selector：字符串，选择器表达式，作为过滤条件

☑ 示例 3-23 源代码

```
<!doctype html>
<html>
    <head>
        <meta charset="UTF-8">
        <script type="text/javascript" src="js/jquery-3.2.1.min.js"></script>
        <script type="text/javascript">
            $(function() {
                $('.delBtn').click(function() {
                    $(this).closest('tr').remove();
                    //$(this).parents('tr').remove();
                    //$(this).parentsUntil('table', 'tr').remove();
                    //$(this).parent().remove();
                });
            });
        </script>
        <style>
            table {
                width: 600px;
                text-align: center;
            }
```

```
21.         </style>
22.     </head>
23.     <body>
24.         <table>
25.             <tr>
26.                 <th>班级</th>
27.                 <th>课程名称</th>
28.                 <th>人数</th>
29.                 <th>周学时数</th>
30.                 <th>平均成绩</th>
31.                 <th>操作</th>
32.             </tr>
33.             <tr id="cart20170607">
34.                 <td>16 软件技术 3-4</td>
35.                 <td>jQuery 开发实战</td>
36.                 <td>53</td>
37.                 <td>84.3</td>
38.                 <td>4</td>
39.                 <td>
40.                 <button class="delBtn">
41.                     删除
42.                 </button></td>
43.             </tr>
44.             <tr id="cart201607028">
45.                 <td>16 软件技术 3-3</td>
46.                 <td>网页设计基础</td>
47.                 <td>50</td>
48.                 <td>88.7</td>
49.                 <td>4</td><td>
50.                 <button class="delBtn">
51.                     删除
52.                 </button></td>
53.             </tr>
54.         </table>
55.     </body>
56. </html>
```

示例 3-23 源代码第 9 行使用 closest()函数选取距离当前<button>最近的祖先节点<tr>，也就是当前<button>所在的行，进行删除；第 10 行使用 parents()函数选取祖先节点中的节点<tr>，第 11 行使用 parentsUntil()函数选取直到<table>祖先节点中的节点<tr>，这两行的执行结果都与第 9 行相同。第 12 行使用 parent()函数只能获得<button>的父节点<td>，结果只能删除按钮所在的单元格，而不是一整行。示例 3-23 网页加载后的结果如图 3-24 所示。

班级	课程名称	人数	周学时数	平均成绩	操作
16软件技术3-4	jQuery开发实战	53	84.3	4	删除
16软件技术3-3	网页设计基础	50	88.7	4	删除

图 3-24 示例 3-23 网页加载后的结果

3.5.2 向下遍历 DOM 树

向下遍历 DOM 树是指获取指定元素的一级至多级后代节点，jQuery 向下遍历 DOM 的函数使用规则如表 3-22 所示。

表 3-22　jQuery 向下遍历 DOM 的函数使用规则

序号	函　　数	描述与参数说明
1	.children([selector])	获取指定元素集合中每一个元素的子元素，不包括文本节点 selector：字符串，选择器表达式，作为过滤条件。如果没有参数，返回指定元素的所有子元素，如果有参数，则返回匹配参数要求的子元素
2	.find(filter)	获取指定元素集合中每一个元素的满足过滤条件的后代元素 filter：选择器表达式、元素、jQuery 对象，作为过滤条件

☑ 示例 3-24 部分源代码

```
12.            $(function() {
13.                $('tr').find('td:first').css('background','green');
14.                var $children=$('tr').children();
15.                $('tr').children('td:last').css('background','yellow');
16.            });
```

示例 3-24 部分源代码中第 13 行使用 find()函数选取表格中每一行的后代元素中满足条件 td:first 即第一个单元格的元素，形成结果集，并将其背景设置为绿色，运行结果是表格数据行的第一列底色为绿色。

第 14 行使用 children()函数获取表格中每一行的子元素，对象结果集如图 3-25 所示，然后再以 td:last 为过滤条件，从子元素结果集中获取最后一个单元格，也就是表格的最后一个单元格，将背景设置为黄色。示例 3-24 网页加载后的结果如图 3-26 所示。

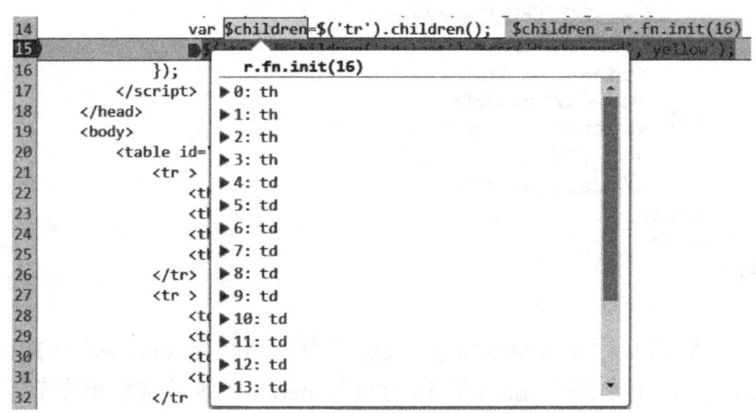

图 3-25　$children 对象结果集

编号	分类	名称	价格(元)
01	食品	农夫山泉矿泉水	2.00
02	日用品	洗发水	25.00
03	娱乐休闲	暑假旅游	5000.00

图 3-26　示例 3-24 网页加载后的结果

3.5.3　水平遍历 DOM 树

水平遍历 DOM 树是指获取指定元素的同级兄弟节点，jQuery 水平遍历 DOM 的函数使用规则如表 3-23 所示。

表 3-23 jQuery 水平遍历 DOM 的函数使用规则

序号	函 数	描述与参数说明
1	.siblings([selector])	获取指定元素集合中每一个元素的兄弟元素 selector：字符串，选择器表达式，作为过滤条件。如果没有参数，返回指定元素的所有兄弟，如果有参数，则返回匹配参数要求的兄弟元素
2	.next([selector])	获取指定元素集合中每一个元素后面的相邻元素 selector：字符串，选择器表达式，作为过滤条件，过滤结果集
3	.nextAll([selector])	获取指定元素集合中每一个元素后面的所有同级元素 selector：字符串，选择器表达式，作为过滤条件，过滤结果集
4	.nextUntil([stop][,filter])	获取指定元素集合中每一个元素后面的同级元素 stop：选择器表达式、DOM 或者 jQuery 对象，水平遍历的终止条件 filter：字符串，选择器表达式，作为过滤条件，过滤结果集
5	.prev([selector])	获取指定元素集合中每一个元素前面的相邻元素 selector：字符串，选择器表达式，作为过滤条件，过滤结果集
6	.prevAll([selector])	获取指定元素集合中每一个元素前面的所有同级元素 selector：字符串，选择器表达式，作为过滤条件，过滤结果集
7	.prevUntil([stop][,filter])	获取指定元素集合中每一个元素前面的同级元素 stop：选择器表达式、DOM 或者 jQuery 对象，水平遍历的终止条件 filter：字符串，选择器表达式，作为过滤条件，过滤结果集

☑ 示例 3-25 源代码

```
<!doctype html>
<html>
    <head>
        <meta charset="UTF-8">
        <script type="text/javascript" src="js/jquery-3.2.1.min.js"></script>
        <script type="text/javascript">
            $(function() {
                $('#siblings').click(function() {
                    var $sibs = $('#4').siblings();
                    //var $sibs = $('#4').siblings('div');
                    var tips = '<br>兄弟们是';
                    for (var i = 0; i < $sibs.length; i++) {
                        tips = tips + $sibs[i].id + '\t';
                    }
                    $('#container').append(tips);
                });
                $('#prevs').click(function() {
                    //var $prevs = $('#4').prev();
                    //var $prevs = $('#4').prevAll();
                    //var $prevs = $('#4').prevAll('ul');
                    var $prevs = $('#4').prevUntil('ul', 'span');
                    var tips = '<br>哥哥们是';
                    for (var i = 0; i < $prevs.length; i++) {
                        tips = tips + $prevs[i].id + '\t';
                    }
                    $('#container').append(tips);
                });
                $('#nexts').click(function() {
                    var $nexts = $('#4').next();
                    //var $nexts = $('#4').nextAll();
                    //var $nexts = $('#4').nextAll('button');
                    //var $nexts = $('#4').nextUntil($('button'));
                    var tips = '<br>弟弟们是';
                    for (var i = 0; i < $nexts.length; i++) {
```

```
                        tips = tips + $nexts[i].id + '\t';
                    }
                    $('#container').append(tips);
                });
            });
        </script>
        <style>
            table {
                width: 600px;
                text-align: center;
            }
        </style>
    </head>
    <body>
        <div id="container">
            <ul id="1">
                1
                <li id="6">
                    6
                </li>
            </ul>
            <div id="2">
                2
            </div>
            <span id="3">3</span>
            <div id="4">
                4
            </div>
            <div id="5">
                5
            </div>
            <button id="siblings">
                "小四"的兄弟们
            </button>
            <button id="prevs">
                "小四"哥哥们
            </button>
            <button id="nexts">
                "小四"弟弟们
            </button>
        </div>
    </body>
</html>
```

在示例 3-25 源代码中介绍了各种水平遍历函数的用法，运行结果如图 3-27 所示，读者可以去掉示例中的一些语句的注释，体会不同的函数之间的区别。

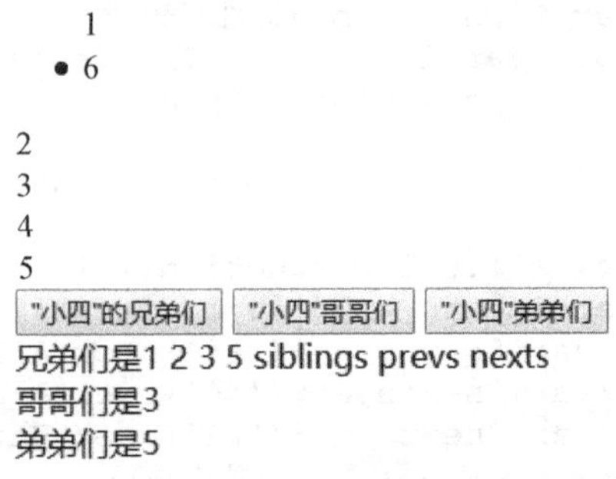

图 3-27　示例 3-25 运行结果

3.5.4 过滤函数

jQuery 过滤函数使用指定条件对指定集合进行过滤，来获得更小的结果集。jQuery 过滤函数使用规则如表 3-24 所示。

表 3-24 jQuery 过滤函数使用规则

序号	函　数	描述与参数说明
1	.eq(index)	获取指定元素集合中指定索引的元素 index：整数，从 0 开始的元素索引。如果为负数，则代表从尾部倒数的索引
2	.filter(criteria|function)	获取指定元素集合中满足参数条件的子集 criteria：选择器表达式、DOM 元素或者 jQuery 对象 function：返回值为布尔型的函数
3	.not(criteria|function)	获取指定元素集合中不满足参数条件的子集 criteria：选择器表达式、DOM 元素、数组或者 jQuery 对象 function：返回值为布尔型的函数
4	.first()	获取指定集合中的第一个元素
5	.last()	获取指定集合中的最后一个元素
6	.has(contained)	获取指定元素集合中指定集合中含有满足参数条件的子元素的子集 contained：选择器表达式、元素

示例 3-26 仍然在示例 2-12 中表格的基础上用本小节学习的函数修改了 jQuery 代码。

☑ 示例 3-26 部分源代码

```
12.   $(function() {
13.       $('tr').first().css('background-color', 'yellow');
14.        //$('tr').last().css('background-color','yellow');
15.       $('tr').eq(-2).css('background-color', 'lightblue');
16.       $('tr').has('td:contains(娱乐休闲)').css('background-color', 'lightgrey');
17.       $('tr').filter(function() {
18.           return parseFloat($(this).find('td').last().text()) <= 100;
19.       }).css('color', 'green');
20.       /*$('tr').not(function() {
21.           return parseFloat($(this).find('td').last().text()) <= 100;
22.       }).css('color', 'green');*/
23.  });
```

示例 3-26 部分源代码的第 13 行使用 first()函数获得表格中的第一行，设置其背景颜色为黄色。

第 15 行使用 eq()函数获得倒数第二行，设置背景颜色为浅蓝色。

第 16 行使用 has()函数获得子元素中含有文本“娱乐休闲”的单元格的行，设置背景颜色为浅灰色。

第 17 行使用 filter()并以 function 作为条件参数，获取最后一个单元格中数字小于 100 的行，设置文字颜色为绿色。

示例 3-26 运行结果如图 3-28 所示。

编号	分类	名称	价格(元)
01	食品	农夫山泉矿泉水	2.00
02	日用品	洗发水	25.00
03	娱乐休闲	暑假旅游	5000.00

图 3-28 示例 3-26 运行结果

3.5.5 其他遍历函数

jQuery 还提供了其他与 DOM 树的遍历相关的函数，其使用规则如表 3-25 所示。

表 3-25 jQuery 其他遍历函数使用规则

序号	函 数	描述与参数说明
1	.each(function)	为指定集合中每个元素执行 function 函数
2	.is(criteria|function)	判断指定集合中是否有满足条件的元素，如果有返回 true，否则返回 false criteria：选择器表达式、DOM 元素或者 jQuery 对象 function：返回值为布尔型的函数
3	.slice(start[,end])	返回指定集合的子集 start：整数，从 0 开始的元素索引，标示子集开始的位置。如果为负数，则代表从尾部倒数的索引 end：整数，从 0 开始的元素索引，标示子集结束的位置(不包括此元素)；如果为负数，则代表从尾部倒数的索引；如果不写则子集范围一直到集合的结尾
4	.map(callback)	将指定集合中的元素传入 callback 函数，将返回的 jQuery 对象作为新的元素插入集合中
5	.add (selector | elements | html | selection)或 .add (selector ,context)	向指定集合中添加元素
6	.end()	回到链式调用中最近的遍历、过滤操作之前
7	.addBack([selector])	将堆栈中的上一个元素添加到指定集合中，可以用 selector 参数作为匹配条件
8	.contents()	获取指定集合中每个的元素的子元素集合，包括文本和注释

示例 3-27 仍然在示例 2-12 中表格的基础上用本小节学习的函数修改了 jQuery 代码。

☑ 示例 3-27 部分源代码

```
12.     $(function() {
13.             $('td').each(function() {
14.                 if (!isNaN(Number($(this).text()))) {
15.                     $(this).css('background', 'lightblue');
16.                 }
17.             });
18.             $('tr').not(':first').find('td:last').map(function(index, elem) {
19.                 return elem.innerText = '￥' + elem.innerText;
20.             });
21.     });
```

示例 3-27 部分源代码中第 13 行使用 each()函数遍历指定的元素集合，将内容为数字的单元格的底色设置为浅蓝色。

第 18 行的函数调用链上共有 3 个函数，首先使用 not()函数获取除第一行外的其他数据行，接着使用 find()函数获取每一数据行的最后一个单元格，最后使用 map()函数将原来单元格中的文本前加上“￥”符号后替换原有的单元格，运行结果如图 3-29 所示。

编号	分类	名称	价格(元)
01	食品	农夫山泉矿泉水	￥2.00
02	日用品	洗发水	￥25.00
03	娱乐休闲	暑假旅游	￥5000.00

图 3-29 示例 3-27 运行结果

☑ 示例 3-28 源代码

```
1.  <!doctype html>
2.  <html>
3.      <head>
4.          <meta charset="UTF-8">
5.          <script type="text/javascript" src="js/jquery-3.2.1.min.js"></script>
6.          <script type="text/javascript">
7.              $(function() {
8.                  $('.classA').prevAll().css('background', 'lightblue').end().
        css('border', '3px solid red');
9.                  $('.classB').next().css('border', '3px solid orange').addBack
        ('span').css('background', 'lightgreen');
10.                 $('p').slice(-3, -1).contents().filter(function() {
11.                     return this.nodeType == 3;
12.                 }).wrap('<i></i>');
13.             });
14.         </script>
15.     </head>
16.     <body>
17.         <div>
18.             <p>
19.                 段落 1
20.             </p>
21.             <span class="classA">span1 classA</span>
22.             <p>
23.                 段落 2
24.             </p>
25.             <p class="classA">
26.                 段落 3 classA
27.             </p>
28.         </div>
29.         <div>
30.             <p>
31.                 段落 <span>4</span>
32.             </p>
33.             <span class="classB">span2 classB</span>
34.             <p>
35.                 段落  5
36.             </p>
37.             <p class="classB">
38.                 段落<span>6 classB</span>
39.             </p>
40.         </div>
41.     </body>
42. </html>
```

示例 3-28 源代码第 8 行函数调用链上有 4 个函数，首先使用 prevAll()获取所有在前面类“classA”元素即“span1”和“段落 3”前面的兄弟节点，接着调用 css()函数将其底色设置为浅蓝色，调用链上的第 3 个函数 end()的作用是回到 prevAll()函数操作之前，即将指定的元素集合回退到所有类名为“classA”的元素，并将其边框设置为红色。结果如图 3-30 所示。

第 9 行的函数调用链首先使用 next()函数获取紧跟在类名为“classB”的元素后面的元素即“段落 5”并将其边框颜色设置为桔黄色，调用链中的第 3 个函数 addBack()将所有类名为“classB”并且标签为“span”的元素即“span2”也添加到集合中，并将集合中所有的元素即“段落 5”和“span2”的背景颜色设置为浅绿色，如图 3-30 所示。

第 10 行的函数调用链首先使用 slice()函数获得段落元素集合中倒数第 3 至第 2 的段落即“段落 4”和“段落 5”，再使用 contents()函数获得这两个段落中所有的子元素，接着使用 filter()函数对子元素集合进行过滤，过滤的条件是选取 nodeType 为 3 的子元素，也就是子元素中的文本节点，最后使用 wrap()函数为结果集合中的元素即“段落 4”中的纯文本节点“段落”和“段落 5”中的纯文本节点“段落 5”添加包裹元素<i>，使文本以斜体显示在页面上。示例 3-28 运行结果如图 3-30 所示。

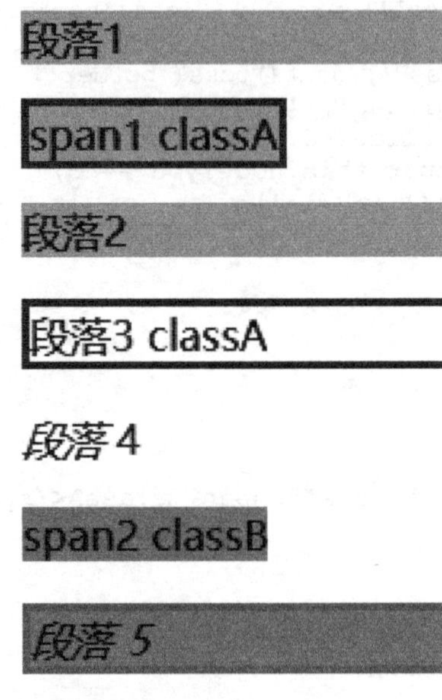

图 3-30 示例 3-28 运行结果

任务 3.4 PC 端用户页的改进

任务目标：PC 端用户页的改进

要求：

- 在任务 3.3 的基础上将登录表单部分做如图 3-31 所示的改进，要求：输入提示由文字变为图标，点击图标时，相应输入框获得焦点。
- 当点击“登录”时，对用户输入做检查并输出错误提示信息。要求，用户输入有效信息后，错误提示消失；提示信息不可重复出现；提示信息的出现和消失，不能造成页面元素的位置变化。

技能训练：

- jQuery 替换 HTML 元素。
- jQuery 向上遍历。
- jQuery 水平遍历。
- jQuery each()遍历。
- CSS Sprite。

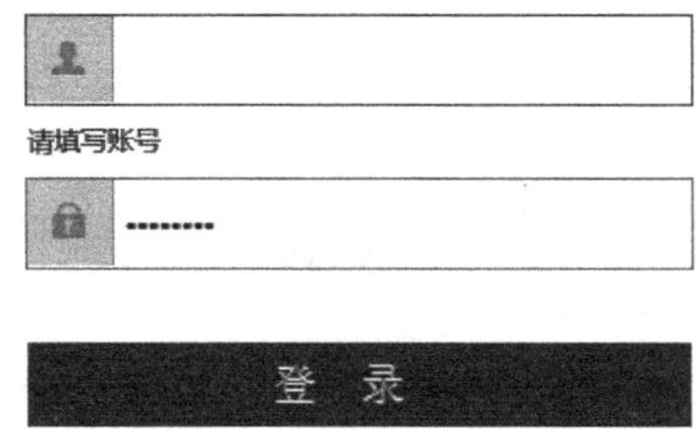

图 3-31　任务 3.4 登录表单部分效果

1. login.html **源代码**

```
46.         <form id="login-form" method="post" action="my.php">
47.             <legend>
48.                         用户登录
49.             </legend>
50.             <div class="login-form-item clearfix">
51.                 <label class="form-label" id="userLabel" for="username"></label>
52.                 <input type="text" name="username" id="username"/>
53.             </div>
54.             <div class="tips">
55.             </div>
56.             <div class="login-form-item">
57.                 <label class="form-label" id="pwdLabel" for="password"></label>
58.                 <input type="password" name="password" id="password"/>
59.             </div>
60.             <div class="tips">
61.             </div>
62.             <button>
63.                 登录
64.              </button>
65.         </form>
```

2. login.css **源代码**

```
50. .form-label {
51.     float: left;
52.     z-index: 3;
53.     width: 38px;
54.     height: 38px;
55.     border-right: 1px solid #bdbdbd;
56.     background: url(../img/form-icons.png) no-repeat;
57. }
58. #pwdLabel {
59.     background-position: -48px 0;
60. }
61. .tips {
62.     width: 300px;
63.     margin: 2px auto;
64.     line-height: 28px;
65.     height:28px;
66.     text-align: left;
67.     color: red;
68.     font-size: 12px;
69. }
```

本任务表单中用户名和密码的图片提示采用了 css sprites（图像精灵）技术，login.css 第

59 行使用了 css sprites 只取图片的一部分内容作为背景。

3. check.js 源代码

```
1.  $(function() {
2.   $('button').click(function() {
3.     var htmlStr = '';
4.     $('#login-form input').each(function() {
5.       if ($.trim(this.value) == '') {
6.          if (this.id == 'username') {
7.              htmlStr = '<div class="tips">请填写账号</div>';
8.          } else {
9.              htmlStr = '<div class="tips">请填写密码</div>';
10.         };
11.         $(this).parent().css('border-color', 'red').next().replaceWith(htmlStr);
12.      } else {
13.         $(this).parent().css('border-color', '#aaa').next().replaceWith('<div
     class="tips"></div>');
14.      }
15.    });
16.    return false;
17.  });
18. });
```

check.js 源代码第 4 行使用 each()函数遍历表单中的<input>输入控件，如果当前的元素值为空串，则根据其 id 来区分是用户名还是密码，根据判断结果准备好错误提示信息的 HTML 字符串。

第 11 行是一个比较长的链式调用，首先使用 parent()函数获取当前元素的父元素，也就是<lable>和<input>的包裹 div 元素，使用 css()函数将包裹元素的边框变为红色，再使用 next()函数获取紧跟在包裹元素的后面的预留输出提示信息的 div.tips，使用 replaceWith()函数将其替换为准备好的 HTML 字符串，最终完成错误提示信息的显示。

第 13 行与第 11 行的完成的效果刚好相反，在用户输入有效时，将边框变灰，并取消错误提示信息。

jQuery 提供了如此丰富的 DOM 操作函数，完成任务目标要求的代码实现不是唯一的，读者还可以使用其他 jQuery 操作 DOM 的函数来完成同样的功能。

任务 3.5 “成绩单”任务的改进

任务目标：“成绩单”任务的改进

要求：

- 在任务 2.4 的基础上将“成绩单”任务用本章学习的新的 jQuery 技术来改写，注意各种遍历函数的运用，要求代码完成后获得更好的“可读性”。

技能训练：

- jQuery 水平遍历。
- jQuery 向上遍历。
- jQuery 过滤遍历。
- jQuery 其他遍历。

1. style.css 源代码

```
*{
    margin:0;
    padding:0;
}
body{
    text-align:center;
}
#wrap{
    margin:0 auto;
    max-width: 640px;
    min-width:320px;
}
```

2. avg.js 源代码

```
$(function() {
    function calAvg() {
        $('#report').css({
            width : '100%',
            'border-collapse' : 'collapse',
            border : '2px solid navy',
            'margin-top' : '10px'
        });
        $('#report th:lt(2)').css({
            width : '30%',
        });
        $('#report th:last').css({
            width : '33%',
        });
        $('#report tr:first').css({
            'background-color' : 'navy',
            color : 'white'
        });
        $('#report th,#report td').css({
            border : '1px solid #888',
        });
        $('#report tr:odd').css({
            'background-color' : '#eee',
        });
        $('#report tr:last').css({
            'background-color' : 'navy',
            color : 'white'
        });
        var $absences = $('#report tr:contains(缓考),#report tr:contains(旷考)');
        $absences.css({
            'background-color' : 'orange',
        });
        var $tr = $('#report tr');
        var $stuScores = $tr.slice(1, $tr.length - 1).not($absences);
        var sum = 0,score=0;
        var $this;
        $stuScores.each(function() {
            $this=$(this);
            score = parseFloat($this.find('td:last').text());
            sum += score;
            score < 60 ? $this.css({
                'background-color' : 'red',
            }) : $.noop();
```

```
44.         });
45.         return sum / $stuScores.length.toFixed(2);
46.     };
47.     $('#report td:last').text(calAvg());
48. });
```

avg.js 源代码第 34 行先使用 slice()函数选取<tr>中索引从 1 至长度减 1（tr.length-1）的子集，也就是去掉表头和表尾的行的集合，再使用 not()过滤函数去掉前面集合中“缺考”学生的数据行，最终获得有效的成绩数据行。

第 37 行使用 each()函数遍历有效的成绩数据行集合，第 39 行中使用 find()函数获取当前数据行中最后一个单元格。该行赋值“=”号右侧最终结果是浮点型的成绩。

第 41 至第 43 行是 JS 条件运算，功能是用红色字体显示不及格的成绩。$.noop()是 jQuery 提供的全局函数，它是一个“补位函数”，该函数什么都不做，它用于补足语法中要求该位置有函数存在，但实际业务逻辑中又不需要作出任何处理的情况下。

3.6 jQuery 操作 DOM 样式

3.6.1 类操作

jQuery 通过提供类操作函数使开发人员方便地控制 DOM 样式变化，jQuery 类操作函数有 3 个，其使用规则如表 3-26 所示。

表 3-26 jQuery 类操作函数使用规则

序号	函 数	描述与参数说明
1	.addClass(className|function)	为指定集合中每个元素添加类 className：要添加的类的名字。如果要添加多个类，类名之间用空格隔开 function：返回值为字符串类型，是要添加的类的名字
2	.removeClass([className])或 .removeClass(function)	为指定集合中每个元素删除类 className：要移除的类的名字。如果要移除多个类，类名之间用空格隔开。没有参数时，删除全部的类 function：返回值为字符串类型，是要移除的类的名字
3	.toggleClass (className[,state])或 .toggleClass (function[,state])	为指定集合中每个元素添加或者删除类 className：要添加或者移除的类的名字 state：默认时，如果类已存在则做删除操作，如果不存在则做添加操作；值为 true 时做类的添加操作；值为 false 时做类的删除操作

☑ 示例 3-29 源代码

```
<!doctype html>
<html>
    <head>
        <meta charset="UTF-8">
        <script type="text/javascript" src="js/jquery-3.2.1.min.js"></script>
        <script type="text/javascript">
            $(function() {
                $('#btn').click(function() {
                    $('#article1').addClass('spring');
                    $('#article2').removeClass('spring');
```

```
11.                 });
12.             });
13.         </script>
14.         <style>
15.             .spring {
16.                 background: #90EE90;
17.                 color: #BA55D3
18.             }
19.         </style>
20.     </head>   <body>
21.         <div id="container">
22.             <div id="article1">
23.                 <h1>标题</h1>
24.                 article1 内容
25.             </div>
26.             <div id="article2" class="spring">
27.                 <h1>标题</h1>
28.                 article2 内容
29.             </div>
30.             <button id="btn">
31.                 改变主题
32.             </button>
33.         </div>
34.     </body>
35. </html>
```

示例 3-29 源代码第 9 行使用 addClass()函数为 div#article1 添加类“spring”，第 10 行使用 removeClass()为 div#article2 删除类“spring”，所以当点击“改变主题”按钮后两个元素都改变了样式，如图 3-32 所示。

图 3-32　示例 3-29 点击“改变主题”按钮后的结果

☑ 示例 3-30 源代码

```
<!doctype html>
<html>
    <head>
        <meta charset="UTF-8">
        <script type="text/javascript" src="js/jquery-3.2.1.min.js"></script>
        <script type="text/javascript">
            $(function() {
```

```
8.                  $('#btn').click(function() {
9.                      $('#article').toggleClass('spring winter');
10.                     //$('#article').toggleClass('spring winter',true);
11.                     //$('#article').toggleClass('spring winter',false);
12.                 });
13.             });
14.         </script>
15.         <style>
16.             .spring {
17.                 background: #90EE90;
18.                 color: #BA55D3;
19.             }
20.             .winter {
21.                 background: #999999;
22.                 color: #00FFFF;
23.             }
24.         </style>
25.     </head>
26.     <body>
27.         <div id="container">
28.             <div id="article" class="spring">
29.                 <h1>标题</h1>
30.                 内容
31.             </div>
32.             <button id="btn">
33.                 主题切换
34.             </button>
35.         </div>
36.     </body>
37. </html>
```

示例 3-30 源代码中第 28 行 div#article 具有类“spring”的样式，第 9 行使用 toggleClass() 函数则将 div#article 原有的类 spring 删除，并为其添加原来没有的类“winter”，运行结果是当点击“主题切换”按钮时，文章会在两种主题样式之间进行切换。

如果将第 9 行替换为第 10 行，toggleClass()函数配置了 state 参数为 true，那么只能为 div#article 添加类，添加之后的标签属性如图 3-33 所示，因为类“spring”的样式被后面的“winter”类样式覆盖了，所以文章最终只表现出“winter”类的样式。

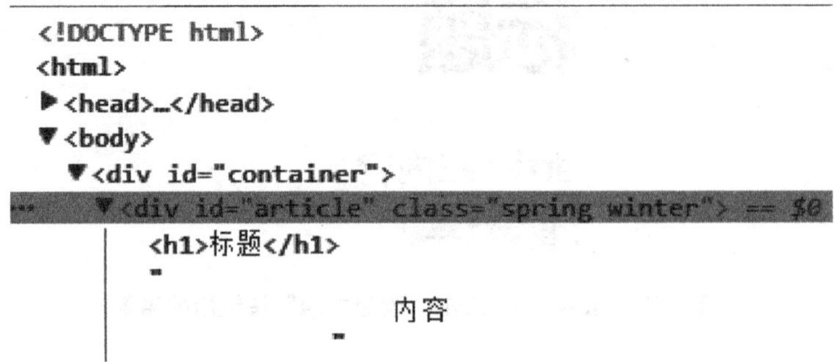

图 3-33　示例 3-30 使用第 10 行代码的运行结果

如果使用第 11 行的代码，state 参数为 false，那么只能为 div#article 删除类，删除后的标签属性如图 3-34 所示，将原有的“spring”类删除了，也并未为其添加“winter”类。

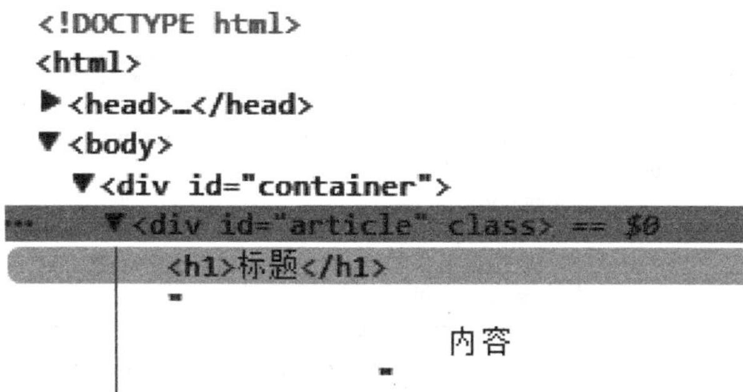

图 3-34 示例 3-30 使用第 11 行代码的运行结果

3.6.2 属性操作

在任务 2.1 一节中我们已经详细介绍过 css()函数的用法，这里介绍其他 jQuery 操作 CSS 属性的函数，其使用规则如表 3-27 所示。

表 3-27 jQuery 属性操作函数使用规则

序号	函 数	描述与参数说明
1	.height()	获取指定集合中第一个元素的高，不含 padding
2	.innerHeight()	获取指定集合中第一个元素的高，含 padding，不含 margin。此函数不适用于 window 和 document 对象
3	.outerHeight([includeMargin])	获取指定集合中第一个元素的高。此函数不适用于 window 和 document 对象 includeMargin：布尔型参数，是否含 margin。默认值为 false，不含 margin；值为 true 则含 margin
4	.height(value|function)	设置指定集合中所有元素的高，不含 padding value：字符串或数字，以数字表示，默认的单位是像素，如果是 em 等其他单位则需写成字符串的形式 function：返回需设置高度的函数
5	.innerHeight(value|function)	设置指定集合中所有元素的高，含 padding，不含 margin value：同上 function：同上
6	.outerHeight(value|function)	设置指定集合中所有元素的高，含 margin value：同上 function：同上
7	.width()	获取指定集合中第一个元素的宽，不含 padding
8	.innerWidth()	获取指定集合中第一个元素的宽，含 padding ，不含 margin。此函数不适用于 window 和 document 对象
9	.outerWidth([includeMargin])	获取指定集合中第一个元素的宽。此函数不适用于 window 和 document 对象 includeMargin：布尔型，是否含 margin。默认值为 false，不含 margin；值为 true 则含 margin
10	.width(value|function)	设置指定集合中所有元素的宽，不含 padding。 value：字符串或数字，以数字表示默认的单位是像素，如果是 em 等其他单位则需写成字符串的形式 function：返回需设置的宽度的函数
11	.innerWidth(value|function)	设置指定集合中所有元素的宽，含 padding，不含 margin value：同上 function：同上

（续表）

序号	函　　数	描述与参数说明
12	.outerWidth(value|function)	设置指定集合中所有元素的宽，含 margin value：同上 function：同上
13	.offset()	获取指定集合中第一个元素相对 document 的当前坐标。返回值是一个对象包含两个属性 top 和 left
14	.offset(coordinates|function)	设置指定集合中所有元素相对 document 的坐标。 coordinates：具有 left、top 两个属性的 JS 简单对象 function：函数，返回值为设置坐标的简单对象
15	.position()	获取指定元素集合中第一个元素相对其祖先元素中最近的一个定位元素的坐标
16	.scrollTop()	获取指定元素集合中第一个元素的滚动条垂直偏移
17	.scrollTop(value)	设置指定元素集合中所有元素的滚动条垂直偏移。 value：数字，垂直偏移量
18	.scrollLeft()	获取指定元素集合中第一个元素的滚动条水平偏移
19	.scrollLeft(value)	设置指定元素集合中所有元素的滚动条水平偏移。 value：数字，水平偏移量

offset()函数获取的元素坐标是相对 document 的坐标，以该元素的 border 为界，不含外边距。因为 display:none 的元素不在渲染树中，所以对此类元素使用 offset()函数得到的位置是无意义的。

使用 position()函数获取指定元素上溯祖先树中最近的一个绝对（absolute）或者相对（relative）定位的祖先元素的相对坐标。如果其所有的祖先元素都为默认定位方式（static），则获得与 document 的相对坐标，但和 offset()不同的是，position()函数测量坐标偏移时，是从外边距的边界开始的。

☑ 示例 3-31 源代码

```
<!doctype html>
<html>
    <head>
        <meta charset="UTF-8">
        <script type="text/javascript" src="js/jquery-3.2.1.min.js"></script>
        <script type="text/javascript">
            $(function() {
                $p1 = $('#p1');
                $offset = $('#p2').offset();
                $position = $('#p2').position();
                $container = $('#container');
                $artical1 = $('#article1');
                $container.append('<p>段落 2 的 offset 左: ' + $offset.left + ' 上:
    ' + $offset.top + '</p>');
                $container.append('<p>段落 2 的 position 左:
    ' + $position.left + ' 上: ' + $position.top + '</p>');
                $container.append('<p>文章 1 的 innerWidth:
    ' + $artical1.innerWidth() + '</p>');
                $container.append('<p>文章 1 的 outerHeight:
    ' + $artical1.outerHeight(true) + '</p>');
                $('#btn1').click(function() {
```

```
18.                     $(document).scrollTop($(document).height());
19.                 });
20.                 $('#btn2').click(function() {
21.                     $(document).scrollTop(0);
22.                 });
23.             });
24.         </script>
25.         <style>
26.             #article1 {
27.                 height: 90px;
28.                 width: 200px;
29.                 margin: 5px;
30.                 padding: 10px;
31.             }
32.             #article2 {
33.                 position:absolute;
34.                 left: 100px;
35.                 top: 900px;
36.             }
37.             #p2{
38.                 margin-top:10px;
39.             }
40.         </style>
41.     </head>
42.     <body>
43.         <div id="container">
44.             <button id="btn1">
45.                 直达底部
46.             </button>
47.             <div id="article1">
48.                 <h1>标题</h1>
49.                 <p>
50.                     段落 1
51.                 </p>
52.             </div>
53.             <div id="article2">
54.                 <h1>标题</h1>
55.                 <p id="p2" style="visibility: hidden">
56.                     段落 2
57.                 </p>
58.                 <button id="btn2">
59.                     直达顶部
60.                 </button>
61.             </div>
62.         </div>
63.     </body>
64. </html>
```

示例 3-31 源代码第 9、第 10 行分别使用了 offset()和 position()函数，从图 3-35 可以看到 p#p2 的 offset 和 position 坐标是不同的，offset 坐标是相对 document 的坐标，而 position 坐标是相对 div#article2 的坐标，因为示例 3-31 第 33 行设置了 div#article2 的 position 为绝对定位。注意，本示例在不同的终端设备或者不同的浏览器中得到的坐标值可能不一样。

第 15 行适用 innerWidth()获取 div#article1 的包含 padding 的宽，结果是 width + 2*padding = 220；第 16 行获取 div#article1 的包含 margin 的高，结果是 height + 2*(padding+margin)=120，如图 3-35 所示。

第 17 行至第 19 行代码的功能是当点击“直达底部”按钮时，将 document 对象的滚动条垂直偏移设置为 document 的高度，在窗口中显示页面底部的功能，网页底部如图 3-36 所示；第 20 行至第 22 行则通过将 document 的垂直偏移量设置为 0 实现一键“返回顶部”的功能。

图 3-36 所示的是示例 3-31 页面底部，并没有出现文字“段落 2”，因为第 55 行设置了 p#p2 的样式属性 visibility:hidden，导致“段落 2”不可见，但是仍然“占位”，仍然在渲染树中，所以 position()的结果是有意义的。这和设置 display:none 是不同的，读者可自行用 display:none 来替换第 55 行中的 visibility:hidden，来比较它们之间的差异。

直达底部

标题

段落1

段落2的offset 左：100 上：952
段落2的position 左：0 上：42
文章1的innerWidth：220
文章1的outerHeight：120

图 3-35　示例 3-31 页面顶部

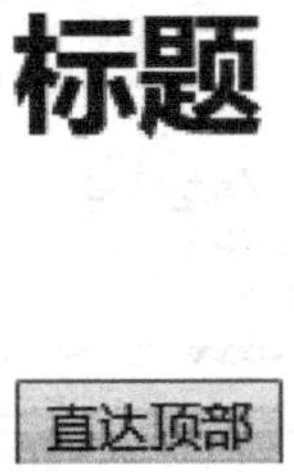

标题

直达顶部

图 3-36　示例 3-31 页面底部

如果我们将第 33 行的 position:absolute 去掉，那么执行结果如图 3-37 所示，使用 position()测量 p#p2 的垂直偏移坐标比用 offset()测量要少 10px，这是因为 offset()测量偏移量时是从边框的边缘开始的，而 position()的测量是从外边距的边缘开始的。

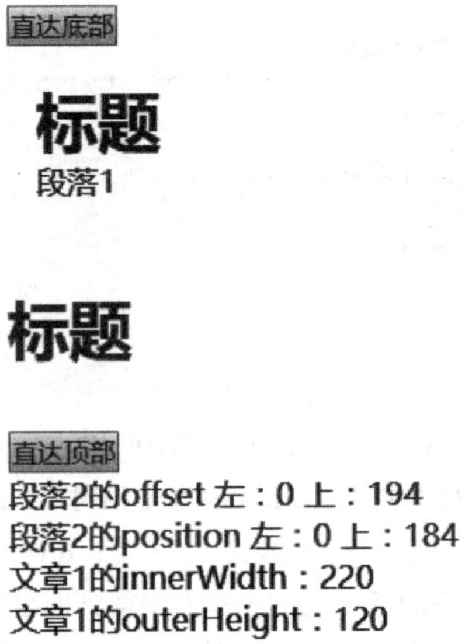

直达底部

标题

段落1

标题

直达顶部

段落2的offset 左：0 上：194
段落2的position 左：0 上：184
文章1的innerWidth：220
文章1的outerHeight：120

图 3-37　示例 3-31 去掉绝对定位后的运行结果

任务 3.6 PC 端用户页的持续改进

任务目标：PC 端用户页的持续改进

要求：

♦ 在任务 3.4 的基础上，将边框变红提示改为由本小节学习的 jQuery 操作 CSS 类相关技术来完成。

技能训练：

♦ jQuery 添加 CSS 类。

♦ jQuery 删除 CSS 类。

1. login.css 源代码

```
.warning{
    border-color:red;
}
```

2. check.js 源代码

```
1.  $(function() {
2.      $('button').click(function() {
3.          var htmlStr = '';
4.          $('#login-form input').each(function() {
5.              if ($.trim(this.value) == '') {
6.                  if (this.id == 'username') {
7.                      htmlStr = '<div class="tips">请填写账号</div>';
8.                  } else {
9.                      htmlStr = '<div class="tips">请填写密码</div>';
10.                 };
11.                 $(this).parent().addClass('warning').next().replaceWith(htmlStr);
12.             } else {
13.                 $(this).parent().removeClass('warning').next().replaceWith('<div class="tips"></div>');
14.             }
15.         });
16.         return false;
17.     });
18. });
```

check.js 源代码第 11 行使用 addClass()函数为指定元素添加 warning 类，第 13 行使用 removeClass()函数删除 warning 类。当类的样式比较复杂时使用 jQuery 类操作函数改变样式与使用 css()函数相比，语句更加简洁，可读性更好。

课后练习

一、填空

1．使用______________函数可以为指定 jQuery 对象切换类。

2．jQuery______________函数遍历选择器所有匹配的元素，并对每个元素执行指定的回调函数。

3．jQuery______________函数可以从 DOM 中删除所有匹配的元素，但仍然保留事件的绑定。

二、单选题

1. 下面 jQuery 代码中可以将所有 button 元素的背景色设置为绿色的是（　　）。

   A. $('button"). background-color ("green");

   B. $("button").css("background-color","green");

   C. $("button").style("background-color","green");

   D. $("button").layout("background-color","green");

2. 下面哪个 jQuery 函数用于在指定元素的末尾添加内容？（　　）

   A. appendTo ()　　B. append()　　C. insertAfter ()　　D、after()

3. 下面 jQuery 代码中可以向页面写入粗体“ ©”的是（　　）。

   A. $("#copyright").text("<b>©</b>");　　B. $("#copyright").text(<b>©</b>);

   C. $("#copyright").html(<b>©</b>);　　D. $("#copyright").html("<b>©</b>");

4. 下面 jQuery 代码中可以将所有 div 元素的宽度设置为 30 像素，不含 padding 的是（　）。

   A. $("div").width(30);　　B. $("div").width(30px);

   C. $("div").innerWidth (30);　　D. $("div").innerWidth ("30px");

5. 下面哪个函数可以获取指定集合中每个元素的子元素集合？（　　）

   A. slibings()　　B. slice()　　C. contents()　　D. contains()

三、问答题

1. 试比较 prop()和 attr()的区别。
2. 列举 jQuery 的遍历节点方式，并举例说明。

第 4 章　jQuery 事件处理

本章学习要求：

- 理解事件处理机制。
- 熟练掌握 jQuery 高级事件管理函数。
- 熟练掌握 jQuery 事件处理快捷函数。

JS 技术中不同的浏览器有不同的事件处理机制，给前端开发带来麻烦，而 jQuery 屏蔽了这些差异，并提供了一些高级的事件管理机制和相应的管理函数。本章 4.2、4.3 小节绍了 jQuery 高级的事件管理、jQuery 支持鼠标事件、键盘事件等。jQuery 表单事件将在第 5 章详述。

4.1　事件处理机制

事件是可以被 JavaScript 侦测到的行为。JS 是事件驱动的语言，网页的交互性少不了事件的支持。本节先回顾 JS 的事件处理机制，已经掌握这部分知识的读者可以直接进入后续小节的学习。

4.1.1　事件传递机制

JS 事件是可以被传递的，不仅仅只发生在目标节点上，事件由目标元素向后代元素逐级传递的机制，被称为**事件捕获**；事件由目标元素向祖先元素逐级传递直到 DOM 根节点的机制，被称为**事件冒泡**。

4.1.2　event 对象

当事件发生的时候，我们可以借助 event 对象属性获得事件相关的信息，例如 event.target 获取事件发生的目标元素、event.type 获取事件的类型等，event 属性数量众多，不在本教材中一一列举。除属性外 event 对象还提供如表 4-1 所示函数对事件进行管理。

表 4-1　event 对象的标准函数

序号	函　　数	描　　述
1	.initEvent()	初始化新创建的 event 对象的属性
2	.preventDefault()	阻止事件的默认动作
3	.isDefaultPrevented()	返回 event 对象上是否调用了.preventDefault()

☑ 示例 4-1 源代码

```
<!doctype html>
<html>
    <head>
        <meta charset="UTF-8">
        <script type="text/javascript" src="js/jquery-3.2.1.min.js"></script>
        <script type="text/javascript">
            window.onload = function() {
                var b1 = document.getElementById('b1');
                var b2 = document.getElementById('b2');
                var b3 = document.getElementById('b3');
                $container=$("#container");
                b1.addEventListener('click', function(evt) {
                  $container.append('b1 ');
                }, false);
                b2.addEventListener('click', function(evt) {
                   $container.append('b2 ');
                }, false);
                b3.addEventListener('click', function(evt) {
                   $container.append('b3 ');
                   //evt.stopPropagation()
                }, false);
            };
        </script>
    </head>
    <body>
        <div id="container">
            <div id="b1">
                <div id="b2" >
                    <span id="b3"> 事件传递的路径是: </span>
                </div>
            </div>
        </div>
    </body>
</html>
```

示例 4-1 中的代码使用 DOM 对象的 addEventListener()函数为 div#b1、div#b2 和 span#b3 元素添加了对 click 事件的监听。当事件发生时，调用处理函数处理。当点击“事件传递的路径是:”文字上的时候，事件的直接目标节点是包含这段文字的 span#b3，但是网页中的结果显示为“b3 b2 b1”，div#b2 和 div#b1 的事件处理函数也相继执行，表明事件发生了“冒泡”，如图 4-1 所示。

事件传递的路径是:
b3 b2 b1

图 4-1　示例 4-1 运行结果

4.2 jQuery 事件管理

4.2.1 jQuery 事件处理机制

jQuery 对浏览器进行了兼容性处理，统一使用 “冒泡” 事件传递机制，对 event 对象的属性的跨浏览器一致性做了规范，jQuery event 对象的属性有：altKey，bubbles，button，buttons，cancelable，char，charCode，clientX，clientY，ctrlKey，currentTarget，data，detail，eventPhase，key，keyCode，metaKey，offsetX，offsetY，originalTarget，pageX，pageY，relatedTarget，screenX，screenY，shiftKey，target，toElement，view，which 等，如果需要使用上述之外的其他属性，可以通过 event.originalEvent 来获取。

4.2.2 jQuery 事件管理函数

这里首先列出 jQuery 事件管理函数，如表 4-2～表 4-5 所示。

表 4-2 jQuery event 对象的函数

序号	函数	描述
1	.stopImmediatePropagation()	阻止剩余的事件处理函数的执行，并防止当前事件在 DOM 树上冒泡
2	.isImmediatePropagationStopped()	返回 stopImmediatePropagation()是否在当前 event 对象上被调用过
3	.stopPropagation()	阻止事件的传递
4	.isPropagationStopped()	返回 stopPropagation()是否在当前 event 对象上被调用过
5	.preventDefault()	阻止事件的默认动作
6	.isDefaultPrevented()	event 对象上是否调用了 preventDefault()

表 4-3 jQuery event 对象常用属性

序号	属性	描述
1	currentTarget	事件冒泡阶段中当前的 DOM 元素
2	data	绑定事件时向事件处理函数传递的数据
3	pageX	鼠标相对 document 左边缘的位置
4	pageY	鼠标相对 document 上边缘的位置
5	target	触发此事件的目标元素
6	timeStamp	事件发生时，距离 1970 年 1 月 1 日的毫秒数
7	type	当前 Event 对象表示的事件的名称
8	which	键盘码，监控触发键盘事件的按键

表 4-4 jQuery 事件管理函数

序号	函数	描述
1	.on(events [, selector] [, data], handler) 或 .on(eventsObj[, selector] [, data])	为指定元素绑定事件和处理函数
2	.off(events [, selector] handler) 或.off( )	为指定元素解除绑定事件和处理函数
3	.one(events [, selector] [, data], handler) 或 .one(eventsObj [, selector] [, data])	为指定元素绑定事件和处理函数。每个元素只能运行一次事件处理器函数。

（续表）

序号	函数	描述
4	.triggerHandler(eventType|event[, extraParameters])	触发指定元素集合中第一个元素的绑定事件
5	.trigger(eventType|event[, extraParameters])	触发指定元素的绑定事件
6	$.proxy(function,context[,additionalArgs]) 或 $.proxy(context,name[, additionalArgs])	向上下文指向不同对象的元素绑定事件

表 4-5　jQuery 事件管理函数参数表

序号	参数	描述
1	events	字符串，事件名称
2	selector	可选，选择器字符串，过滤条件，过滤指定集合的子集
3	data	可选，需要向处理函数传递的数据
4	handler	事件处理函数
5	eventsObj	JS 简单对象，事件和事件处理函数键值对。
6	eventType	字符串，事件名称
7	event	jQuery.Event 对象
8	extraParameters	数组或者 JS 简单对象，其他需要传递给处理函数的参数

jQuery 的 on()函数可以为指定元素绑定事件处理函数，当这个函数带有 selector 参数时，完成事件的委派。jQuery **事件委派机制**，是把后代元素的事件处理函数绑定在祖先节点上，事件从其目标节点冒泡至事件绑定的祖先节点的过程中，遇到与 selector 相匹配的节点，便会触发处理函数的执行。

jQuery 事件委派有如下优点：

- 可以解决动态添加的后代元素事件绑定的问题。
- 可以避免频繁地在页面中做动态的事件绑定和解绑。
- 当多个元素需要监听相同的事件，使用事件的委派时，在它们的一个祖先节点上监听该事件，可以降低开销、提高效率。

下面我们通过 3 个示例讲解来认识 jQuery 事件处理函数。

☑ 示例 4-2 源代码

```
<!doctype html>
<html>
    <head>
        <meta charset="UTF-8">
        <script type="text/javascript" src="js/jquery-3.2.1.min.js"></script>
        <script type="text/javascript">
            $(function() {
                $('#container').on('dblclick', '#b4', addBorder);
                //$('#b4').on('dblclick',addBorder);
                $('#b2').on('mousedown', lightOn)
                        .on('mousedown.v2addition',addBorder)
                        .on('mouseup', lightOff);
                //$('#b1').one('mousedown', '#b2', lightOn);
                $('#btn').before('<span id="b4">b4</span><br>').click(function(){
                    //$('#b2').off('mousedown');
                    $('#b2').off('mousedown.v2addition');
                });
                function addBorder() {
```

```
19.                 $(this).addClass('border1');
20.             };
21.             function lightOn() {
22.                 $(this).css('background', 'lightgreen');
23.             };
24.             function lightOff() {
25.                 $(this).css('background', 'white');
26.             };
27.         });
28.     </script>
29.     <style>
30.         #b1 {
31.             width: 200px;
32.             height: 200px;
33.             text-align: left;
34.         }
35.         #b2 {
36.             width: 160px;
37.             height: 160px;
38.             margin: 0 auto;
39.         }
40.         #b3 {
41.             width: 100px;
42.             height: 100px;
43.             margin: 0 auto;
44.         }
45.         #b4 {
46.             width: 50px;
47.             height: 50px;
48.             margin: 0 auto;
49.         }
50.         .border1 {
51.             border: 1px solid black;
52.         }
53.     </style>
54.   </head>
55.   <body>
56.     <div id="container">
57.         <div id="b1">
58.             b1
59.             <div id="b2" >
60.                 b2
61.                 <div id="b3">
62.                     b3
63.                 </div>
64.             </div>
65.         </div>
66.         <button id="btn">
67.             取消背景颜色改变
68.         </button>
69.     </div>
70.   </body>
71. </html>
```

示例 4-2 源代码第 8 行使用的 on()带有 selector 参数“#b4”，这是事件委派的用法，将 div#b4 对鼠标双击事件的响应处理函数 addBorder 委派给其祖先节点 div#container 来绑定，addBorder()函数的定义见第 18 行至第 20 行的代码，该函数为当前元素添加黑色边框，网页加载后，双击 div#b4 或者其任意的子节点，都会给 div#b4 添加黑色边框，而双击 div#container

并不会出现边框，说明事件响应仅对 div#b4 有效。“#b4”元素是在第 13 行动态添加的，在第 8 行绑定事件处理函数时它并不在 DOM 树中，所以只能采用事件委派的方式，采用第 9 行直接绑定的方式是不会触发事件处理函数执行的，读者可自行检验。

第 10 行为 div#b2 绑定了鼠标按下事件的处理函数 lightOn，函数定义示例代码第 21 行至第 23 行为当前元素添加浅绿色背景。第 11 行同样是为 div#b1 绑定鼠标按下事件的处理函数，jQuery 使用 on()函数为同一元素绑定相同事件的处理函数时，前面的处理函数并不会被后面的处理函数所覆盖，而是两个处理函数都有效，所以当我们在 div#b2 范围内按下鼠标时，该元素背景色变成浅绿色的同时还会添加黑色边框，如图 4-2 所示。jQuery 这一事件处理特性为系统的后期维护和版本升级带来了便利。这两个处理函数可以采用命名空间来区分，示例第 11 行我们为“mousedown”事件后面添加了自定义的命名空间“v2addition”，在事件解绑的时候，我们可以通过指明命名空间的方式，解绑指定的处理函数，如示例第 16 行所示，会取消在 div#b2 上绑定的添加边框的事件响应效果。如果不指明命名空间，如示例第 14 行的写法，会将 div#b2 上鼠标按下事件的所有处理函数解绑。

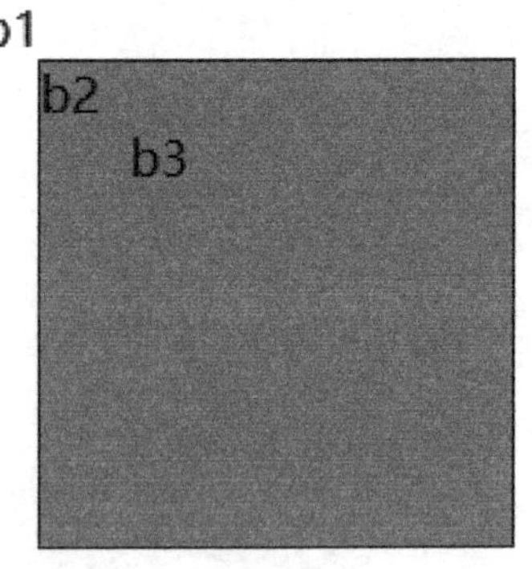

图 4-2　示例 4-2 运行结果

第 13 行的 one()函数也可以完成事件的绑定，但是绑定的函数只在事件第一次在指定元素上发生时响应执行。

☑ 示例 4-3 源代码

```
<!doctype html>
<html>
    <head>
        <meta charset="UTF-8">
        <script type="text/javascript" src="js/jquery-3.2.1.min.js"></script>
        <script type="text/javascript">
            $(function() {
            $(function() {
                $('div').on('click', function() {
                    $(this).addClass('border1');
                });
                $('#b4').on('click', function() {
                    $(this).css('color', 'red');
                });
                $('#btn').click(function(e) {
                    //$('#b4').trigger(e);
                    $('#b4').triggerHandler(e);
                    $('div').triggerHandler('click');
                });
            });
        </script>
        <style>
            #container {
                width: 250px;
                text-align: left;
            }
            #b1 {
                width: 200px;
                height: 120px;
```

```
30.             }
31.             #b2 {
32.                 width: 160px;
33.                 height: 60px;
34.                 margin: 0 auto;
35.             }
36.             #b3 {
37.                 width: 100px;
38.                 height: 50px;
39.                 margin: 0 auto;
40.             }
41.             #b4 {
42.                 width: 50px;
43.                 height: 25px;
44.                 margin: 0 auto;
45.             }
46.             .border1 {
47.                 border: 1px solid black;
48.             }
49.         </style>
50.     </head>
51.     <body>
52.         <div id="container" width="250px">container
53.             <div id="b1">b1
54.                 <div id="b2" >b2
55.                     <div id="b3">b3
56.                     </div>
57.                     <p id="b4">b4
58.                     </p>
59.                 </div>
60.             </div>
61.             <button id="btn">
62.                 点击这里
63.             </button>
64.         </div>
65.     </body>
66. </html>
```

示例 4-3 源代码中第 17 行使用 triggerHandler()触发 p#b4 上的“click”事件，因为第 17 行是在按钮元素上发生“click”事件的时候执行的，所以第 17 行 triggerHandler()参数 e 的事件类型就是 click，事件的处理函数是第 12 行至第 14 行的代码，使 p#b4 文字变成红色。第 18 行使用 triggerHandler()触发 div 上的“click”事件，只有第一个 div 即 div#container 会添加边框。网页加载后点击按钮“点击这里”，结果如图 4-3 所示。

如果我们将第 17 行注释去掉，并取消 16 行的注释，点击“点击这里”按钮，这时所有的 div 都会添加边框，这是因为第 16 行使用的 trigger()函数触发的事件会发生冒泡传递，所以会在#b4 所有祖先节点上触发“click”事件，其中的 div 都会添加边框，如图 4-4 所示。

从上述示例中可以看到 triggerhandler()与 trigger()的区别在于：

- triggerHandler()触发的事件不会发生冒泡传递，而 trigger()触发的事件会发生冒泡传递。
- triggerHandler()只触发指定集合中的第一个元素上的事件处理函数，trigger()会触发指定集合中所有元素上的事件处理函数。

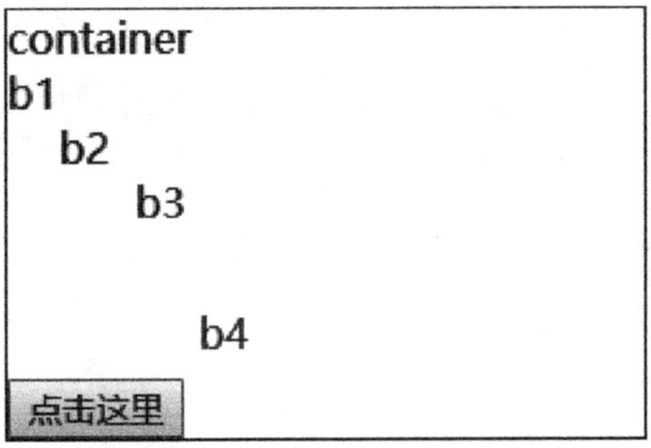

图 4-3　triggerHandler()效果

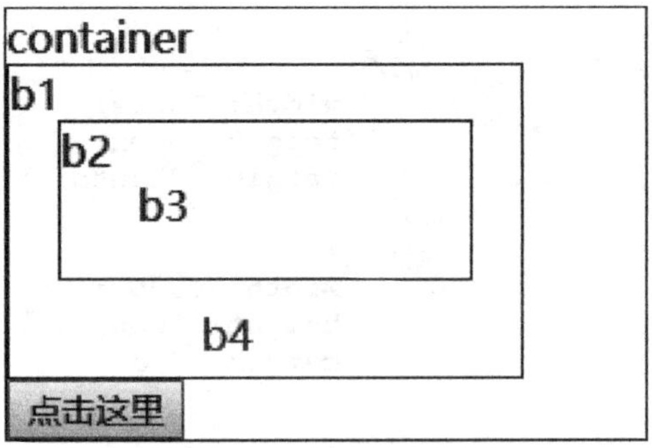

图 4-4　trigger()效果

☑ 示例 4-4 源代码

```
<!doctype html>
<html>
    <head>
        <meta charset="UTF-8">
        <script type="text/javascript" src="js/jquery-3.2.1.min.js"></script>
        <script type="text/javascript">
            $(function() {
                $('#div1').click(function() {
                    $('#div1 p').click(function() {
                        $(this).css('background-color', 'green');
                    });
                });
                $('#div2').click(function() {
                    $('#div2 p').click($.proxy(function() {
                        $(this).css('background-color', 'green');
                    }, this));
                });
            });
        </script>
    </head>
    <style>
        div {
            width: 200px;
            height: 80px;
            margin-right: 30px;
            background-color: #aaa;
            float: left;
        }
    </style>
    <body>
        <div id="div1">   div1
            <p>
                点击文字两次
            </p>
        </div>
        <div id="div2">   div2 代理
            <p>
                点击文字两次
            </p>
        </div>
    </body>
</html>
```

示例 4-4 源代码中对 div#div1 的处理是常规的事件处理，第一次点击#div1 中的文字时为#div1 中的 p 元素绑定处理函数，第二次点击触发处理函数将 p 元素的底色变为绿色，代码见第 8 行至第 12 行，第 10 行的 this 是当前事件的目标对象#div1 p。

当#div2 被点击时，在“#div2 p”上绑定事件处理函数时使用了代理，$.proxy()的第二个参数是 this，如第 16 行所示，这个 this 是 id 为 div2 的 DOM 对象，是第一个参数即绑定到#div2 上的点击事件的处理函数的上下文，第二次点击#div2 中段落文字时，第 15 行的 this 就不再是事件的目标节点“#div2 p”，而是当前上下文#div2，所以#div2 的背景色变为绿色，如图 4-5 所示。

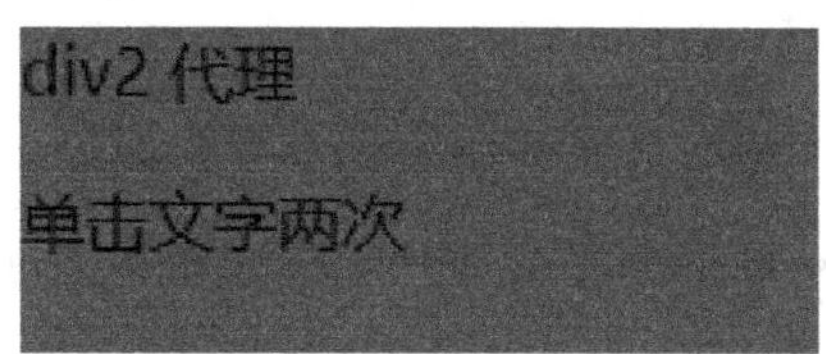

图 4-5　示例 4-4 运行结果

任务 4.1　轮播器、选项卡的改进

任务目标：轮播器、选项卡的改进

要求：

- 任务 2.1 中实现的选项卡功能函数代码中以常量的形式使用了元素的 id 属性，由于 id 属性的唯一性，选项卡函数 changNews()复用性不强，使用第 3 章和第 4 章学习的 jQuery 知识进行改写，使选项卡函数有更好的复用性，并添加图片轮播器自动自动轮播功能。

技能训练：

- jQuery 管理 CSS 类。
- jQuery 获取标签属性的值。
- jQuery 遍历 HTML 元素。
- jQuery 事件绑定。
- jQuery 事件委派。

1. index.html **部分源代码**

```
            <div id="news">
                <div id="icons">
                    <span id="news_dot"><img src="img/dot2.gif" /> </span>
                    <span class="news_ico" href="#newsList1" ><img src="img/news1.jpg" /> </span>
                    <span class="news_ico" href="#newsList2" ><img src="img/news2.jpg" /> </span>
                </div>
                <div class="newsList tabsContent" id="newsList1">
                    <ul>
                        <li class="newsItem">
                            <a href="#" >我校隆重举行 2017 届毕业典礼</a><span class="date">2017-06-11</span>
                        </li>
                        <li class="newsItem">
                            <a href="#" >省职业院校教师信息化教学设计大赛我校教师再
```

```
获奖项</a><span class="date">2017-06-10</span>
                        </li>
                        <li class="newsItem">
                            <a href="#" >我校成为“智能电动汽车职业教育联盟”常务理事单位</a><span class="date">2017-06-09</span>
                        </li>
                        <li class="newsItem">
                            <a href="#">我校 5 项目获市哲学社会科学规划项目立项</a><span class="date">2017-06-08</span>
                        </li>
                        <li class="newsItem">
                            <a href="#">德国 TÜV 集团莱茵学院客人来校交流</a><span class="date">2017-06-07</span>
                        </li>
                        <li class="newsItem">
                            <a href="#">柳州职业技术学院客人来校交流</a><span class="date">2017-06-06</span>
                        </li>
                        <li class="newsItem">
                            <a href="#">我校再添一市级公共技术服务平台</a><span class="date">2017-06-05</span>
                        </li>
                        <li class="newsItem">
                            <a href="#">中联办深圳培训调研中心领导来我校调研交流</a><span class="date">2017-06-04</span>
                        </li>
                    </ul>
                </div>
                <div class="newsList tabsContent" id="newsList2" >
                    <ul>
                        <li class="newsItem">
                            <a href="#">［深圳广电集团·CUTV 深圳台］2017 届深圳信息学院毕业生就业率超 98%</a><span class="date">2017-06-15</span>
                        </li>
                        <li class="newsItem">
                            <a href="#">［深圳特区报］深圳信息学院举行毕业典礼</a><span class="date">2017-06-14</span>
                        </li>
                        <li class="newsItem">
                            <a href="#">［深圳晚报］深信院 2017 届学子大运村里唱响毕业歌</a><span class="date">2017-06-13</span>
                        </li>
                        <li class="newsItem">
                            <a href="#">［南方都市报·奥一网］深信院电商专业排名全国高职第四</a><span class="date">2017-06-12</span>
                        </li>
                        <li class="newsItem">
                            <a href="#">［羊城晚报·羊城派］深信院五千学子毕业校长为毕业生上“最后一课”</a><span class="date">2017-06-11</span>
                        </li>
                        <li class="newsItem">
                            <a href="#">［深圳商报］戴 VR 眼镜漫游信息学院</a><span class="date">2017-06-10</span>
                        </li>
                        <li class="newsItem">
                            <a href="#">［南方日报·版样］信息时代上深圳信息学院</a><span class="date">2017-06-08</span>
```

```
101                             </li>
102                             <li class="newsItem">
103                                 <a href="#">［深圳商报·读创］企业急需特殊对口人才怎么办？找深信院直接下“订单”</a><span class="date">2017-06-02</span>
104                             </li>
105                         </ul>
106                     </div>
107                 </div>
```

首先，改写 index.html 第 48 行和第 49 行为选项卡选项元素设置 href 属性，值采用锚链接的形式，第 48 行 href 的值为“#newsList1”，第 51 行其相应的选项内容的 id 值为“newsList1”，第 49 行 href 的值为“#newsList2”，第 79 行其相应的选项内容的 id 值为“newsList2”。

2. tabs.js 源代码

```
1.  $(function() {
2.      var $news_ico = $('.news_ico');
3.      $news_ico.on('mouseover', tabs);
4.      function tabs() {
5.          var hrefVal = $(this).attr('href');
6.          $('.tabsContent').css('display', 'none');
7.          $(hrefVal).css('display', 'block');
8.      }
9.      var $imgs = $('.imgs');
10.     var $current_img = $imgs.first();
11.     $imgs.first().addClass('visible');
12.     var $num_list = $('.num_list');
13.     var $current_num = $num_list.first();
14.     $current_num.addClass('opaque');
15.     $('#num').on('mouseover', '.num_list', function() {
16.         changeImg($(this));
17.         clearInterval(timer);
18.     }).on('mouseleave', '.num_list', function() {
19.         timer = setInterval(next, 3000);
20.     });
21.     function changeImg($this) {
22.         $current_num.toggleClass('opaque');
23.         $this.toggleClass('opaque');
24.         $current_num = $this;
25.         $current_img.toggleClass('visible');
26.         $current_img = $imgs.eq($current_num.index());
27.         $current_img.toggleClass('visible');
28.     }
29.     function next() {
30.         var index = $current_num.index();
31.         index = (++index) % 4;
32.         changeImg($num_list.eq(index));
33.     }
34.     var timer = setInterval(next, 3000);
35. });
```

tabs.js 源代码第 3 行使用 on()函数为.news_ico 绑定了“mouseover”事件的处理函数为 tabs()。

tabs()函数中第 5 行获取时间目标节点的 href 属性的值，它就是该选项内容的 jQuery id

选择器表达式，第 6 行隐藏所有类名为 newsList 的元素，第 7 行以 href 的值为 id 选择器表达式获取选项内容元素并显示。这种实现方式需要用户必须设置锚链接并且在选项内容元素上应用类“tabsContent”，选项卡的选项个数不受限制。

第 15 行和第 18 行体现了事件委派机制，将 li.num_list 的“mouseover”和“mouseleave”事件的监听委派给其祖先节点 div#num。轮播器的自动播放功能在网页加载时是通过第 34 行的 setInterval()函数实现的，当鼠标在进入图片区域时，第 17 行调用 clearInterval()取消自动播放，当鼠标离开图片区域时，第 19 行再重新调用 setInterval()启动图片的自动播放。

任务 4.2　实现“主要课程”页

任务目标：实现“主要课程”页

要求：

- 制作“主要课程”页面，风格与任务 3.2 相同，页面上列出所有选修课程，当点击课程后面的“删除”按钮时，弹出遮罩层遮蔽该课程条目，当点击“取消”按钮，取消删除动作；当点击遮罩层的“确定”按钮，将该条目从表格中删除，如图 4-6 所示。

技能训练：

- jQuery on()函数。
- jQuery 遍历 HTML 元素。
- jQuery 事件绑定。
- jQuery 事件委派。

图 4-6　任务 4.2 完成效果示意

1. myCourses.html 源代码

```
<!DOCTYPE html>
<html>
    <head>
        <meta charset="utf-8" />
        <link rel="stylesheet" href="css/common.css">
        <link rel="stylesheet" href="css/header.css">
        <link rel="stylesheet" href="css/myCourses.css">
        <script src="js/jquery-3.2.1.min.js"></script>
        <script src="js/myCourses.js"></script>
        <title>登录</title>
    </head>
```

```
    <body>
        <div id="header">
            <div id="header-content">
                <ul class="clearfix">
                    <li>
                        <a href="#">帮助中心</a>
                    </li>
                    <li>
                        <a href="#">下载 App</a>
                    </li>
                    <li>
                        <a href="#">欢迎</a>
                    </li>
                </ul>
            </div>
        </div>
        <div id="nav">
            <ul class="clearfix">
                <li>
                    <a href="#">首页</a>
                </li>
                <li>
                    <a href="#">主要课程</a>
                </li>
                <li>
                    <a href="#">关于我们</a>
                </li>
            </ul>
        </div>
        <div id="main">
            <div id="courses">
                <div>
                    <span>课程名</span>
                    <span>开课学期</span>
                    <span>开课学院</span>
                    <span>主讲教师</span>
                    <span>学分</span>
                    <span>操作</span>
                </div>
                <div class="line">
                    <span>HTML5 开发实战</span>
                    <span>2016-2017(2)</span>
                    <span>软件学院</span>
                    <span>张老师</span>
                    <span>3</span>
                    <span>
                        <button class="del">
                            删除
                        </button></span>

                </div>
                <div class="line">
                    <span>jQuery 开发实战</span>
                    <span>2017-2018(1)</span>
                    <span>软件学院</span>
                    <span>李老师</span>
                    <span>3</span>
```

```
                        <span>
                            <button class="del">
                                删除
                            </button></span>
                    </div>
                    <div class="line">
                        <span>马克思主义基本原理</span>
                        <span>2017-2018(1)</span>
                        <span>基础部</span>
                        <span>王老师</span>
                        <span>3</span>
                        <span>
                            <button class="del">
                                删除
                            </button></span>
                    </div>
                </div>
            </div>
    </body>
</html>
```

2. myCourses.css 源代码

```
#main {
    width: 1024px;
    margin: 0 auto;
    margin-top: 40px;
    height: 1024px;
}
#courses {
    width: 100%;
    border-top: 2px solid;
    border-bottom: 2px solid;
    border-collapse: collapse;
}
#courses span {
    display: inline-block;
    width: 12%;
}
#courses span:nth-child(1) {
    width: 30%;
}
#courses div {
    line-height: 55px;
    border-top: 1px solid #888;
}
#courses div:first-child {
    font-weight: bold;
    border-bottom: 2px solid;
}
.line{
    position: relative;
}
.mask{
    border:0;
    width:100%;
    position: absolute;
    left:0;
    top:0;
    background-color: rgba(0,0,0,0.7);
```

```
    color:white;
}
.mask button{
    width:50px;
    margin-left:10px;
}
```

3. myCourses.js 源代码

```
1.  $(function() {
2.      $('#courses').on('click', '.del', function() {
3.          $(this).parent().after('<div class="mask">确认删除吗?
        <button class="cancel">取消</button><button class="confirm">确定
        </button></div>');
4.      });
5.      /*
6.      $('.cancel').click(function(){
7.      $('.mask').remove();
8.      });*/
9.      $('.line').on('click', '.cancel', function() {
10.         $('.mask').remove();
11.     });
12.     $('.line').on('click', '.confirm', function() {
13.         $(this).parents('.line').remove();
14.     });
15. });
```

myCourses.js 源代码第 2 至第 3 行将“删除”按钮的点击事件委派给 div#course 监听，当事件发生时，在按钮所在行添加遮罩层和浮出层。

如果采用第 5 至第 8 行的方式为浮出层中的“取消”按钮绑定事件处理函数是无效的，因为浮出层在网页加载完毕时并不在 DOM 树中。

为动态添加到 DOM 树的浮出层中的“取消”和“确认”按钮绑定事件数量函数，必须使用事件委派。如第 9 行和第 12 行所示，将事件监听委派给网页加载完毕后 DOM 树中已有的 div.line 上。

4.3 jQuery 事件处理函数

jQuery 为许多常用的 JS 事件如鼠标点击事件、键盘按下事件等都提供了快捷处理函数，为开发者带来了便利的同时也提高了代码的可读性。

4.3.1 jQuery 鼠标事件处理函数

jQuery 鼠标事件处理函数如表 4-6 所示。jQuery 快捷事件处理函数参数说明如表 4-7 所示。

表 4-6 jQuery 鼠标事件函数

序号	函数	描述
1	.click()	触发指定元素集合的左键点击事件处理函数
2	.click([data,] handler)	在指定元素集合上绑定左键点击事件的处理函数

（续表）

序号	函数	描述
3	.contextmenu()	触发指定元素集合的右键点击事件处理函数
4	.contextmenu([data,] handler)	在指定元素集合上绑定右键点击事件的处理函数
5	.dblclick()	触发指定元素集合的左键双击事件处理函数
6	.dblclick([data,] handler)	在指定元素集合上绑定左键双击事件的处理函数
7	.hover([data,] handler)	在指定元素集合上绑定鼠标进入和离开事件的处理函数
8	.mousedown()	触发指定元素集合的鼠标按下事件处理函数
9	.mousedown([data,] handler)	在指定元素集合上绑定鼠标按下事件的处理函数
10	.mouseup()	触发指定元素集合的释放鼠标事件处理函数
11	.mouseup([data,] handler)	在指定元素集合上绑定释放鼠标事件的处理函数
12	.mouseenter()	触发指定元素集合的鼠标进入事件处理函数
13	.mouseenter([data,] handler)	在指定元素集合上绑定鼠标进入事件的处理函数
14	.mouseleave()	触发指定元素集合的鼠标离开事件处理函数
15	.mouseleave([data,] handler)	在指定元素集合上绑定鼠标离开事件的处理函数
16	.mousemove()	触发指定元素集合的鼠标在元素内移动事件处理函数
17	.mousemove([data,] handler)	在指定元素集合上绑定鼠标在元素内移动事件的处理函数
18	.mouseover()	触发指定元素集合的鼠标进入元素及其子元素事件处理函数
19	.mouseover([data,] handler)	在指定元素集合上绑定鼠标进入元素及其子元素事件的处理函数
20	.mouseout()	触发指定元素集合的鼠标离开元素及其子元素事件处理函数
21	.mouseout([data,] handler)	在指定元素集合上绑定鼠标离开元素及其子元素事件的处理函数

表 4-7 jQuery 快捷事件处理函数参数说明

序号	参　数	描　述
1	data	可选。 任意类型，传递给事件处理程序的参数对象
2	handler	可选。 function 类型，事件触发时执行的函数

☑ 示例 4-5 源代码

```
<!doctype html>
<html>
    <head>
        <meta charset="UTF-8">
        <script type="text/javascript" src="js/jquery-3.2.1.min.js"></script>
        <script type="text/javascript">
            $(function() {
                $('#b1').mouseenter(function() {
                    $(this).addClass('border1');
                });
                /*$('#b1').mouseover(function() {
                 $(this).addClass('border1');
                 });*/
                $('#b1').mouseout(function() {
                    $(this).removeClass('border1');
                });
                /*$('#b1').mouseleave(function() {
                 $(this).removeClass('border1');
                 });*/
                $('#b1').mousemove(function(e) {
                    var coordinate = 'X:' + e.originalEvent.x || e.originalEvent.
```

```
    layerX || 0;
                        coordinate += ' Y:' + e.originalEvent.y || e.originalEvent.
    layerY || 0;
                        $('#b3').text(coordinate);
                    });
                    $('#b3').dblclick(function(e) {
                        $(this).addClass('border2');
                        //e.stopPropagation();
                    });
                    $('#b4').dblclick(function(e) {
                        $('#b3').dblclick();
                    });
                    $('#container').dblclick(function(e) {
                        $('#b3').dblclick();
                    });
                });
            </script>
            <style>
                #b1 {
                    width: 200px;
                    height: 200px;
                    background: lightblue;
                    text-align: left;
                }
                #b2 {
                    width: 160px;
                    height: 160px;
                    background: lightgreen;
                    margin: 0 auto;
                }
                #b3 {
                    width: 100px;
                    height: 100px;
                    background: red;
                    margin: 0 auto;
                }
                #b4 {
                    width: 100px;
                    height: 100px;
                    background: orange;
                }
                .border1 {
                    border: 2px solid black;
                }
                .border2 {
                    border: 2px solid orange;
                }
            </style>
        </head>
        <body>
            <div id="container">
                <div id="b1">b1
                    <div id="b2" >b2
                        <div id="b3">b3
                        </div>
                    </div>
                </div>
                <div id="b4">b4
                </div>
            </div>
```

```
80.     </body>
81. </html>
```

示例 4-5 源代码第 8 行使用 mouseenter()事件函数绑定鼠标进入 div#b1 时的处理函数，该函数为 div#b1 添加黑色边框；第 14 行使用 mouseout()事件函数绑定鼠标离开 div#b1 及其子元素时调用处理函数取消边框。mouseenter()、mouseleave()这两个函数与 mouseover()与 mouseout()的区别在于鼠标进入或者离开目标元素的子元素时是否触发事件的处理函数。

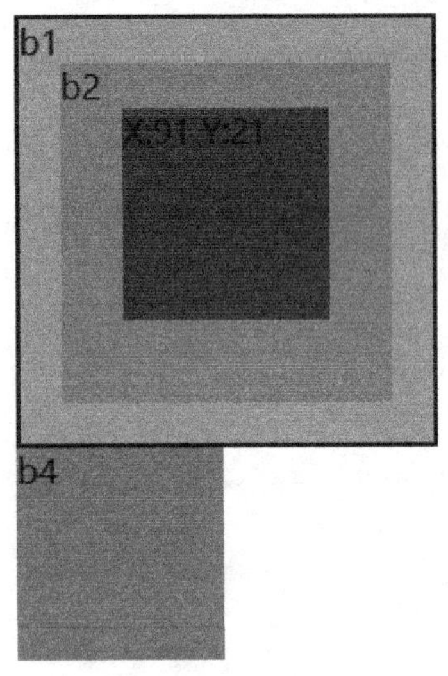

图 4-7　示例 4-5 鼠标进入 div#b1 时的效果

第 20 行的 mouseover()事件函数用于监听鼠标在目标节点内的移动，当鼠标移动时在 div#b3 中显示当前的坐标。坐标的获取使用了 e.originalEvent.x、e.originalEvent.layery 此类 JS event 对象的原始属性的值，要做浏览器的兼容，本例中仅用来示例说明 JS event 对象原始属性如何使用，在实际应用中如果有适合的 jQuery event 对象的属性可用，例如 pageX 和 pageY，应优先选择使用 jQuery event 对象的属性。

第 25 行 dblclick()函数绑定 div#b3 上发生鼠标双击事件时调用处理函数为 div#b3 添加橘黄色边框。第 29 行绑定 div#b4 上发生鼠标双击事件的处理函数，这个函数中调用了一个不带参数的 dblclick()用以触发 div#b3 的鼠标双击事件，当我们双击 div#b4 时，div#b3 会添加橘黄色边框，如图 4-7 所示。

但是这个操作也会导致浏览器“栈溢出”，在“审核模式”下看到浏览器报错信息如图 4-8 所示。错误的原因在第 32 行为 b3 和 b4 的祖先节点 div#container 上也绑定了鼠标双击事件，当 b3 或者 b4 上发生鼠标双击事件时，事件会冒泡传递至 div#container，而再次触发 div#b3 上的鼠标双击事件，造成了事件无休止地循环触发最终导致栈溢出，这提醒我们当元素与其子元素上都绑定了相同的事件时，一定要避免此类错误的发生，我们去掉第 27 行“e.stopPropagation();”的注释，切断事件的传递，这个错误就不会发生了。

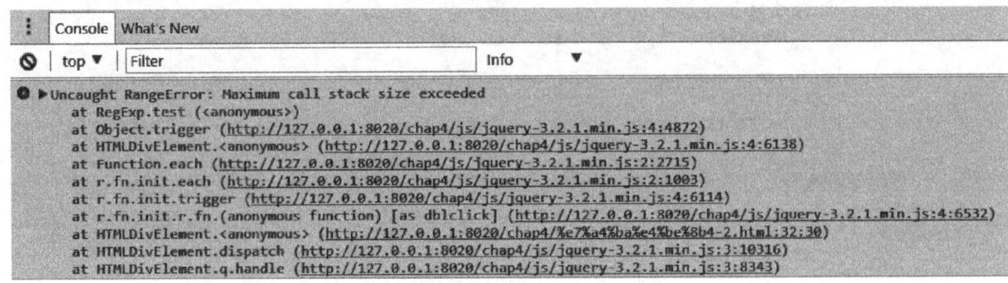

图 4-8　示例 4-5 报错信息

4.3.2　jQuery 键盘事件处理函数

jQuery 键盘事件处理函数有 3 个，如表 4-8 所示，参数说明见表 4-7。

表 4-8 jQuery 键盘事件函数

序号	函 数	描 述
1	.keydown()	触发指定元素集合的键盘按下事件处理函数
2	.keydown([data,] handler)	在指定元素集合上绑定键盘按下事件的处理函数
3	.keypress()	触发指定元素集合的键盘按下事件处理函数
4	.keypress([data,] handler)	在指定元素集合上绑定键盘按下事件的处理函数
5	.keyup()	触发指定元素集合的键盘释放事件处理函数
6	.keyup([data,] handler)	在指定元素集合上绑定键盘释放事件的处理函数

☑ 示例 4-6 源代码

```
1.  <!doctype html>
2.  <html>
3.      <head>
4.          <meta charset="UTF-8">
5.          <script type="text/javascript" src="js/jquery-3.2.1.min.js"></script>
6.          <script type="text/javascript">
7.              $(function() {
8.                  $('#input').keyup(printEType).keydown(printEType).keypress
    (printEType);
9.                  function printEType(e) {
10.                     $('#output').append(e.which+e.type + ' ');
11.                 };
12.                 function erase() {
13.                     $('#output').empty();
14.                 };
15.                 setInterval(erase, 5000);
16.             });
17.         </script>
18.     </head>
19.     <body>
20.         <div id="container">
21.             <input type="text" id="input">
22.             <div id="output"></div>
23.         </div>
24.     </body>
25. </html>
```

示例 4-6 的功能是在页面的文本框中使用键盘输入时，输出按键的编号和响应的事件类型。代码第 8 行数字使用链式调用向文本框元素绑定了 3 种键盘事件，当键盘事件发生时调用函数 printEType()来处理。该函数中的第 10 行向页面添加当前事件的按键的键盘码 e.which 和键盘事件名称 e.type。

从图 4-9 所示运行结果中我们可以看到敲击字母键时会触发 3 种键盘事件，它们的顺序是 keydown→keypress→keyup，事件名称前面是按键的编码。keydown 和 keyup 事件中 which 属性的值是按键的 keyCode，而 keypress 事件中 which 属性的值是按键的 charCode，是十进制数表示的 Unicode 字符编码，并不是所有的按键都会触发 keypress 事件，后退键、方向键等都不会触发这一事件，这是它与 keydown 事件的区别。

q

81keydown 113keypress 81keyup

图 4-9 示例 4-6 运行效果

4.3.3 jQuery 其他事件处理函数

jQuery 其他事件处理函数如表 4-9 所示，参数说明见表 4-7。

表 4-9 jQuery 其他事件函数

序号	函　数	描　述
1	.resize( )	触发窗口大小改变事件处理函数
2	.resize ([data], handler)	在指定元素集合上绑定窗口大小改变事件的处理函数
3	.scroll ( )	触发指定元素或浏览器窗口滚动条滚动事件处理函数
4	.scroll([data], handler)	在指定元素浏览器窗口上绑定滚动条滚动事件的处理函数
5	.ready(handler)	绑定 DOM 加载完毕后处理函数

☑ 示例 4-7 源代码

```
1.  <!doctype html>
2.  <html>
3.      <head>
4.          <meta charset="UTF-8">
5.          <script type="text/javascript" src="js/jquery-3.2.1.min.js"></script>
6.          <script type="text/javascript">
7.              $(function() {
8.                  $(window).resize(function(e) {
9.                      $('#container').append('高: ' + $(window).height() + '宽: ' + $(window).width());
10.                 });
11.                 $(window).scroll(function(e) {
12.                     $('#output').removeClass('hide');
13.                 });
14.             });
15.         </script>
16.         <style>
17.             #output{
18.                 position: fixed;
19.                 top:0;
20.                 width: 40px;
21.                 height:40px;
22.                 background-color: lightgreen;
23.             }
24.             .hide{
25.                 display: none;
26.             }
27.         </style>
28.     </head>
29.     <body>
30.         <div id="container">
31.             <div id="output" class="hide">div</div>
32.         </div>
33.     </body>
34. </html>
```

示例 4-7 源代码第 8 行使用 resize()事件函数绑定浏览器窗口大小改变事件时的处理函数，该函数在窗口大小改变时输出当前窗口的宽和高。第 11 行使用 scroll()事件绑定滚动条事件的处理函数，当窗口滚动条滚动时浅绿色的 div#output 会显示在窗口的左上角，如图 4-10 所示。

图 4-10　示例 4-7 改变窗口大小时的运行效果

任务 4.3　“主要课程”页的改进

任务目标：“主要课程” 页的改进

要求：

- 当用户在登录页输入框中输入时，红框警告消失。
- 当用户鼠标在“我的课程”页面的课程条目上悬停时，该条目颜色改变为底色。
- 当右侧滚动条向下滚动超过一定距离时，导航条固定显示在窗口最上方，如图 4-11 所示。
- 当离开“我的课程”页时，要求用户做离开确认。

技能训练：

- jQuery 键盘事件函数。
- jQuery 鼠标事件函数。
- jQuery 其他事件函数。

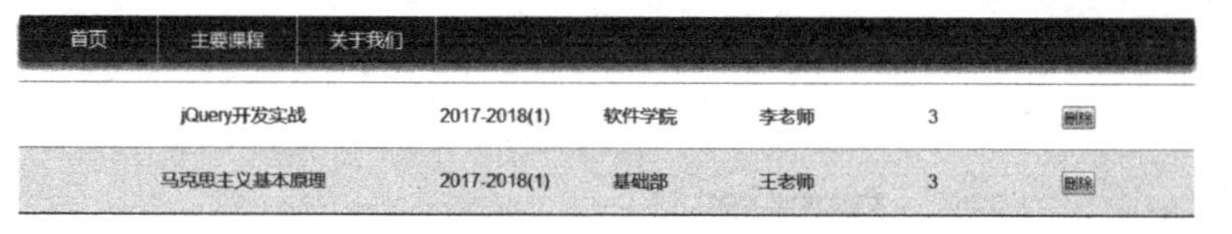

首页
主要课程
关于我们
jQuery开发实战
2017-2018(1)
软件学院
李老师
3
马克思主义基本原理
2017-2018(1)
基础部
王老师
3

图 4-11　任务 4.3 效果示意

1. check.js 源代码

```
$(function() {
    $('button').click(function() {
        var htmlStr = '';
        $('#login-form input').each(function() {
            if ($.trim(this.value) == '') {
                if (this.id == 'username') {
                    htmlStr = '<div class="tips">请填写账号</div>';
                } else {
                    htmlStr = '<div class="tips">请填写密码</div>';
                };
                $(this).parent().addClass('warning').next().replaceWith(htmlStr);
            } else {
                $(this).parent().removeClass('warning').next().replaceWith
    ('<div class="tips"></div>');
            }
        }).keydown(function() {
            $(this).parent().removeClass('warning').next().replaceWith('<d
```

```
        iv class="tips"></div>');
17.         });
18.         return false;
19.     });
20. });
```

check.js 源代码在前面任务基础上添加了第 15 行使用了 keydown()函数绑定键盘按下事件的处理函数。

2. myCourses.js 源代码

```
1.  $(function() {
2.      $('#courses').on('click', '.del', function() {
3.          $(this).parent().after('<div class="mask">确认删除吗?
    <button class="cancel">取消</button><button class="confirm">确定
    </button></div>');
4.      });
5.      /*
6.       $('.cancel').click(function(){
7.       $('.mask').remove();
8.       });*/
9.      $('.line').on('click', '.cancel', function() {
10.         $('.mask').remove();
11.     }).on('click', '.confirm', function() {
12.         $(this).parents('.line').remove();
13.     }).hover(function(){
14.         $(this).toggleClass('focused');
15.     });
16.     $(window).scroll(
17.         function(){
18.             if($(this).scrollTop()>60){
19.                 $('#nav').addClass('fixed');
20.             }else{
21.                 $('#nav').removeClass('fixed');
22.             }
23.         }
24.     ).on('beforeunload',function(){
25.         return confirm();
26.     });
27.
28. });
```

myCourses.js 源代码在前面任务基础上添加了第 13 行使用 hover()函数绑定鼠标悬浮事件的处理函数。

第 16 行至第 24 行$(window).scroll()函数绑定浏览器窗口滚动条事件的处理函数，当滚动条距离顶部超过 60 像素时，导航栏的定位方式改为固定定位，否则取消固定定位。

并不是所有的事件都有与之相应的快捷函数的，没有快捷函数的事件可以使用 on()函数进行绑定，第 24 行使用 on()函数绑定了“beforeunload”事件。

课后练习

一、填空题

1. jQuery____________函数为指定元素绑定事件和处理函数，每个元素只能运行一次事件处理器函数。

2. jQuery______________函数可以响应浏览器窗口大小改变事件。

3. jQuery______________函数可以响应浏览器窗口滚动条滚动事件。

二、单选题

1. 下面哪个函数不是 jQuery 鼠标事件处理函数？（　　）

   A. mouseup()　　B. contextmenu()　　C. hover()　　D. keyup()

2. 下面 jQuery 函数中可以触发指定元素集合中第一个元素的绑定事件的是？（　　）。

   A. one()　　B. on()　　C. trigger()　　D. triggerHandler()

3. 下面哪个不是 jQuery 的事件处理函数?（　　）

   A. click()　　B. beforeUnload()　　C. hover()　　D. scroll()

4. 下面哪个函数用于解除 jQuery 的事件处理函数的绑定?（　　）

   A. remove()　　B. delete()　　C. off()　　D. cancel()

5. jQuery event 对象的（　　）函数用于阻止事件在 DOM 树中冒泡。

   A. stopPropagation()　　B. preventDefault()

   C. isImmediatePropagationStopped()　　D. isDefaultPrevent()

三、问答题

1. 简述事件的捕获与冒泡过程。

2. 什么是 jQuery 事件的委派机制？它有什么优点？

第 5 章　jQuery 表单编程

本章学习要求：
- 熟练掌握 jQuery 表单相关选择器。
- 熟练掌握 jQuery 表单事件处理。

表单（Form）作为网页中与用户直接交互的重要页面功能模块，在 Web 应用用户体验中占有重要的位置。本章介绍 jQuery 提供的表单操作相关的选择器、函数和事件。

5.1　表单选择器

jQuery 表单过滤选择器说明如表 5-1 所示。

表 5-1　jQuery 表单过滤选择器说明

序号	英文名称	功　能
1	:button	选取指定集合中所有 type="button"的元素和<button>元素
2	:checkbox	选取指定集合中所有 type="checkbox" 的元素
3	:file	选取指定集合中所有 type="file" 的元素
4	:focus	选取指定集合中所有获得焦点的元素
5	:image	选取指定集合中所有 type="image" 的元素
6	:input	选取指定集合中所有 <input>、<textarea>、<select>、<button>元素
7	:password	选取指定集合中所有 type="password" 的元素
8	:radio	选取指定集合中所有 type="radio"的元素
9	:reset	选取指定集合中所有 type="reset"的元素
10	:submit	选取指定集合中所有 type="submit" 的元素
11	:text	选取指定集合中所有 type="text" 的元素
12	:enabled	选取指定集合中所有启用状态的元素，用于<button>、<input> 、<optgroup>、<option>、<select>以及<textarea>
13	:disabled	选取指定集合中所有禁用状态的元素
14	:selected	选取指定集合中所有被选取的<option>元素
15	:checked	选取指定集合中所有被选中的复选框、按钮和列表菜单元素

☑ 示例 5-1 源代码

```
<!doctype html>
<html>
    <head>
        <meta charset="UTF-8">
        <script type="text/javascript" src="js/jquery-3.2.1.min.js"></script>
        <script>
            $(function() {
                $output = $('#output');
                $output.append('以下都是 input 元素：');
                $(':input').each(function function name(argument) {
                    $output.append($(this).attr('id') + ' ');
                });
                $output.append('<br>以下都是:button 元素：');
                $(':button').each(function function name(argument) {
                    $output.append($(this).attr('id') + ' ');
                });
                $output.append('<br>以下都是:selected 元素：');
                $(':selected').each(function function name(argument) {
                    $output.append($(this).attr('id') + ' ');
                });
                $output.append('<br>以下都是:checked 元素：');
                $(':checked').each(function function name(argument) {
                    $output.append($(this).attr('id') + ' ');
                });
                $output.append('<br>以下都是:disabled 元素：');
                $(':disabled').each(function function name(argument) {
                    $output.append($(this).attr('id') + ' ');
                });
            });
        </script>
        <style>
            #form1 {
                width: 300px;
                text-align: left;
            }
            #name, #password {
                width: 200px;
            }
            .checked {
                font: italic bold 16px arial, sans-serif;
                color: red;
            }
        </style>
    </head>
    <body>
      <div id="content">
        <form id="form1" action="nextpage.html">
         <fieldset>
           <legend>
               个人基本信息
         </legend>
         <label for="name">姓名：</label>
         <input type="text" id="name"/>
         <label for="password">密码：</label>
         <input type="password" id="password"/>
         <label>头像：</label>
         <input type="file" id="file"/>
         <label>性别：</label>
         <input type="radio" name="gender" id="radio1"/>
         <span>男</span>
         <input type="radio" name="gender" id="radio2" checked="checked"/>
```

```
62.            <span>女</span>
63.            <br>
64.            <label>选课：</label>
65.            <input type="checkbox" name="course" id="checkbox1" checked="checked"/>
66.                 UI 设计
67.            <input type="checkbox" name="course" id="checkbox2"/>
68.                 jQuery 开发
69.            <br>
70.            <label>专业方向：</label>
71.            <select id="select">
72.                 <option id="java">Java</option>
73.                 <option selected="selected" id="net">.Net</option>
74.                 <option id="ui">UI</option>
75.             </select>
76.             <br>
77.             <label>选课意向：</label>
78.             <textarea id="textarea" disabled="disabled">请输入</textarea>
79.             <input type="hidden" id="hidden"/>
80.             <input type="reset" id="reset"/>
81.             <input type="submit" id="submit" disabled="disabled"/>
82.             <input type="button" value="input button" id="inputbutton"/>
83.             <input type="image" src="img/timg.gif" id="image"/>
84.            </fieldset>
85.          </form>
86.          <button id="button">
87.              button
88.          </button>
89.          <div id="output"></div>
90.          </div>
91.      </body>
92. </html>
```

示例 5-1 源代码的第 10 行使用:input 过滤选择器的结果网页中所有的表单控件元素，而不仅仅是<input>标签元素；第 18 行使用:selected 过滤选择器的结果仅仅是列表菜单的被选选项，对比第 22 行使用:checked 过滤选择器的结果是单选按钮、复选框和列表菜单的被选选项；第 26 行使用:disabled 过滤选择器选取了页面中所有被禁用的元素。运行结果如图 5-1 所示。

图 5-1　示例 5-1 运行结果

使用$（document.activeElement）来获取当前获得焦点的元素效率会更高，因为它不需要遍历 DOM 树去查找。

5.2 jQuery 获取和设置表单控件的值

jQuery val()函数可以读取或者设置表单控件的值，使用规则如表 5-2 所示。

表 5-2 val()函数使用规则

序号	函 数	描述与参数说明
1	.val()	获取指定元素集合中第一个元素的值 返回值：字符串、数或者数组
2	.val(value)	设置指定元素集合中每一个元素的值 value：字符串、数或者数组
3	.val(function(index,value))	设置指定元素集合中每一个元素的 HTML 内容 function：返回要设置的值函数 index：当前元素在集合中的索引 value：当前元素原有的值

☑ 示例 5-2 源代码

```
<!doctype html>
<html>
    <head>
        <meta charset="UTF-8">
        <script type="text/javascript" src="js/jquery-3.2.1.min.js"></script>
        <script>
            $(function() {
                var $output = $('#output');
                $('#form1 :submit').on('click', function(e) {
                    $output.text('被选中的是：');
                    $('#form1 :checkbox:checked').each(function() {
                        $output.append($(this).val() + ' ');
                    });
                    e.preventDefault();
                    //return false;
                    $output.append('<br>确认选课结果吗？');
                });
            });
        </script>
        <style>
            #form1 {
                width: 360px;
                text-align: left;
            }
        </style>
    </head>
    <body>
        <div id="content">
            <form id="form1" action="nextpage.html">
                <fieldset>
                    <legend>
                        选课：
```

```
33.                         </legend>
34.                     <input type="checkbox" name="course" id="checkbox1" checked=
        "checked" value="UI 设计"/>
35.                         UI 设计
36.                         <input type="checkbox" name="course" id="checkbox2" value=
        "jQuery 开发"/>
37.                         jQuery 开发
38.                         <input type="checkbox" name="course" id="checkbox3" />
39.                         HTML5
40.                         <input type="submit" id="submit"/>
41.                     </fieldset>
42.                 </form>
43.                 <div id="output"></div>
44.             </div>
45.     </body>
46. </html>
```

示例 5-2 源代码第 11 至第 13 行遍历 form#form1 中所有被选中的复选框，并输出它们的值，本示例表单中的 3 个复选框中有两个设置了 value 属性，使用 val()函数获得的值就是 value 属性的值，而最后一个复选框没有设置 value 属性，使用 val()函数获得的值是“on”，如图 5-2 所示。

示例第 14 行使用 event 对象的函数 preventDefault()阻止表单中“提交”按钮的默认动作即网页跳转至 action 属性指定的 URL，preventDefault()和 return false 的区别在于 return 之后的所有语句都不会被执行。

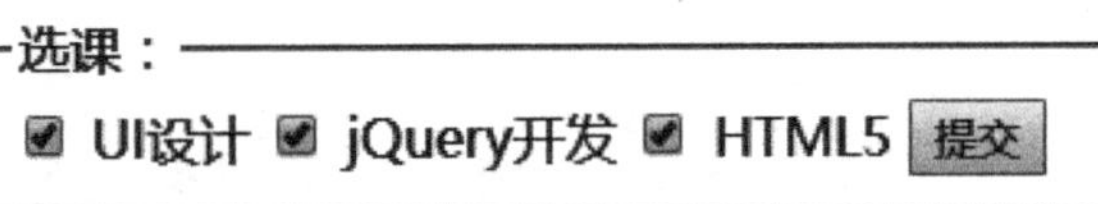

被选中的是：UI设计 jQuery开发 on
确认选课结果吗？

图 5-2 示例 5-2 运行结果

5.3 表单事件处理

jQuery 表单事件函数说明如表 5-3 所示。参数说明见表 4-7。

表 5-3 jQuery 表单事件函数说明

序号	函　数	功　能
1	.blur()	触发失去焦点事件处理函数
2	.blur([eventData,] handler)	在指定元素集合上绑定失去焦点事件的处理函数
3	.change()	触发元素值改变事件处理函数
4	.change([eventData,] handler)	在指定元素集合上绑定元素值改变事件的处理函数
5	.focus()	触发元素获得焦点事件处理函数
6	.focus([eventData,] handler)	在指定元素集合上绑定元素获得焦点事件的处理函数
7	.focusin()	触发元素及其内部元素获得焦点事件处理函数
8	.focusin([eventData,] handler)	在指定元素集合上绑定元素及其内部元素获得焦点事件的处理函数
9	.focusout()	触发元素及其内部元素失去焦点事件处理函数

（续表）

序号	函 数	功 能
10	.focusout([eventData,] handler)	在指定元素集合上绑定元素及其内部元素失去焦点事件的处理函数
11	.select()	触发 type=text 和 textarea 控件中文本被选中事件处理函数
12	.select([eventData,] handler)	在指定元素集合上绑定 type=text 和 textarea 控件中文本被选中事件的处理函数
13	submit()	触发响应表单提交事件处理函数
14	.submit([eventData,] handler)	在指定元素集合上绑定表单提交事件的处理函数

☑ 示例 5-3 源代码

```
<!doctype html>
<html>
    <head>
        <meta charset="UTF-8">
        <script type="text/javascript" src="js/jquery-3.2.1.min.js"></script>
        <script>
            $(function() {
              $('legend').focus(function() {
                  $('fieldset').css('border-color', 'orange');
              });
              $('#nameItem').focusin(function() {
                  $(this).css('background', 'lightgreen');
              });
              $('#password').change(function() {
                  $('#pass').text($(this).val());
              });
              /*$('#password').on('keyup change', function() {
                 $('#pass').text($(this).val());
               });*/
              $('#textarea').select(function() {
                  $(this).css('background', 'lightblue');
              });
              $radios = $('input:radio');
              $('#form1').on('click', 'input:radio', function(e) {
                 $radios.each(function() {
                  $(this).next().toggleClass('checked', $(this).is(':checked'));
                 });
               }).submit(function() {
                  alert('确定提交？');
               });
            });
        </script>
        <style>
            #form1 {
                width: 300px;
                text-align: left;
            }
            #name, #password {
                width: 200px;
            }
            .checked {
                font: italic bold 16px arial, sans-serif;
                color: red;
            }
        </style>
    </head>
    <body>
        <div id="content">
            <form id="form1" action="nextpage.html">
                <fieldset>
```

```
51.                     <legend tabindex="1">
52.                         个人基本信息
53.                     </legend>
54.                     <div id="nameItem">
55.                         <label for="name">姓名: </label>
56.                         <input type="text" id="name"/>
57.                     </div>
58.                     <label for="password">密码: </label>
59.                     <input type="password" id="password"/>
60.                     <div id="pass"></div>
61.                     <label>性别: </label>
62.                     <input type="radio" name="gender" id="radio1"/>
63.                     <span>男</span>
64.                     <input type="radio" name="gender" id="radio2"/>
65.                     <span>女</span>
66.                     <br>
67.                     <label>选课意向: </label>
68.                     <textarea id="textarea">请输入</ textarea>
69.                     <input type="submit" id="submit"/>
70.                 </fieldset>
71.             </form>
72.         </div>
73.     </body>
74. </html>
```

示例 5-3 源代码第 8 行使用 focus()函数为 legend 元素绑定获得焦点事件的处理函数，legend 标签并不是表单控件，focus()函数之所以有效是因为在示例第 51 行为它设置了 tabindex 属性，通过为非表单控件设置 tabindex 属性可以使其能够响应 focus、blur 事件，也可以应用:focus 和:blur 选择器。

示例第 11 行使用了 focusin()函数绑定获得焦点事件的处理函数，它与 focus()函数的区别是 focusin()可以响应子元素获得焦点事件。当用户名文本框获得焦点时，会触发第 12 行代码的执行。

示例第 14 行使用 change()函数为 input#password 元素绑定控件的值发生改变时的处理函数。当用于文本框、密码框或文本区域控件时，该事件会在元素失去焦点时发生，当用于列表菜单元素时，change 事件会在选择某个选项时发生。如果是用户边输入边响应的应用场景可以使用第 17 行的组合事件绑定的方法。

第 20 行使用 select()函数为 textarea#textarea 元素绑定文字被选中时的处理函数，如果文字被选中则改变元素的背景颜色，如图 5-3 所示。

单选按钮和复选框的被选中并没有相应的事件处理函数，可以通过绑定 click 事件处理函数来获得处理。示例第 24 至第 27 行的作用是当用户对性别作出选择时，将代表被选中的项的文字变为红色。

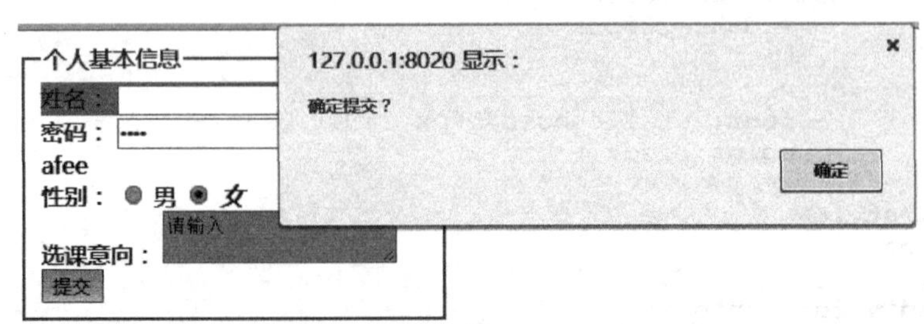

图 5-3　示例 5-3 运行结果

任务 5.1 “主要课程”页的持续改进

任务目标：“主要课程”页的持续改进

要求：

- 将“我的课程”页面上课程条目中的“删除”按钮去掉，该为添加复选框。
- 在课程表上方添加“全选”复选框，当勾选“全选”复选框时，所有课程前面的复选框呈选中状态，当去掉“全选”复选框的勾选时，所有课程前面的复选框也去掉勾选状态。
- 当点击课程列表下方的“删除”按钮时，删除所有被勾选的课程，如图 5-4 所示。
- 页面加载时，“登录”按钮处于“禁用”状态，只有用户勾选了“我已阅读并同意《平台用户协议》”才启用，如图 5-5 所示。
- 点击“注册”按钮时要对用户输入的账号和密码做合法性检查，账号为字母开头的 6～8 位字母数字串，密码为 8～12 位字符串，如图 5-6 所示。
- 对用户输入的合法密码，给出“密码强度”提示。只有字母、数字、特殊字符中的一种符号，其强度为“弱”，两种强度为 “中”，三种强度为 “强” ，如图 5-7 所示。
- 输入的账号和密码都合法时，点击“注册”按钮，跳转到登录页。

技能训练：

- jQuery 表单选择器。
- 表单控件属性的设置与读取。
- jQuery 表单事件。

帮助中心 下载App 欢迎 退出

首页 主要课程 关于我们

全选

	课程名	开课学期	开课学院	主讲教师	学分
	HTML5开发实战	2016-2017(2)	软件学院	张老师	3
	jQuery开发实战	2017-2018(1)	软件学院	李老师	3
	马克思主义基本原理	2017-2018(1)	基础部	王老师	3

删除

图 5-4 任务 5.1 主要课程页面

图 5-5 任务 5.1 注册页面

用户注册

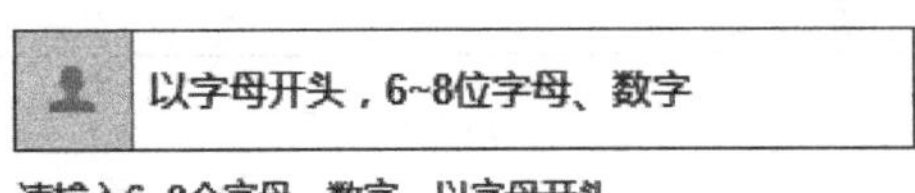

请输入6~8个字母、数字，以字母开头

8~12位字符，区分大小写

请输入8-12个字符

我已阅读并同意《平台用户协议》

注 册

图 5-6 用户输入提示信息

用户注册

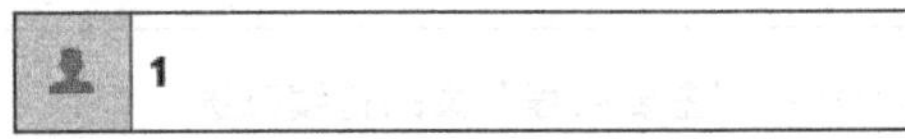

请输入6~8个字母、数字，以字母开头

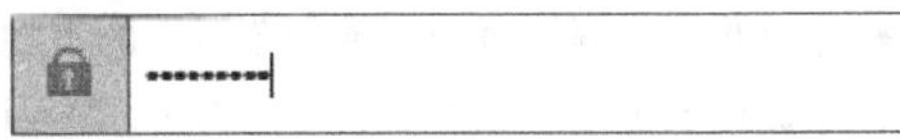

密码强度：中

我已阅读并同意《平台用户协议》

图 5-7 密码强度提示信息

1. myCourses.html 部分源代码

```
<div id="main">
    <div id="selectwrap">
        <input type="checkbox"  id="selectAll">
        全选
    </div>
    <div id="courses">
        <div>
            <span></span>
            <span>课程名</span>
            <span>开课学期</span>
            <span>开课学院</span>
            <span>主讲教师</span>
            <span>学分</span>
        </div>
        <div class="semester-divider"><span class="arrow"></span><span>2016-2017</span></div>
        <div class="line">
            <span>
                <input type="checkbox"  value="1">
            </span>
            <span>HTML5 开发实战</span>
            <span>2016-2017(2)</span>
            <span>软件学院</span>
            <span>张老师</span>
            <span>3</span>
        </div>
        <div class="semester-divider"><span class="arrow"></span><span>2017-2018</span></div>
        <div class="line">
            <span>
                <input type="checkbox"  value="2">
            </span>
            <span>jQuery 开发实战</span>
            <span>2017-2018(1)</span>
            <span>软件学院</span>
            <span>李老师</span>
            <span>3</span>
        </div>
```

```
            <div class="line">
                <span>
                    <input type="checkbox" value="3">
                </span>
                <span>马克思主义基本原理</span>
                <span>2017-2018(1)</span>
                <span>基础部</span>
                <span>王老师</span>
                <span>3</span>
            </div>
        </div>
        <div id="buttonwrap">
            <button class="del">
                删除
            </button>
        </div>
    </div>
```

2. myCourses.js 部分源代码

```
16.     $('#selectAll').click(function(){
17.         $('#courses :checkbox').prop('checked',$(this).prop('checked'));
18.     });
19.     $('.del').click(function(){
20.         $('#courses :checked').parents('.line').remove();
21.     });
```

上述代码是在前面任务的基础上添加的与本任务相关的代码。

第 16 至第 18 行，当“全选”复选框被点击时，实现数据行中的复选框的“全选”或者“取消全选”。第 17 行使用了:checkbox 过滤选择器，div#courses 中所有复选框的“checked”属性的值都设置为与“全选”复选框的“checked”属性当前的值。回顾 3.1 节中的知识点，完成这一功能使用 prop()来设置属性值比 attr()更合适。

第 19 行至第 21 行，当“批量删除”按钮被点击时，删除被选中的数据行。第 20 行使用了:checked 过滤选择器选取那些被选中复选框。

3. checkReg.js 源代码

```
$(function() {
    $('.pro :checkbox').click(function() {
        if ($(this).is(':checked')) {
            $('button').removeAttr('disabled').addClass('btnEnabled');
        } else {
            $('button').prop('disabled', 'disabled').removeClass('btnEnabled');
        };
    });
    $('button').click(function() {
        var result = isUsernameOk();
        result = isPwdOk() && result;
        return result;
    });
    $('#username').on('keyup change', isUsernameOk);
    function isUsernameOk() {
        var reg = /^[a-zA-Z][a-zA-z0-9]{5,7}$/;
        var $username = $('#username');
        if (reg.test($username.val())) {
            $username.parent().removeClass('warning').next().text('');
            return true;
```

```
21.         } else {
22.             $username.parent().addClass('warning').next().text('请输入 6~8 个
    字母、数字，以字母开头');
23.             return false;
24.         }
25.     };
26.     $('#password').on('keyup change', isPwdOk);
27.     function isPwdOk() {
28.         var reg = /^\S{8,12}$/;
29.         var $password = $('#password');
30.         var pwd=$password.val();
31.         if (reg.test(pwd)) {
32.             $password.parent().removeClass('warning').next().text('密码强度:
    '+checkPwdStrength(pwd));
33.             return true;
34.         } else {
35.             $password.parent().addClass('warning').next().text('请输入8-12 个字符');
36.             return false;
37.         }
38.     }
39. 
40.     function checkPwdStrength(pwd) {
41.         var type = 0;
42.         if (!!pwd.match(/\d/)) {
43.             type++;
44.         };
45.         if (!!pwd.match(/[a-zA-Z]/)) {
46.             type++;
47.         };
48.         if (!!pwd.match(/[-+=|,:;'"!@#$%^&*?_.~`+/\\(){}\[\]<>]/)) {
49.             type++;
50.         };
51.         switch(type) {
52.             case 1:
53.                 return '弱';
54.                 break;
55.             case 2:
56.                 return '中';
57.                 break;
58.             case 3:
59.                 return '强';
60.         }
61.     }
62. 
63. });
```

checkReg.js 源代码第 2 行至第 8 行实现通过判断用户是否已阅读《平台用户协议》来决定是否启用“注册”按钮。第 3 行使用 is(':checked')判断复选框是否被勾选了，根据结果来设置按钮的 disable 属性。

任务 5.1 要求对用户输入的信息做合法性检查，第 14 行在 keyup 和 change 事件发生时调用 isUsernameOk()函数，isUsernameOk()函数检查用户名的合法性在第 15 行至第 25 行定义，第 16 行的正则表达式的匹配规则是以字母开头的 6～8 位字母数字串，第 18 行使用 JS test()函数判读字符串是否满足规则。

第 27 行至第 38 行的 isPwdOk()函数检查密码的合法性，与用户名合法性检查函数处理过程基本相同，只是在第 32 行，密码格式合法情况下调用 checkPwdStrength()判断密码强度，

checkPwdStrength()函数在第 40 行至第 61 行定义，仍然使用了正则表达式，match()函数并不做整体规则匹配，而是判断字符串中是否有满足规则的子串，根据字符串中含有“数字”“字母”“特殊字符”的种类数量得出密码强度。

课后练习

一、填空题

1. 获取 id 为 password 的密码类型控件的值，jQuery 实现代码为______________________________。

2. jQuery 的_________函数响应元素及其内部元素获得焦点事件，_________函数响应元素失去焦点事件。

二、单选题

1. :select 选择器对下列哪种元素有效？（　　）

A. 复选框　　B. 单选按钮　　C. 列表菜单　　D. 以上三种都有效

2. select()函数对下列哪种元素有效？（　　）

A. 文本框　　B. 单选按钮　　C. 列表菜单　　D. 以上三种都有效

3. :input 选择器对下列哪种元素有效？（　　）

A. 文本框　　B. 文本区域　　C. 列表菜单　　D. 以上三种都有效

三、问答题

列出至少 5 种 jQuery 表单过滤器并简述其功能。

第 6 章　jQuery 动画效果

本章学习要求：

- 熟练掌握 jQuery 动画效果函数。
- 熟练掌握 jQuery 自定义动画函数。

合理地设计动画效果可以提升网页的呈现效果和用户体验。使用原生 JS 实现动画比较复杂，本章中我们将学习 jQuery 为开发者提供的简单易用的动画函数。

6.1　显示和隐藏

jQuery 显示与隐藏函数说明如表 6-1 所示，jQuery 显示与隐藏函数中的参数说明如表 6-2 所示。

表 6-1　jQuery 显示与隐藏函数说明

序号	函数或属性	描述
1	.show([duration] [, easing] [, complete])或.show(options)	显示指定元素集合中每一个元素
2	.hide([duration] [, easing] [, complete])或.hide(options)	隐藏指定元素集合中的每一个元素
3	.toggle([duration] [, easing] [, complete])或.toggle(options) 或.toggle(display)	显示或者隐藏指定元素集合中每一个元素 没有参数时，元素在隐藏和显示之间切换

表 6-2　jQuery 显示与隐藏函数中的参数说明

序号	参数	描述
1	duration	字符串或者数字，字符串值可以是“slow”，“normal”或者“fast”，代表动画持续的时长，默认为 400，单位为毫秒
2	easing	字符串，有两个值“linear”和“swing”(默认)，动画缓动效果曲线名称。描述动画过程和帧速度的处理方式
3	complete	动画结束后的回调函数，为每个匹配的元素执行一次
4	options	JS 简单对象，传递给函数的参数键值对
5	display	布尔型，如果为 true 则显示元素，如果为 false 则隐藏元素

easing 缓动效果曲线如图 6-1 所示。

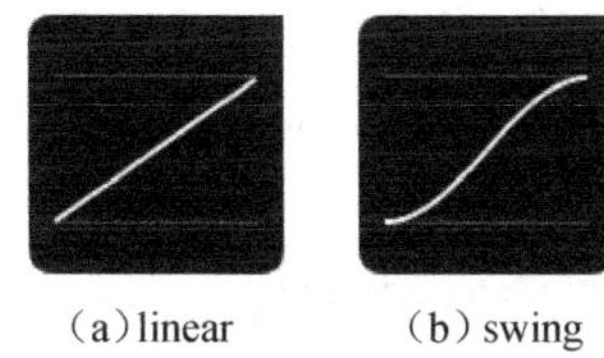

（a）linear （b）swing

图 6-1 easing 缓动效果曲线

options 可包含多个参数，除了 duration、easing、complete 之外，其他参数说明如表 6-3 所示。

表 6-3 options 其他参数说明

序号	参 数	描 述
1	queue	布尔型或者字符串。如果值为 false，动画将立即开始。如果是字符串则将动画添加到以字符串为名字的动画队列中
2	specialEasing	JS 简单对象，包含一个至多个 CSS 属性及相应的缓动函数
3	step	函数，每个动画步骤后为每个动画属性执行的函数
4	progress	函数，每个动画步骤后都要执行的函数
5	start	函数，动画开始时执行
6	done	函数，动画结束后（promise 对象已完成）执行
7	fail	函数，动画效果失败时调用
8	always	函数，无论动画正常执行完毕还是被终止时都会被调用

☑ 示例 6-1 源代码

```
<!doctype html>
<html>
    <head>
        <meta charset="UTF-8">
        <script type="text/javascript" src="js/jquery-3.2.1.min.js"></script>
        <script>
            $(function() {
                $('#btn2').click(function() {
                    //$('#b1').hide(1000, 'swing');
                    $('#b1').hide({
                        duration : 1000,
                        easing : 'swing',
                    });
                });
                $('#btn1').click(function() {
                    $('#b1').show('fast', function() {
                        $(this).addClass('redBorder');
                    });
                });
                $('#btn3').click(function() {
                    $('#b1').toggle('slow', function() {
                        $(this).toggleClass('redBorder');
                    });
                    //$('#b1').toggle(false);
                });
            });
        </script>
        <style>
            #b1 {
```

```
30.                 width: 100px;
31.                 height: 100px;
32.                 margin-right: 20px;
33.                 text-align: left;
34.                 background: lightblue;
35.                 display: block;
36.                 /*display: none !important;*/
37.                 /*visibility:hidden;*/
38.             }
39.             .redBorder {
40.                 border: 2px solid red;
41.             }
42.         </style>
43.     </head>
44.     <body>
45.         <div id="container">
46.             <div id="b1">
47.                 b1
48.             </div>
49.             <button id="btn1">
50.                 显示
51.             </button>
52.             <button id="btn2">
53.                 隐藏
54.             </button>
55.             <button id="btn3">
56.                 切换
57.             </button>
58.         </div>
59.     </body>
60. </html>
```

示例 6-1 源代码第 9 行使用配置了两个参数的 hide()函数完成 div#b1 的隐藏，分别规定动画时长为 1000 毫秒以及采用“swing” 缓动函数来展示动画，第 10 行至第 13 行 hide ()函数的用法是接收一个 options 参数，options 中配置了 duration 和 easing 属性，执行效果与第 9 行是相同的。

第 16 行使用 show()完成 div#b1 的显示，配置的“fast”参数表示快速完成动画，具体时长是 200 毫秒，“complete”参数是一个匿名函数，当动画完成时，为其添加红边框，如图 6-2 所示。show()函数适用于 CSS 属性 display:none 隐藏的元素，但是不适用于 CSS 属性配置了 display:none !important 和 visibility:hidden 的元素，读者可以把第 35 行或者第 36 行的注释去掉，再点击“显示”按钮，会发现 div#b1 的显示功能无效了。

第 21 行至第 23 行使用了 toggle()函数，其作用是慢速完成 div#b1 的显示与隐藏的切换，具体时长是 600 毫秒，在动画完成后切换类“redBorder”。如果将第 21 行至第 23 行注释去掉而使用第 24 行的 toggle(false)，这个函数就只能完成隐藏功能，而不能使 div#b1 再次显示了。

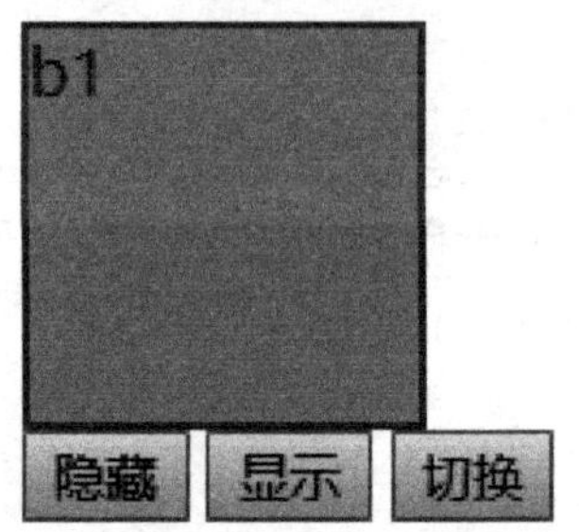

图 6-2　示例 6-1 点击“显示”按钮后

任务 6.1　二级导航菜单的显示与隐藏

任务目标：二级导航菜单的显示与隐藏

要求：

- 在任务 5.1 的基础上，为项目添加二级导航功能，要求鼠标悬浮在导航主菜单上时，显示该导航的二级导航菜单，鼠标悬浮在二级导航菜单上时，目标菜单字体会变颜色，如图 6-3 所示。

技能训练：

- jQuery 显示与隐藏动画。

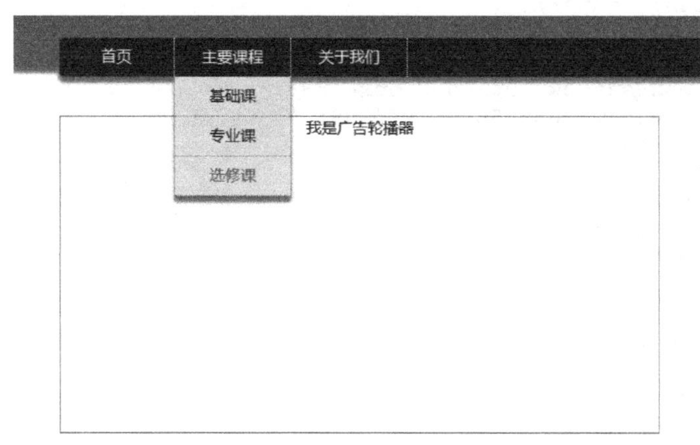

图 6-3　任务 6.1 运行结果

1. login.html 部分源代码

```
<ul class="clearfix">
    <li class="nav">
        <a href="#" class="nav-a">首页</a>
    </li>
    <li>
        <a href="myCourses.html" class="nav-a">主要课程</a>
        <div class="dropdown">
            <div>
                <a href="#" class="dropdown-a">基础课</a>
            </div>
            <div>
                <a href="#" class="dropdown-a">专业课</a>
            </div>
            <div>
                <a href="#" class="dropdown-a">选修课</a>
            </div>
        </div>
    </li>
    <li>
        <a href="#" class="nav-a">关于我们</a>
        <div class="dropdown">
            <div>
                <a href="#" class="dropdown-a">企业简介</a>
            </div>
            <div>
```

```
                <a href="#" class="dropdown-a">联系我们</a>
            </div>
        </div>
    </li>
</ul>
```

上述是 login.html 中与二级导航菜单相关的标签结构。

2. header.css 部分源代码

```
.dropdown{
    position:absolute;
    top:40px;
    width:120px;
    text-align: center;
    z-index: 99;
    box-shadow: 0px 5px 5px #888;
    -webkit-box-shadow: 0px 5px 5px #888;
    -moz-box-shadow: 0px 5px 5px #888;
    display: none;
}
.dropdown div{
    background-color: #eee;
    border-bottom: 1px dotted #EE4000;
}
.dropdown-a{
    color: #000;
    display: block;
    width:100%;
    height:100%;
}
.menuFocused{
    color:#EE4000;
}
```

上述是 header.css 中与二级导航菜单相关的样式。

3. head.js 源代码

```
1.  $(function() {
2.      $('#nav li').hover(function() {
3.          $(this).children('.dropdown').toggle();
4.      });
5.      $('.dropdown-a').hover(function() {
6.          $(this).toggleClass('menuFocused');
7.      });
8.  });
```

head.js 源代码第 3 行使用 toggle()函数切换二级导航菜单的显示与隐藏的状态，从表 4-6 中我们可以看到 hover()是一个复合事件处理函数，对鼠标的进入和离开事件都有效，鼠标进入的时候二级导航菜单切换至显示状态，鼠标离开时切换至隐藏状态。

6.2 滑动

jQuery 滑动动画效果函数说明如表 6-4 所示。参数说明见表 6-2 和表 6-3。

表 6-4　jQuery 滑动动画效果函数说明

序号	函数或属性	描述
1	.slideUp([duration] [, easing] [, complete])或. slideUp (options)	以滑动动画效果隐藏元素集合中每一个元素
2	.slideDown([duration] [, easing] [, complete])或. slideDown(options)	以滑动动画效果显示指定元素集合中的每一个元素
3	.slideToggle([duration] [, easing] [, complete])或.slideToggle(options)	以滑动动画效果隐藏或者显示指定元素集合中每一个元素

注意：slideDown()不适用于 CSS 属性配置了 display:none !important 和 visibility: hidden 的元素。

☑ 示例 6-2 源代码

```
<!doctype html>
<html>
    <head>
        <meta charset="UTF-8">
        <script type="text/javascript" src="js/jquery-3.2.1.min.js"></script>
        <script>
            $(function() {
                $('#btn1').click(function() {
                    $('#b1').slideUp(1000, 'linear');
                });
                $('#btn2').click(function() {
                    $('#b1').slideDown({
                        'duration' : 2000,
                        'complete' : addBorder
                    });
                });
                $('#btn3').click(function() {
                    $('#b1').slideToggle();
                });
                function addBorder() {
                    $('#container').addClass('redBorder');
                };
            });
        </script>
        <style>
            #container {
                width: 200px;
                text-align: center;
                background: green;
            }
            #b1 {
                width: 100px;
                height: 100px;
                margin-right: 20px;
                text-align: left;
                background: lightblue;
            }
            .redBorder {
                border: 2px solid red;
            }
        </style>
    </head>
    <body>
        <div id="container">
            <div id="b1">
                b1
            </div>
            <button id="btn1">
```

```
49.                 隐藏
50.             </button>
51.             <button id="btn2">
52.                 显示
53.             </button>
54.             <button id="btn3">
55.                 切换
56.             </button>
57.         </div>
58.     </body>
59. </html>
```

示例 6-2 源代码第 9 行使用 slideUp()函数以滑动效果隐藏 div#b1，动画持续时间是 1000ms，采用 linear 缓动效果；第 12 行至第 15 行使用 slideDown()函数以滑动效果显示 div#b1，动画完成后调用回调函数 addBorder 为 div#cotnainer 添加边框；第 18 行以滑动效果切换 div#b1 的显示与隐藏。

任务 6.2　可折叠块动画制作

任务目标：可折叠块动画制作

要求：

- 改进项目“主要课程”页，要求为课程表建立以学期为分割的可折叠块动画，点击学期则该学期的课程列表在展开和收起之间切换。折叠、展开以滑动效果转换，箭头图标同时做切换，如图 6-4、图 6-5 所示。

技能训练：

- jQuery 滑动动画。

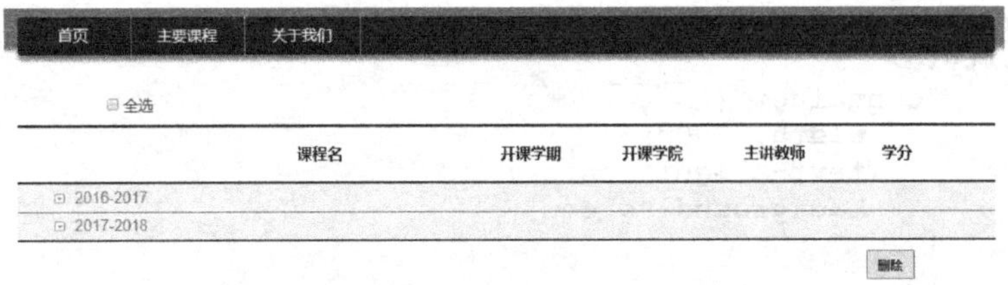

图 6-4　可折叠块动画收起

图 6-5　可折叠块动画展开

1. myCourses.html 部分源代码

```
69. <div id="courses">
70.     <div>
71.         <span></span>
72.         <span>课程名</span>
73.         <span>开课学期</span>
74.         <span>开课学院</span>
75.         <span>主讲教师</span>
76.         <span>学分</span>
77.     </div>
78.     <div class="semester-divider"><span class="arrow"></span><span>2016-2017
        </span></div>
79.     <div class="line">
80.         <span>
81.             <input type="checkbox"  value="1">
82.         </span>
83.         <span>HTML5 开发实战</span>
84.         <span>2016-2017(2)</span>
85.         <span>软件学院</span>
86.         <span>张老师</span>
87.         <span>3</span>
88.     </div>
89.     <div class="semester-divider"><span class="arrow"></span><span>2017-2018
        </span></div>
90.     <div class="line">
91.         <span>
92.             <input type="checkbox"  value="2">
93.         </span>
94.         <span>jQuery 开发实战</span>
95.         <span>2017-2018(1)</span>
96.         <span>软件学院</span>
97.         <span>李老师</span>
98.         <span>3</span>
99.     </div>
100.        <div class="line">
101.            <span>
102.                <input type="checkbox" value="3">
103.            </span>
104.            <span>马克思主义基本原理</span>
105.            <span>2017-2018(1)</span>
106.            <span>基础部</span>
107.            <span>王老师</span>
108.            <span>3</span>
109.        </div>
110.    </div>
```

在前面任务的基础上添加了第 78 行、第 89 行的分割元素。

2. myCourses.css 部分源代码

```
.semester-divider{
    background-color: #eee;
    color:#EE4000;
    text-align: left;
    line-height: 28px !important;
    padding-left: 40px;
    cursor:pointer;
```

```
}
.semester-divider span{
    margin-right:10px;
}
.arrow{
    display:inline-block;
    width:12px !important;
    height:10px;
    background:url(../img/down.gif) no-repeat;
}
.arrowUp{
    background:url(../img/up.gif) no-repeat !important;
}
```

上述是 myCourses.css 中为任务 6.2 添加的样式。

3. myCourses.js 部分源代码

```
20.     $('.semester-divider').click(function() {
21.         $(this).nextUntil('.semester-divider').slideToggle('fast');
22.         $(this).children('.arrow').toggleClass('arrowUp');
23.     });
```

上述是 myCourses.js 中为任务 6.2 添加的代码，可折叠块内容部分的滑动展开和收起是由第 21 行 slideToggle()函数实现的。

6.3 淡入淡出

jQuery 淡入淡出动画效果函数说明如表 6-5 所示。其他参数说明见表 6-2 和表 6-3。

表 6-5 jQuery 淡入淡出动画效果函数说明

序号	函数或属性	描述
1	.fadeOut([duration] [, easing] [, complete])或 .fadeOut(options)	通过将元素变为透明来隐藏元素集合中每一个元素，称为淡出效果
2	. fadeIn([duration] [, easing] [, complete])或 fadeIn(options)	通过将元素变为不透明来显示指定元素集合中的每一个元素，称为淡入效果
3	.fadeToggle([duration] [, easing] [, complete])或 .fadeToggle(options)	指定元素集合中每一个元素切换淡入、淡出效果
4	.fadeTo(duration,opacity [, easing] [, complete])	调节指定元素集合中每一个元素透明度 opacity:0～1 之间的数，指明透明度

☑ 示例 6-3 源代码

```
<!doctype html>
<html>
    <head>
        <meta charset="UTF-8">
        <script type="text/javascript" src="js/jquery-3.2.1.min.js"></script>
        <script>
            $(function() {
                $('#btn1').click(function() {
                    $('#b1').fadeToggle('normal', function() {
                        $(this).toggleClass('redBorder');
                    });
```

```
                });
                $('#range1').change(function() {
                    $('#b1').fadeTo('normal', $(this).val()/100);
                });
            });
        </script>
        <style>
            #container {
                width: 200px;
                text-align: center;
                background: green;
            }
            #b1 {
                width: 100px;
                height: 100px;
                margin-right: 20px;
                text-align: left;
                background: lightblue;
                margin: 0 auto;
            }
            .redBorder {
                border: 2px solid red;
            }
        </style>
    </head>
    <body>
        <div id="container">
            <div id="b1" class="redBorder">
                b1
            </div>
            <button id="btn1">
                切换
            </button>
            <input type="range" value="50" id="range1">
        </div>
    </body>
</html>
```

示例 6-3 使用 fadeTo()函数调节 div#b1 的透明度，第二个参数是接收 HTML5 滑块控件的值并将其转换至 0～1 之间，作为透明度指示。示例 6-3 运行效果如图 6-6 所示。

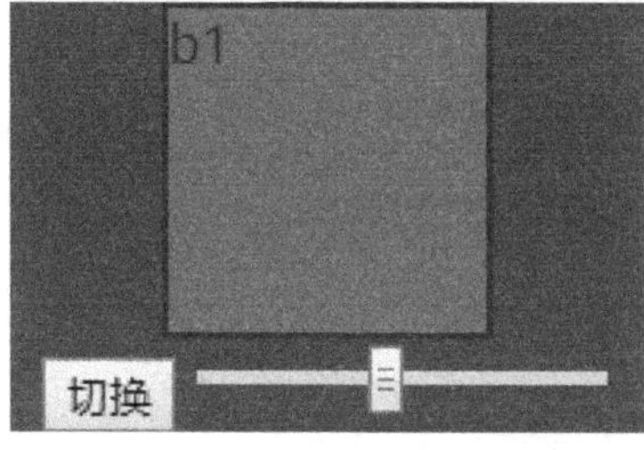

图 6-6　示例 6-3 运行效果

6.4　自定义动画

前面三个小节我们学习了 jQuery 提供的基本动画效果函数的使用，如果要实现复杂的动画序列，可以使用jQuery提供的队列技术，将基本动画函数添加到队列中，再依次显示队列中的动画效果，最终完成复杂动画序列的展示。jQuery默认的标准动画队列名为“fx”，jQuery全局属性jQuery.fx.off是动画的“开关”属性，它的值为true时，全局禁用动画；值为false时，可以重新开启所有动画。

表6-6所示的是jQuery自定义动画相关的函数汇总表。其他参数说明见表6-2和表6-3。

表6-6 jQuery自定义动画相关的函数汇总表

序号	函数或属性	描　述
1	.animate(properties [, duration] [, easing] [, complete])或 .animate(properties,options)	显示由一系列的CSS效果组成的动画 properties：CSS属性
2	.queue([queueName], newQueue|callback)	在指定元素集合上显示或者操作动画队列中的函数 queueName：字符串，队列名。默认为fx newQueue：数组，用于替代现有队列内容的一系列函数 callback：函数，要添加到队列中的函数
3	.delay(duration [, queueName])	设置动画延迟执行的时间
4	.clearQueue([queueName])	清空对象上尚未执行的所有队列
5	.dequeue([queueName])	队列最前端移除一个队列函数，并执行它
6	.finish([queueName])	停止当前运行的动画，移除所有排队的动画，并为指定元素完成所有动画
7	.stop([queueName] [, clearQueue] [, jumpToEnd])	停止当前正在运行的动画 clearQueue：布尔型，默认值为false。指示是否移除排队的动画 jumpToEnd：布尔型，默认值为false。指示是否立即完成当前动画

☑ 示例6-4源代码

```
<html>
    <head>
        <meta charset="UTF-8">
        <script type="text/javascript" src="js/jquery-3.2.1.min.js"></script>
        <script>
            $(function() {
                $('#btn1').click(function() {
                    $('#b1').animate({
                        left : '146px',
                        top : '+=146px',
                        opacity : '0.6',
                        borderWidth : '-=3px',
                        background : 'red'
                    }, 2000);
                });
                $('#btn2').click(function() {
                    $('#b1').stop();
                });
                $('#btn3').click(function() {
                    $('#b1').finish();
                });
                $('#btn4').click(function() {
                    $.fx.off = !$.fx.off;
                    $(this).text('启用动画效果');
                });
            });
        </script>
```

```
28.         <style>
29.             #container {
30.                 width: 200px;
31.                 height: 200px;
32.                 border: 1px solid black;
33.                 position: relative;
34.             }
35.             #b1 {
36.                 width: 50px;
37.                 height: 50px;
38.                 border: 5px solid blue;
39.                 text-align: left;
40.                 background: lightblue;
41.                 position: absolute;
42.                 top: 0;
43.                 left: 0;
44.             }
45.         </style>
46.     </head>
47.     <body>
48.         <div id="container">
49.             <div id="b1">
50.                 b1
51.             </div>
52.         </div>
53.         <button id="btn1">
54.             开始
55.         </button>
56.         <button id="btn2">
57.             暂停
58.         </button>
59.         <button id="btn3">
60.             结束
61.         </button>
62.         <button id="btn4">
63.             取消动画效果
64.         </button>
65.     </body>
66. </html>
```

示例 6-4 源代码第 8 至第 14 行使用 animate()函数执行 CSS 属性集上的自定义动画，第 9 行指示将 div#b1 的位置向左移动至横坐标“146px”的坐标点，第 10 行的“+=146px”是一个相对的量，表示在当前纵坐标的基础上向下移动“146px”，第 11 行将透明度渐变为“0.6”，第 12 行的“-=3px”也是一个相对的量，表示动画过程中将边框的宽度由原来的“5px”逐渐减小至“2px”。

当点击“开始”按钮时，div#b1 从 div#container 的左上角移动至右下角，同时边框和透明度也在逐渐变化，但是最终颜色并没有变为“红色”，说明示例第 13 行的属性并没有效果，这是因为 animate()动画只对数字型的 CSS 属性值有效。

在动画的运行过程中，如果点击“暂停”按钮可以使动画暂停，这一功能是由 17 行使用的 stop()函数实现的，此时再次点击“开始”按钮，动画从暂停的位置继续运行。如果在动画运行过程点击“结束”按钮，动画将越过尚未执行的过程直接显示动画结束时的状态，这是因为点击“结束”按钮会触发调用第 20 行的 finish()函数，finish()函数会无条件地移除尚未执行正在排队的动画序列，与 stop(true,true)的效果是一样的。

点击“取消动画效果”按钮会触发第23行代码，全局变量$.fx.off的值取反变为“true”，动画效果全部失效，点击“开始”按钮后div#b1直接显示动画结束后的状态不会显示中间的动画过程。示例6-4运行效果如图6-7所示。

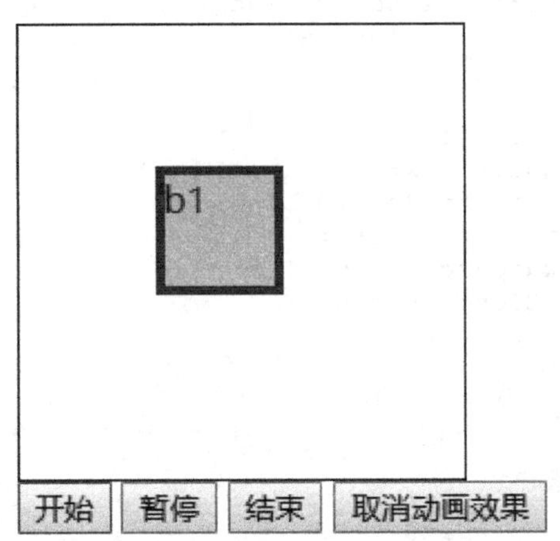

图6-7　示例6-4运行效果

☑ 示例6-5源代码

```
<!DOCTYPE html>
<html>
    <head>
        <meta charset="UTF-8">
        <script type="text/javascript" src="js/jquery-3.2.1.min.js"></script>
        <script>
            $(function() {
                var _$b1 = $('#b1');
                function runB1() {
                    _$b1.show('slow').animate({
                        left : '200'
                    }, 2000).delay(1000).animate({
                        left : '0'
                    }, 1500).hide('slow', runB1);
                };
                if (!_$b1.is(':animated')) {
                    runB1();
                }
                $('#btn1').click(function() {
                    _$b1.stop();
                });
                $('#btn2').click(function() {
                    _$b1.finish();
                });
                $('#btn3').click(function() {
                    _$b1.finish();
                    _$b1.clearQueue();
                });
            });
        </script>
        <style>
            #b1 {
                width: 40px;
                height: 40px;
                position: absolute;
```

```
36.                 left: 0px;
37.                 top: 50px;
38.                 background: green;
39.                 display: none;
40.             }
41.             }
42.         </style>
43.     </head>
44.     <body>
45.         <button id="btn1">
46.             暂停
47.         </button>
48.         <button id="btn2">
49.             结束
50.         </button>
51.         <button id="btn3">
52.             终止
53.         </button>
54.         <div id="b1">
55.             b1
56.         </div>
57.     </body>
58. </html>
```

在某些应用场景下，动画开始前应该先判断元素是否在执行动画中，以避免动画效果的叠加，第 16 行示例了如何使用 is()函数和:animate 过滤器判断 div#b1 是否正在执行动画，如果没有则调用 runB1()函数开始动画效果。runB1()中在 div#b1 上链式调用了一系列动画函数顺序执行，组成动画序列，第 12 行的 delay()函数的作用是在该动画执行完毕后延迟 1000ms 再执行下一个动画。第 14 行中的 hide()函数是动画序列中最后一个效果函数，它的回调函数是 runB1()函数本身，这样设置可以使动画序列循环执行。

当点击“暂停”或者“结束”按钮时，受影响的只是 div#b1 上当前正在执行的动画，而动画序列中后面的动画效果会继续执行，如果要终止整个动画序列，需要点击“终止”按钮，触发第 27 行的 clearQueue()函数清空动画队列。需要注意的是动画序列被终止后的元素位置和外观并不会恢复到动画执行之前，本例中 div#b1 在动画终止后的 CSS 样式属性的最终值是取所有 animate 函数中设置的该属性的最大值，如果需要在动画终止后恢复原有样式，需要对相关属性明确地进行恢复性设置。示例 6-5 运行效果如图 6-8 所示。

图 6-8　示例 6-5 运行效果

☑ 示例 6-6 源代码

```
<!DOCTYPE html>
<html>
    <head>
        <meta charset="UTF-8">
        <script type="text/javascript" src="js/jquery-3.2.1.min.js"></script>
        <script>
            $(function() {
                var _$b2 = $('#b2');
                var _$b3 = $('#b3');
                var _b2FunclistFx = [
```

```
                function() {
                    _$b2.fadeIn({
                        duration : 'slow',
                        start : function() {
                            _$b3.show('slow');
                        }
                    });
                },
                function() {
                    _$b2.animate({
                        width : '80px',
                        height : '80px',
                        fontSize : '3em',
                    }, {
                      duration : 50,
                      step : function(now, tween) {
                        if (tween.prop == 'fontSize') {
                            tween.now *= 2;
                        }
                      },
                      progress : function(animation, progress, remainingMs) {
                        console.log('当前进度' + (progress*100).toFixed(0)+'%');
                        console.log('当前还剩' + remainingMs+'毫秒');
                        console.log('-------------------------------');
                      }
                    });
                },
                function() {
                    _$b2.queue(function() {
                        $(this).css('background', 'red').dequeue();
                    }).animate({
                        width : '30px',
                        height : '30px',
                        fontSize : '1em'
                    });
                },
                function() {
                    _$b2.fadeOut({
                        duration : 'slow',
                        done : function() {
                            _$b3.slideUp();
                        }
                    });
                }];
                _$b2.queue('b2Queue', _b2FunclistFx);
                for (var i = 0; i < _b2FunclistFx.length; i++) {
                    _$b2.dequeue('b2Queue');
                };
            });
        </script>
        <style>
            #b2, #b3 {
                width: 40px;
                height: 40px;
                background-color: blue;
                color: white;
                display: none;
            }
        </style>
    </head>
```

```
71.     <body>
72.         <div id="b2Wrpper">
73.             <div id="b2">
74.                 b2
75.             </div>
76.             <div id="b3">
77.                 b3
78.             </div>
79.         </div>
80.     </body>
81. </html>
```

示例 6-6 源代码第 10 行至第 54 行是一个动画效果函数数组，第 55 行将这个数组添加到队列“b2Queue”中，第 57 行使用 dequeue()函数逐一将队列中的动画函数移出队列并执行，形成一系列的动画效果，如图 6-9 所示。

不同对象上的 jQuery 动画是异步执行的，如果希望它们同步执行则需要设置 options 中的回调函数属性。第 14 行至第 16 行通过设置 start 属性使 div#b2 在淡入开始的同时开始 div#b3 的显示，第 50 至 52 行通过设置 done 属性使 div#b2 淡出完成后开始 div#b3 的滑动隐藏动画。

在动画显示过程中如果需要修改 CSS 属性可通过设置 step 属性的回调函数来完成，示例第 26 行至第 30 行是在动画的每一步都将文字大小设置为当前大小的 2 倍，step 属性的回调函数会为每个当前动画的属性都执行一遍。动画每一步的步长时间并没有一个定值，是由系统确定的。第 31 行至第 35 行 progress 属性的回调函数在动画的每一步都被执行一次，我们可以通过图 6-10 看到系统将总时长为 50ms 的动画分成了 4 步来执行。

图 6-9　示例 6-6 运行效果

当前进度0%
当前还剩50毫秒

当前进度34%
当前还剩33毫秒

当前进度68%
当前还剩16毫秒

当前进度100%
当前还剩0毫秒

图 6-10　示例 6-6 控制台输出

从示例 6-4 可知，动画过程中的颜色是不能通过 animate()函数来修改的，如果我们需要在动画过程中修改一些非数字值的 CSS 属性，可以参照示例 6-6 第 39 行至第 41 行，使用 queue()函数向队列中插入一个函数完成背景颜色的转换，并随后使用 dequeue()函数将其移出队列并执行，否则后续的动画都不能得到执行。

任务 6.3　全屏 banner 动画制作

任务目标：全屏 banner 动画制作

要求：

- 在任务 6.2 的基础上，为项目登录页添加全屏 banner 功能。以淡出的形式显示遮罩层和 banner，在页面停留 3 秒后以向左收起并淡出的形式自动消失，如图 6-11 所示。

技能训练：

- jQuery 淡入淡出。
- jQuery 自定义动画。

图 6-11　任务 6.3 运行效果

1. login.html 部分源代码

```
86. <div id="bannerWrap"><img src="img/banner.png" alt="校庆"></div>
```

在前面任务的基础上添加了第 86 行全屏 banner 元素。

2. login.css 部分源代码

```
#bannerWrap{
    width:100%;
    height:100%;
    background-color:rgba(255,0,0,0.4);
    position: absolute;
    top:0;
    left:0;
    z-index: 100;
    display:none;
}
```

在前面任务的基础上添加了全屏 banner 样式。

3. check.js 部分源代码

```
    $img=$('#bannerWrap img');
    $img.css('margin-top',($(window).height()-$img[0].height)/2);
    $('#bannerWrap').fadeIn(2000).delay(3000).animate({
        width:'0',
```

```
24.         opacity:'0'
25.     },'slow');
```

第 21 行的作用是使图片在垂直方向上位于窗口的中央位置。

第 22 行链式调用首先使用 fadeIn()函数，banner 淡出，历时 2 秒钟（2000ms），接着调用 delay()函数延迟 3 秒钟（3000ms），最后调用 animate()函数执行自定义的动画，宽度渐变为 0，透明度渐变为 0，banner 消失。

课后练习

一、填空题

1. 使用________________函数可以以滑动效果切换显示与隐藏 HTML 元素。
2. ____________函数执行 CSS 属性集的自定义动画。

二、单选题

1. 使用（　　）函数可以切换 HTML 元素的显示和隐藏状态。

   A. hide()　　B. toggle()　　C. show()　　D. change()

2. 下列不能起到停止动画的作用的函数是（　　）。

   A. finish()　　B. stop()　　C. delay()　　D. clearQueue()

三、问答题

列出至少 5 种 jQuery 动画函数并简述其功能及参数含义。

四、程序填空题

补足下列代码，点击“切换”按钮时，文字“点击切换按钮，我会淡入淡出变化。”进行淡入淡出切换，淡入淡出的过程为 5 秒。

```
<!DOCTYPE html>
<html>
    <head>
        <style>
            p {
                width: 400px;
            }
        </style>
        <script type="text/javascript" src="jquery.js"></script>
        <script>
            //在下方填写代码
```

```
        </script>
    </head>
    <body>
        <button id="btn">
            切换
        </button>
        <p>
            点击切换按钮，我会淡入淡出变化。
        </p>

    </body>
</html>
```

第 7 章　jQuery 插件

本章学习要求：

- 掌握 jQuery 第三方插件的使用。
- 熟练掌握 jQuery 全局插件的开发。
- 熟练掌握 jQuery 对象级插件的开发。

jQuery 插件是将重复使用率高的代码封装起来，并提供 API 插件的供使用者调用。jQuery 生态社区存在数量众多的、免费的第三方插件，这些插件几乎覆盖了各种前端常用功能的实现，可以大大减少开发者的开发周期。但是，在同一页面上使用多个插件时，有可能因为各个插件所依赖的 jQuery 的版本不同而导致冲突。

本章介绍了基于 jQuery 的第三方插件的使用，以及插件的开发规范。

7.1　jQuery 插件的使用

本节介绍 3 个基于 jQuery 的插件，目的是帮助读者找到使用 jQuery 插件的一般性规律，管中窥豹，了解 jQuery 插件的应用场景。

一般来讲，第三方插件都会提供包括 jQuery 库文件、jQuery 插件库文件、CSS 样式文件、示例代码在内的压缩包下载，使用者将插件库和样式文件引用到项目中，并且仿照示例代码配置好接口参数，插件就能够在项目中发挥作用了。

7.1.1　表格插件 Datatables

表格是最为常见的数据表现形式，下面介绍的插件 Datatables 是一款开源的第三方 jQuery 插件，可以美观地呈现数据表格，并提供了表格搜索、分页等功能。

☑ 示例 7-1 源代码

```
<!DOCTYPE html>
<html>
    <head>
        <meta charset="utf-8" />
        <title></title>
        <link href="css/dataTables/jquery.dataTables.css" rel="stylesheet" />
```

```
        <script type="text/javascript" src="js/jquery-3.2.1.min.js"></script>
        <script type="text/javascript" src="js/dataTables/jquery.dataTables.js"></script>
        <script>
            $(document).ready(function() {
                var data = [[1, '白衬衣', 1, 119, '2017-08-01'], [2, '袜子', 12, 5.3, '2017-06-12'], [3, '每日坚果', 2, 136, '2017-08-08'], [4, '洗衣液', 1, 43.9, '2017-07-30'], [5, '巧克力', 2, 36, '2017-04-05'], [6, '毛巾', 1, 28.9, '2017-08-22']];
                $('#cart').DataTable({
                    data : data, //数据源配置
                    paging : true, //是否分页显示
                    scrollY : 120, //表格窗体高度
                    language : {//国际化，以中文显示
                        sProcessing : "处理中...",
                        lengthMenu : '显示  <select>'+ '<option value="5">5</option>' + '<option value="10">10</option>' + '<option value="20">20</option>' + '<option value="30">30</option>' + '<option value="40">40</option>' + '<option value="50">50</option>' + '<option value="-1">All</option>' + '</select> 项结果',
                        sZeroRecords : "没有匹配结果",
                        sInfo : "显示第 _START_ 至 _END_ 项结果，共 _TOTAL_ 项",
                        sInfoEmpty : "显示第 0 至 0 项结果，共 0 项",
                        sInfoFiltered : "(由 _MAX_ 项结果过滤)",
                        sInfoPostFix : "",
                        sSearch : "搜索:",
                        oPaginate : {
                            sFirst : "首页",
                            sPrevious : "上页",
                            sNext : "下页",
                            sLast : "末页"
                        },
                    }
                });
            });
        </script>
        <style>
            #container {
                width: 600px;
            }
        </style>
    </head>
    <body>
        <div id="container">
            <table id="cart" class="display">
                <thead>
                    <tr>
                        <th>序号</th>
                        <th>商品名称</th>
                        <th>数量</th>
                        <th>单价</th>
                        <th>购买日期</th>
                    </tr>
                </thead>
                <tbody></tbody>
            </table>
        </div>
```

```
56.     </body>
57. </html>
```

示例 7-1 源代码第 43 行至第 54 行的表格中只提供了表格结构标签和表头，第 43 行的 class = "display"是插件提供的样式类，可以为表格数据行添加隔行换色、鼠标悬浮换色的样式效果。

表格的数据在第 11 行以二维数组的形式赋值给变量 data，示例使用者表格数据的数据结构的形式。第 12 行的 DataTable()函数是 Datatables 插件提供的接口函数，函数的入口参数是一个 JS 简单对象，包含丰富的配置属性、数据源参数的指定、表格是否具有分页功能、窗体高度、本地化语言的设置等。

在示例 7-1 中我们并没有编写与分页、查询等相关的代码，只需要配置好与插件的接口参数，这些功能就可以由插件实现了。图 7-1 所示的是选择每页显示 5 项后的分页效果。

127.0.0.1:8020/chap7/示例7-1.html

显示 5 项结果　　搜索:

序号	商品名称	数量	单价	购买日期
1	白衬衣	1	119	2017-08-01
2	袜子	12	5.3	2017-06-12
3	每日坚果	2	136	2017-08-08

显示第 1 至 5 项结果，共 6 项　　上页 1 2 下页

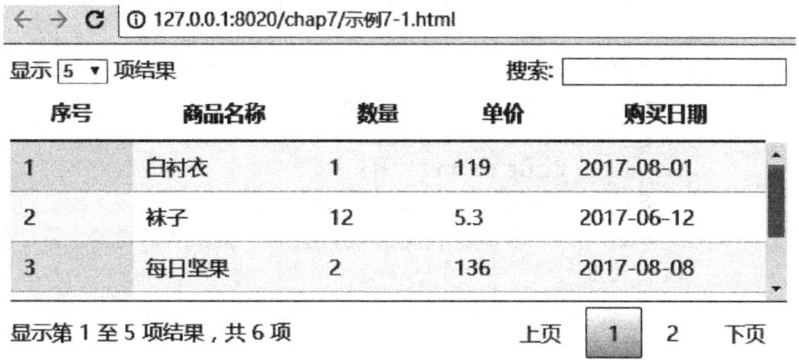

图 7-1　选择每页显示 5 项后的分页效果

7.1.2　图表插件 jqplot 和 sparkline

数据可视化技术以图形的形式清晰有效地表示数据及对数据的分析，是 Web 应用中重要的功能模块，有 JS 开发经验的读者对百度 ECharts 这款数据可视化插件可能并不陌生。本小节介绍的 jqplot 和 sparkline 是两款基于 jQuery 的开源的图表插件，sparkline 的亮点是可以在行内显示缩略图形，jqplot 插件能够实现折线图、柱图等数据图形，作为 jQuery 插件它们可以在 jQuery 代码中被应用在链式调用中，这是基于 JS 的插件无法做到的。下面示例讲解它们的应用场景。

☑ 示例 7-2 源代码

```
<!DOCTYPE html>
<html>
    <head>
        <meta charset="utf-8" />
        <title></title>
        <link href="css/jqplot/jquery.jqplot.min.css" rel="stylesheet" />
        <script src="js/jquery-3.2.1.min.js"></script>
        <script type="text/javascript" src="js/sparkline/jquery.sparkline.min.js"></script>
        <script type="text/javascript" src="js/jqplot/jquery.jqplot.min.js"></script>
        <script type="text/javascript" src="js/jqplot/excanvas.js"></script>
        <script type="text/javascript" src="js/jqplot/plugins/jqplot.barRenderer.js"></script>
        <script type="text/javascript" src="js/jqplot/plugins/jqplot.pointLabels.js"></script>
        <script type="text/javascript" src="js/jqplot/plugins/jqplot.canva
```

```
sAxisTickRenderer.js"></script>
    <script type="text/javascript" src="js/jqplot/plugins/jqplot.cursor.js"></script>
    <script type="text/javascript" src="js/jqplot/plugins/jqplot.highlighter.js"></script>
    <script type="text/javascript" src="js/jqplot/plugins/jqplot.dateAxisRenderer.js"></script>
    <script type="text/javascript" src="js/jqplot/plugins/jqplot.canvasTextRenderer.js"></script>
    <script type="text/javascript" src="js/jqplot/plugins/jqplot.categoryAxisRenderer.js"></script>
    <script type="text/javascript" src="js/jqplot/plugins/jqplot.enhancedLegendRenderer.js"></script>
    <script>
        $(function() {
            //-------sparkline 行内图及 jqplot 柱图--------
            var myvalues = [8.6, 9.6, 7.4, 6.9, 7.7];
            $('#dynamicsparkline').sparkline(myvalues, {
                type : 'bar', //绘制柱图
                barColor : 'green'
            }).click(function() {
                $("#chart2").addClass('box');
                var tick1 = ['敦刻尔克', '摔跤吧!爸爸', '战狼 2', '神偷奶爸3', '降临'];
                $.jqplot('chart2', [myvalues], {
                    title : '电影评分',
                    seriesDefaults : {
                        renderer : $.jqplot.BarRenderer, //采用柱图显示
                        pointLabels : {
                            show : true //是否显示节点数据
                        },
                    },
                    axesDefaults : {
                        tickRenderer : $.jqplot.CanvasAxisTickRenderer, //指定渲染效果，文字倾斜必须配置此项，需引入 jqplot.canvasAxisTickRenderer.js
                        tickOptions : {
                            fontSize : '10pt', //数轴文字大小
                            angle : 20 //数轴文字倾斜角度
                        }
                    },
                    axes : {
                        xaxis : {
                            renderer : $.jqplot.CategoryAxisRenderer, //指定渲染效果，需引入 jqplot.categoryAxisRenderer.js
                            ticks : tick1,
                        },
                        yaxis : {
                            label : '豆瓣评分', //纵轴文字说明
                            min : 0,
                            tickOptions : {
                                formatString : '%.2f', //数字格式设置小数点后两位
                                fontSize : '10pt'
                            }
                        }
                    }
                });
            });
```

```
            $('#inlinesparkline').sparkline('html', {
                lineColor : 'black'
            });
            $('#chart1').on('jqplotDataClick', function(ev, seriesIndex, pointIndex, data) {
                $('#inlinesparkline').text(data).sparkline('html', {//从网页获取数据
                    lineColor : 'black'
                });
            });
            //-----------------jqplot 折线图------------------------
            $.jqplot('chart1', [[23, 48, 18, 20, 16, 10], [12, 30, 7, 30, 8, 30]], {
                title : '2017 上半年成交量', //标题
                seriesDefaults : {
                    pointLabels : {
                        show : true,
                    }
                },
                legend : {
                    renderer : $.jqplot.EnhancedLegendRenderer,
                    show : true, //是否显示图例
                    //background:'blue',      //图例区域背景色
                    //textColor:'red' ,       //图例区域内文字颜色
                    placement : 'outsideGrid' //在外部显示图例
                },
                series : [{
                    // 第一条折线的相关参数
                    color : '#FF6666',
                    label : '二手房',
                    fill : true //是否填充
                }, {
                    color : '#0066CC',
                    label : '新房'
                }],
                axes : {
                    xaxis : {
                        label : '月份',
                        renderer : $.jqplot.CategoryAxisRenderer,
                        ticks : ['1月', '2月', '3月', '4月', '5月', '6月'],
                        labelOptions : {
                            fontSize : '12pt'
                        }
                    },
                    yaxis : {
                        label : '套数',
                        min : 0,
                        tickOptions : {
                            fontSize : '10pt'
                        }
                    }
                }
            });
        });
    </script>
    <style>
        .box {
            width: 400px;
```

```
116.                    height: 300px;
117.                }
118.            </style>
119.        </head>
120.        <body>
121.            <p>
122.                豆瓣电影评分: <span id="dynamicsparkline">Loading..</span>
123.            </p>
124.            <div id="chart2" ></div>
125.            <p>
126.                房屋成交量统计: <span id="inlinesparkline">12,30,7,22,8,30</span>
127.            </p>
128.            <div id="chart1" style="height: 300px; width: 500px;"></div>
129.        </body>
130.    </html>
```

sparkline 插件提供了 selector.sparkline()函数绘制文字行内数据缩略图，示例 7-2 中有两个由 sparkline 插件生成的数据缩略图，一个是示例第 24 行至第 27 行生成的豆瓣电影评分的绿色柱图，这个柱图的数据来自于数组型的变量；另一个是第 61 行至第 63 行生成的房屋成交量的黑色折线图，折线图是 sparkline 默认的数据展示图形，此图的数据来自于第 126 行，是 $('#inlinesparkline')对象的内部文本。当鼠标悬浮在图形上时，可显示当前鼠标位置代表的数据点的数据值，如图 7-2 所示。

jqplot 插件提供了$.jqplot()函数实现数据的图形化，示例第 70 行至第 110 行使用 jqplot 插件绘制了图 7-2 中的“2017 上半年成交量”折线图，用户可以自定义图形的标题、数据集、图例、数据表现形式、*X* 轴 *Y* 轴数据、线条颜色、背景颜色、文字颜色等的参数，见示例中的注释部分。

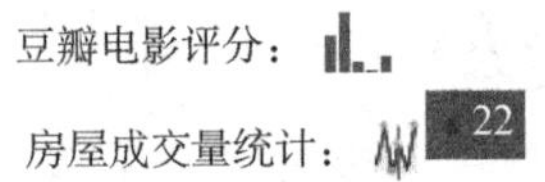

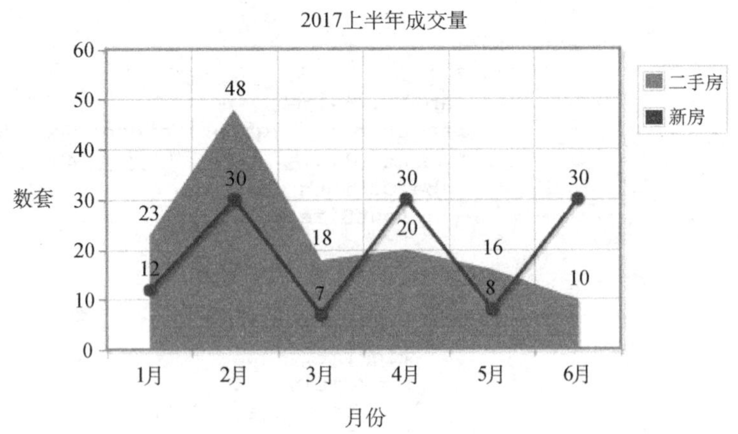

图 7-2　示例 7-2 运行结果

当点击网页中“豆瓣电影评分”后的缩略柱图时，会在下方出现如图 7-3 所示的详细数据柱图，代码实现见示例 7-2 源代码第 27 行至第 60 行，也是由 jqplot 实现的，配置参数与折线图有不同之处，见示例的注释部分。

当点击网页中“2017 上半年成交量”二手房折线图填充面积内区域时，“房屋成交量统计”后的折线缩略图会随之改变形状，代码实现见示例 7-2 源代码第 64 行至第 68 行，jqplot 提供了自定义事件“jqplotDataClick”，当数据区域被点击时被触发，回调函数中的 data 参数可以传递当前的数据集合。

豆瓣电影评分：

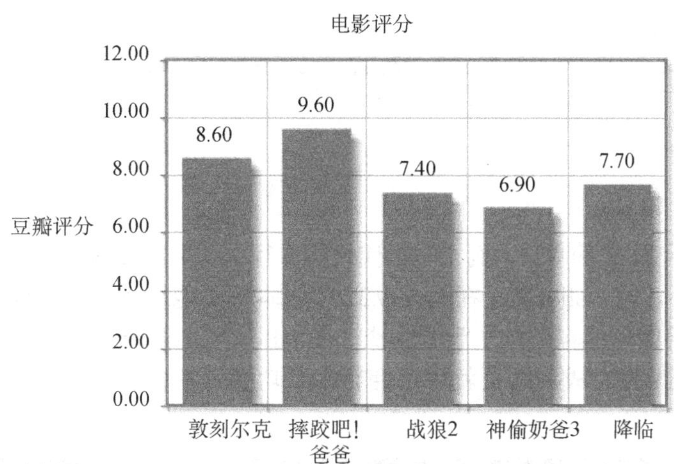

图 7-3 示例 7-2 点击电影评分折线缩略图后的运行效果

7.1.3 轮播器插件 slideBox

轮播器是 Web 应用中非常常用的功能组件，在前面的章节中我们也尝试编写代码实现轮播器的功能，在本小节中我们介绍一款基于 jQuery 的轮播器插件 slideBox，它能够实现自动轮播、选播、显示图片标题等功能。

☑ 示例 7-3 源代码

```
<!DOCTYPE HTML>
<html>
    <head>
        <meta charset="utf-8">
        <link rel="stylesheet" type="text/css" href="css/slideBox/jquery.slideBox.css"/>
        <script type="text/javascript" src="js/jquery-1.7.1.min.js"></script>
        <script type="text/javascript" src="js/slideBox/jquery.slideBox.js"></script>
        <script type="text/javascript">
            $(function() {
                $('#slider').slideBox({
                    direction : 'left', //left 水平方向,top 垂直方向
                    duration : 0.3, //滚动持续时间，单位：秒
                    easing : 'swing', //swing,linear//滚动特效
                    delay : 5, //滚动延迟时间，单位：秒
                    startIndex : 1//初始焦点顺序
                });
            });
        </script>
    </head>
    <body>
```

```
21.      <div id="slider" class="slideBox">
22.        <ul class="items">
23.          <li>
24.            <a href="" title="2017 界毕业典礼"><img src="images/76.jpg"></a>
25.          </li>
26.          <li>
27.            <a href="" title="献礼十九大，同心庆七一"><img src="images/77.jpg"></a>
28.          </li>
29.          <li>
30.            <a href="" title="我校教师信息化大赛获奖"><img src="images/80.jpg"></a>
31.          </li>
32.        </ul>
33.      </div>
34.    </body>
35. </html>
```

slideBox的使用比较简单，示例7-3源代码第5行引入slideBox的样式表文件，第6行引入jQuery库文件，注意，slideBox在jquery.3.2.1版本下不能运行！第7行引入slideBox插件库文件，第21行将图片的包装盒子配置为类“slideBox”，第10行至第16行示例slideBox()函数的参数配置，配置完成后网页就可以拥有一个功能完备、展示效果良好的轮播器了，运行结果如图7-4所示。

图7-4　示例7-3运行结果

7.2　jQuery插件开发

虽然第三方的JS或者jQuery插件库功能丰富，但是已有的插件难免有不尽为人意之处，例如：功能上不能完全满足用户需求、存在冗余、样式定义不够灵活，jQuery库版本冲突等。再者，将项目的常用功能模块以插件的形式进行封装会降低代码的耦合度，提高了代码的复用性和项目的开发效率，好的插件甚至可以成长为一个独立的产品。所以前端开发人员必须掌握jQuery插件的开发技术。

插件开发应遵守的一般性规则如下：

- 插件的命名规范为 jquery.[自定义插件名].js，以避免和其他 JS 插件库冲突。
- 除非插件需要返回的是一些需要获取的变量，插件应该返回一个 jQuery 对象，以保证插件支持链式调用。
- 为插件定义入口参数，使插件“可配置”，增加插件使用的灵活性。
- 较复杂代码量大的插件要进行压缩，减少使用插件的页面的加载时间。
- 注意函数结尾的分号必须写，以免压缩时出现问题。

后续小节中通过示例介绍 jQuery 插件中全局插件和对象级插件的开发。

7.2.1 jQuery.extend()函数

无论全局插件还是对象级插件都离不开 jQuery.extend()函数的支持。jQuery.extend()参数说明如表 7-1 所示。jQuery.extend()函数的作用是将两个以上对象的内容合并到第一个对象中，语法格式如下：

```
jQuery.extend(target[,object1][,objectN]) 或
jQuery.extend([deep],target,object1[,objectN])
```

表 7-1 jQuery.extend()参数说明

序号	参数	描述
1	target	合并后的目标对象。如果只有 target 一个参数，则此对象并入 jQuery 命名空间
2	object1…objectN	并入目标对象的其他对象
3	deep	布尔型，如果值为 true，则合并操作做“深拷贝”，此值默认表示做“浅拷贝”

在合并时，如果多个对象具有相同的属性，则后者会覆盖前者的属性值。深、浅拷贝这两种形式的区别在于是否对其进行递归合并，也就是说如果属性是一个对象或者数组时，该属性值是需要进行合并还是直接被覆盖。

☑ 示例 7-4 源代码

```
<!DOCTYPE html>
<html>
    <head>
        <meta charset="utf-8" />
        <title></title>
        <script type="text/javascript" src="js/jquery-3.2.1.min.js"></script>
        <script>
            $(function() {
                var object1 = {
                    name : '张三',
                    physicalCheckup : {
                        weight : 52,
                        height : 172
                    },
                    age : 18
                };
                var object2 = {
                    physicalCheckup : {
                        weight : 52.5
                    },
```

```
21.                     age : 19
22.                 };
23.                 $('#p1').append(JSON.stringify($.extend({}, object1, object2)));
24.                 $('#p2').append(JSON.stringify($.extend(true, {}, object1,
    object2)));
25.             });
26.         </script>
27.     </head>
28.     <body>
29.         <div id="container">
30.             <p id="p1">
31.                 浅拷贝的结果是:
32.             </p>
33.             <p id="p2">
34.                 深拷贝的结果是:
35.             </p>
36.         </div>
37.     </body>
38. </html>
```

示例 7-4 源代码第 23 行使用$.extend()函数将 object1 和 object2 合并到一个新对象中，同时保留 object1 和 object2，deep 参数默认，所以合并操作采用“浅拷贝”，注意 deep 不能配置为 false。浅拷贝合并的结果是得到 object1 和 object2 属性的并集，对于两个对象中相同的属性，例如 physicalCheckup 和 age 的值是最后一个 object 即 object2 的相应属性值，示例中 JSON.stringify()的作用是将 JS 简单对象转换为字符串，结果如图 7-5 所示。

示例 7-4 源代码第 24 行在使用$.extend()函数时配置了 deep 参数为 true，表示采用“深拷贝”进行对象合并，合并结果与“浅拷贝”方式的不同之处在于对象类型的属性 physicalCheckup 的值，如图 7-5 所示，“深拷贝”方式下合并后的 physicalCheckup 的值是 object1 和 object2 的 physicalCheckup 属性的合并结果，而不是简单地被 object2 的 physicalCheckup 属性的值覆盖。

浅拷贝的结果是：{"name":"张三","physicalCheckup":{"weight":52.5},"age":19}

深拷贝的结果是：{"name":"张三","physicalCheckup":{"weight":52.5,"height":172},"age":19}

图 7-5　示例 7-4 运行结果

7.2.2　全局插件

全局插件是把自定义函数附加到 jQuery 命名空间下，从而作为一个公共的全局函数使用。实现方式是只为$.extend()设置一个参数，就可以为全局对象 jQuery 添加新的函数了。

全局插件的使用方式是

```
$.自定义函数名()   或   jQuery.自定义函数名()
```

例如，7.1.2 小节中使用的 jqplot()插件函数就是一个全局的插件函数。

☑ 示例 7-5 全局插件 jquery.log.js 源代码

```
$.extend({
    log : function(message) {
        var now = new Date();
        var ms = now.getMilliseconds();
        var time = now.toLocaleString()+' '+ms+'ms';
        console.log(time + ' ' + message);
```

```
    },
});
```

jquery.log.js 源代码中使用的$.extend()函数定义了自定义的全局插件函数 log()，这个函数扩展了 JS 的 console.log()，在控制台的输出中添加了系统时间的显示。

☑ 示例 7-5.html 源代码

```
1.  <!DOCTYPE html>
2.  <html>
3.      <head>
4.          <meta charset="utf-8" />
5.          <title></title>
6.          <script type="text/javascript" src="js/jquery-3.2.1.min.js"></script>
7.          <script type="text/javascript" src="js/jquery.log.js"></script>
8.          <script>
9.              $(document).ready(function() {
10.                 console.log('选择器效率测试：');
11.                 $.log('id 选择器开始');
12.                 // var $p1=$('#p1'),b;
13.                 for (var i = 0; i < 100000; i++) {
14.                     $('#p1');
15.                     // b=$p1;
16.                 };
17.                 $.log('100000 次 id 选择器结束，类选择器开始');
18.                 for (var i = 0; i < 100000; i++) {
19.                     $('.p');
20.                 };
21.                 $.log('100000 次类选择器结束，祖先后代选择器开始');
22.                 for (var i = 0; i < 100000; i++) {
23.                     $('div p');
24.                 };
25.                 $.log('100000 次祖先后代选择器结束');
26.             });
27.         </script>
28.     </head>
29.     <body>
30.         <div id="container">
31.             <p id="p1" class="p">
32.                 test
33.             </p>
34.         </div>
35.     </body>
36. </html>
```

示例 7-5.html 源代码第 7 行引入插件库文件 jquery.log.js，第 11、17、21 和 25 行使用了自定义全局插件$.log()输出提示信息和系统时间，运行结果如图 7-6 所示。通过结果我们可以看到同样是获得网页中的段落 jQuery 对象，id 选择器的效率是最高的。

```
选择器效率测试：
2017/9/17 下午5:54:59 562ms id选择器开始
2017/9/17 下午5:54:59 662ms 1000次id选择器结束，类选择器开始
2017/9/17 下午5:54:59 916ms 1000次类选择器结束，祖先后代选择器开始
2017/9/17 下午5:55:00 332ms 1000次祖先后代选择器结束
```

图 7-6 示例 7-5 运行结果

任务 7.1　编写全局插件实现网页加载动画

任务目标：编写全局插件实现网页加载动画

要求：

- 能显示“加载中”动画，动画效果圆点向右移动，并无限循环播放；加载完毕后动画消失；插件的使用者可以对颜色和位置等进行配置，如图 7-7 所示。

技能训练：

- $.extend()函数。
- jQuery 全局插件编写规范。

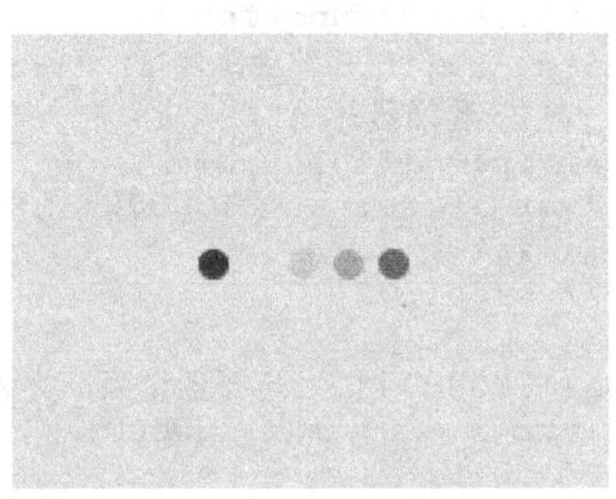

图 7-7　$.loading()的运行结果

1. jquery.my-loading.css 源代码

```
.loading{
    width:200px;
    height:150px;
    line-height: 150px;
    position: absolute;
    z-index: 999;
    text-align: center;
}
@-webkit-keyframes loading{
    from{
        opacity:1;
    }
    to{
        opacity:0;
    }
}
@-moz-keyframes loading{
    from{
        opacity:1;
    }
    to{
        opacity:0;
    }
}
.loading span{
    display:inline-block;
    width:10px;
```

```
28.     height:10px;
29.     margin-right:5px;
30.     border-radius: 50%;
31.     -webkit-border-radius: 50%;
32.     -moz-border-radius: 50%;
33.     background-color: black;
34.     -webkit-animation: loading 1.0s ease infinite;
35.     -moz-animation: loading 1.0s ease infinite;
36. }
37. .loading span:nth-child(1){
38.     -webkit-animation-delay:0.1s;
39.     -moz-animation-delay:0.1s;
40. }
41. .loading span:nth-child(2){
42.     -webkit-animation-delay:0.3s;
43.     -moz-animation-delay:0.3s;
44. }
45. .loading span:nth-child(3){
46.     -webkit-animation-delay:0.5s;
47.     -moz-animation-delay:0.5s;
48. }
49. .loading span:nth-child(4){
50.     -webkit-animation-delay:0.7s;
51.     -moz-animation-delay:0.7s;
52. }
53. .loading span:nth-child(5){
54.     -webkit-animation-delay:0.9s;
55.     -moz-animation-delay:0.9s;
56. }
```

在真实项目中，loading 动画多采用 gif 动图，任务 7.1 中要求用户可以设置动画颜色，所以采用 CSS3 技术来实现动画效果。

第 9 行至 24 行的@keyframes 动画规则是透明度从 1 至 0 的渐变。第 34、35 行将此规则用于“.loading span”，并且无限循环。

第 37 行至 54 行定义了每一个“.loading span”元素顺序开始动画的时间延迟，最终形成的动画视觉效果是圆点从左向右移动并留下轨迹。

2. jquery.my-loading.js 源代码

```
$.extend(
    {
        loading:function(option){
            var defaults={
                'container':$('body'),
                'bgcolor':'rgba(0,0,0,0.2)',
                'color':'black'
            };
            var params=$.extend({}, defaults,option);

            params.container.append('<div class="loading"><span></span><span></span><span></span><span></span><span></span></div>');
            $loading=$('.loading');
            console.log(params.container.width());
            $loading.css(
                {
                    'top':'10px',
                    'left':(params.container.width()-$loading[0].offsetWidth)/2,
                    'background-color':params.bgcolor
```

```
19.                 }
20.             );
21.             $loading.children('span').css('background-color',params.color);
22.         },
23.         loadingFinish:function(){
24.             $('.loading').remove();
25.         }
26.     }
27. );
```

jquery.my-loading.js 是自定义的插件库，使用$.extend()定义了两个全局插件函数 loading()和 loadingFinish()。

loading()函数中第 4 行至 8 行定义了 loading 动画默认的颜色和出现的位置，第 9 行使用$.extend()函数将插件使用者的自定义参数与默认参数进行浅拷贝，结果形成实际配置参数，第 11 行动态添加 loading 动画元素并应用 CSS 动画效果，第 12 行至 21 行使用实际配置参数配置 loading 动画的颜色和出现的位置。

第 23 行至 25 行 loadingFinish()插件函数用于加载完毕后取消 loading 动画。

3. test.js 源代码

```
1.  $(
2.      function(){
3.          // $.loading();
4.          $.loading({
5.              container:$('#container'),
6.              bgcolor:'rgba(255,0,0,0.1)',
7.              color:'#EE4000'
8.          });
9.          setTimeout($.loadingFinish,3000);
10.     }
11. );
```

test.js 源代码是对 my-loading 插件库中函数的使用，第 4 行使用全局插件$.loading()并配置了入口参数来指明位置和颜色信息，第 9 行语句的作用是 3 秒钟后使用全局插件$.loadingFinish()取消 loading 动画。

4. test.html 部分源代码

```
3.      <head>
4.          <meta charset="utf-8" />
5.          <link rel="stylesheet" href="css/common.css">
6.          <link rel="stylesheet" href="css/header.css">
7.          <link rel="stylesheet" href="css/login.css">
8.          <link rel="stylesheet" href="css/loading/jquery.my-loading.css">
9.          <script src="js/jquery-3.2.1.min.js"></script>
10.         <script src="js/check.js"></script>
11.         <script src="js/header.js"></script>
12.         <script src="js/loading/jquery.my-loading.js"></script>
13.         <script src="js/test.js"></script>
14.         <title>登录</title>
15.     </head>
```

在需要使用 loading 动画插件的页面中必须引用插件的样式和插件库文件，如上述代码的第 6 行和第 10 行所示。

7.2.3 对象级插件

jQuery 的 fn 属性是 prototype 的别名，所以对 jQuery.fn 的扩展，就是相当于为 jQuery 对象实例添加属性和函数。定义对象级的插件的语法格式如下：

```
jQuery.fn.extend( object )
```

1. **示例 7-6 对象级插件** jquery.highLight.js

```
1.  $.fn.extend({
2.      backgroundHLight : function(option) {
3.          if ( typeof (option) == 'undefined') {
4.              var backgroundColor = '#' + '0123456789abcdef'.split('').map
        (function(item, index, input) {
5.                  return index > 5 ? null : input[Math.floor(Math.random() * 16)];
6.              }).join('');
7.              this.css('background-color', backgroundColor);
8.          } else {
9.              if (option == 'grey') {
10.                 var backgroundColor = '#';
11.                 var input = '0123456789abcde'.split('');
12.                 var grey = input[Math.floor(Math.random() * 16)] + input
        [Math.floor(Math.random() * 16)];
13.                 for (var i = 0; i < 3; i++) {
14.                     backgroundColor += grey;
15.                 };
16.                 this.css('background-color', backgroundColor);
17.             } else if (option == 'warm') {
18.                 var backgroundColor = '#FF' + '0123456789abcdef'.split('')
        .map(function(item, index, input) {
19.                     return index > 3 ? null : input[Math.floor(Math.random
        () * 16)];
20.                 }).join('');
21.                 this.css('background-color', backgroundColor);
22.             }
23.         }
24.         return this;
25.     },
26. });
```

jquery.highLight.js 定义了一个对象级的插件函数 backgroundHLight()，可以随机改变指定对象的背景颜色。backgroundHLight()可以接收一个字符串类型的参数，如果没有设置这个参数，背景颜色在所有可能的颜色值之间随机选取；如果这个参数的值是“grey”，背景颜色在所有可能的灰度值之间随机选取；如果这个参数的值是“warm”，背景颜色在所有可能的暖色调颜色值即以#FF 开头的颜色值之间随机选取。

第 4 行使用了 JS 的 split()函数将字符串分割为数组，再使用 JS 数组的 map()函数将数组中的前 6 个元素替换成十六进制数中的任意一个，后面的元素都赋值为 null，最后使用 JS 的 join()函数将数组中的元素并为一个字符串，加上前面的“#”，最终构成一个有效的十六进制颜色码字符串。

第 10 行至 15 行是参数 option 的值为“grey”时获得随机灰度颜色码的算法，灰度十六进制颜色码的规律是奇数位的值都是相同的，偶数位的值也都是相同的。

第 18 行至 20 行是参数 option 的值为“warm”时获得随机暖色调颜色码的算法，颜色码前两位为“FF”，后 4 位随机。

第 24 行返回 this，使这个插件函数支持 jQuery 的链式调用，在插件内部，this 指向的是当前通过选择器获取的 jQuery 对象而不是 DOM 对象。

2. 示例 7-6 源代码

```
1.  <!DOCTYPE html>
2.  <html>
3.      <head>
4.          <meta charset="utf-8" />
5.          <script type="text/javascript" src="js/jquery-3.2.1.min.js"></script>
6.          <script type="text/javascript" src="js/jquery.highLight.js"></script>
7.          <script>
8.              $(function() {
9.                  $('body').on('mouseenter','*',function() {
10.                     $(this).backgroundHLight().addClass('border');
11.                     /* $(this).backgroundHLight('warm').addClass('border');
12.                     $(this).backgroundHLight('grey').addClass('border');*/
13.                 }).on('mouseleave','*',function() {
14.                     $(this).css('background-color','white').removeClass('border');
15.                 });
16.             });
17.         </script>
18.         <style>
19.             body {
20.                 text-align: center;
21.             }
22.             #container {
23.                 width: 300px;
24.                 height:300px;
25.                 margin: 0 auto;
26.             }
27.             #p1{
28.                 width: 200px;
29.                 height:200px;
30.                 margin: 0 auto;
31.             }
32.             .border{
33.                 border:2px solid black;
34.             }
35.         </style>
36.     </head>
37.     <body title="body">
38.         <div id="container" title="#container">
39.             <p id="p1" class="p" title="#p1">
40.                 <span title="span">test</span>
41.             </p>
42.         </div>
43.     </body>
44. </html>
```

示例 7-6 源代码第 6 行引入了插件库文件 jquery.highLight.js，第 10 行在当前 jQuery 对象上使用 backgroundHLight()插件函数，随机指定背景颜色，后面还可继续进行链式调用为当前元素添加边框。当鼠标进入网页中的 div、p、span 元素时，这些元素的背景颜色可以随机改变并添加边框，如图 7-8 所示。

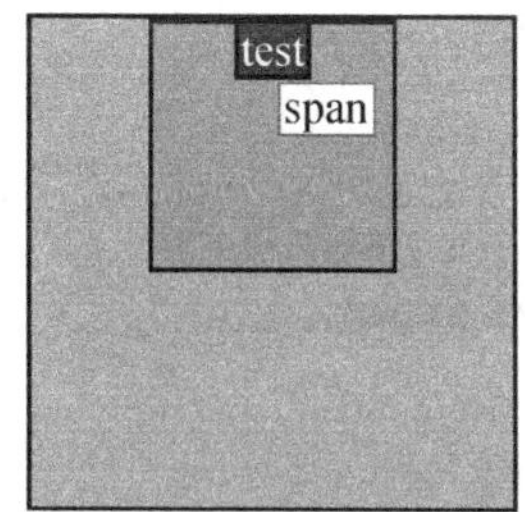

图 7-8 示例 7-6 运行结果

任务 7.2 将注册页用户输入检查改写为对象级插件

任务目标：将注册页用户输入检查改写为对象级插件

要求：

- ♦ 可灵活配置提示输出位置、合法性规则等；按钮的启动与禁用要保证后续的链式调用功能正常。

技能训练：

- ♦ jQuery 对象级插件的编写规范。

1. jquery.my-validate.css 源代码

```
.my-validate-warning{
    background-color: rgba(255,0,0,0.1);
}
```

2. jquery.my-validate.js 源代码

```
$.fn.extend({
    btnEnabled : function() {
        this.removeAttr('disabled');
        return this;
    },
    btnDisabled : function() {
        this.prop('disabled', 'disabled');
        return this;
    },
    validateAll : function(option) {
        var passed = true;
        this.find('[data-required="required"]').each(function() {
            passed = $(this).validate(option) && passed;
        });
        return passed;
    },
    validate : function(option) {
        var defaults = {
            password : {
                regExp : /^\S{8,12}$/,
                errorMes : '请输入 8-12 个字符',
                output : 'pwdTips'
            },
            username : {
                regExp : /^[a-zA-Z][a-zA-z0-9]{5,19}$/,
                errorMes : '请输入 6-20 个字符',
```

```
                output : 'usernameTips'
            },
            contact : {
                regExp : /^\S[1][358][0-9]{9}$/,
                errorMes : '请输入手机号码',
                output : 'contactTips'
            },
            warningFontStyle : {
                color : 'red',
            },
            passedFontStyle : {
                color : 'blue',
            },
            checkPwdStrenth : false
        };
        var params = $.extend({}, defaults, option);
        var thisinput = params[this.data('name')];
        var regexp = thisinput.regExp;
        if (regexp.test(this.val())) {
            this.removeClass('my-validate-warning');
            if (this.data('name') == 'password' && params.checkPwdStrenth) {
                $('#' + thisinput.output).css(params.passedFontStyle).text(this.checkPwdStrenth());
            } else {
                $('#' + thisinput.output).empty();
            }
            return true;
        } else {
            $('#' + thisinput.output).css(params.warningFontStyle).text(thisinput.errorMes);
            this.addClass('my-validate-warning');
            return false;
        }
    },
    checkPwdStrenth : function() {
        var pwd = this.val();
        var type = 0;
        if (!!pwd.match(/\d/)) {
            type++;
        };
        if (!!pwd.match(/[a-zA-Z]/)) {
            type++;
        };
        if (!!pwd.match(/[$#@%^]/)) {
            type++;
        };
        switch(type) {
            case 1:
                return '弱';
                break;
            case 2:
                return '中';
                break;
            case 3:
                return '强';
        }
    }
});
```

jquery.my-validate.js 插件库文件中使用$.fn.extend()定义了 5 个对象级插件。

第 2 行至 5 行定义了 btnEnabled()函数，功能是启用当前控件元素，第 3 行使用 removeAttr()删除标签的“disable”属性来启用控件。**注意：**这里不能使用 removeProp()删除 DOM 原始属性“disable”，一旦删除将不能再次添加。第 4 行返回 this 使插件函数支持链式调用。

第 10 行至 16 行定义了 validateAll()函数，功能是检查所有配置了自定义属性 data-required = "required" 的控件元素值的合法性。

第 17 行至 58 行定义的 validate ()函数检查指定的某一控件的合法性。第 18 行至 41 行是默认的参数配置，其 password 属性用于对用户输入密码的检查，password 也是一个 JS 简单对象，password.regExp 属性是命名规则的正则表达式，password.errorMes 属性是密码不合法时的错误提示信息，password.output 是包裹错误提示信息的元素的 id；参数的 warningFontStyle 属性指明错误提示信息的样式，默认字体颜色是红色；参数的 passedFontStyle 属性指明输入格式合法情况下的提示信息的样式，默认字体颜色是蓝色；参数的 checkPwdStrenth 属性指明是否进行密码强度检查，默认为不检查。第 42 行将插件使用者的自定义参数与默认参数进行浅拷贝，结果形成实际配置参数。第 43 行使用了 jQuery data()函数，this.data('name')获取当前 jQuery 对象自定义属性“data-name”的值，用于判断当前是用户名、密码还是电子邮件等，data-name 的值必须和参数中与之相对应的对象属性名一致。

第 59 行至 81 行将任务 5.1 中编写的检查密码强度函数封装为插件函数。

3. register.html 部分源代码

```
69.             <form id="reg-form" method="post" action="login.html">
70.                 <legend>
71.                     用户注册
72.                 </legend>
73.                 <div class="login-form-item clearfix">
74.                     <label class="form-label" id="userLabel" for="username"></label>
75.                     <input type="text" data-name="username" data-required="required" name="username" id="username" placeholder="以字母开头，6~8 位字母、数字"/>
76.                 </div>
77.                 <div class="tips" id="usrTips"></div>
78.                 <div class="login-form-item">
79.                     <label class="form-label" id="pwdLabel" for="password"></label>
80.                     <input type="password" data-name="password" data-required="required" name="password" id="password" placeholder="8~12 位字符，区分大小写"/>
81.                 </div>
82.                 <div class="tips" id="pwdTips"></div>
83.                 <div class="pro">
84.                     <input type="checkbox"/>
85.                     我已阅读并同意<a href="#">《平台用户协议》</a>
86.                 </div>
87.                 <button disabled="disabled">
88.                     注册
89.                 </button>
90.             </form>
```

需要检查输入合法性的控件必须配置 data-required 属性和 data-name 属性，如第 75 行和 80 行所示。

4. checkReg.js 源代码

```
1.  $(function() {
2.      $('.pro :checkbox').click(function() {
3.          if ($(this).is(':checked')) {
4.              $('button').btnEnabled().addClass('btnEnabled');
5.          } else {
6.              $('button').btnDisabled().removeClass('btnEnabled');
7.          };
8.      });
9.      var options = {
10.         username : {
11.             regExp : /^[a-zA-Z][a-zA-z0-9]{5,7}$/,
12.             errorMes : '请输入 6-8 个字母数字串',
13.             output : 'usrTips'
14.         },
15.         passedFontStyle : {
16.             color : 'green',
17.         },
18.         checkPwdStrenth : true,
19.     };
20.     $('button').click(function() {
21.
22.         return $('#reg-form').validateAll(options);
23.     });
24.     $('#username').on('keyup change', function() {
25.         $(this).validate(options);
26.     });
27.     $('#password').on('keyup change', function() {
28.         $(this).validate({
29.             passedFontStyle : {
30.                 color : 'green',
31.             },
32.             checkPwdStrenth : true
33.         });
34.     });
35. });
```

checkReg.js 源代码中使用了 jquery.my-validate.js 插件函数，第 4 行和第 6 行分别使用按钮的启用和禁用函数。第 22 行使用 validateAll()函数检查所有需要检查的控件输入，并通过 options 参数配置用户名的命名规则、错误提示信息、错误输出位置、密码强度提示文字颜色、是否检查密码强度等。

课后练习

一、填空题

1. 如果需要对象级插件支持链式调用则需要 ____________________。

2. 为了避免与其他 JS 库插件混淆，jQuery 插件的文件的命名规范建议文件名为____________________。

二、单选题

1. 需要做深拷贝时，$.extend()函数的第一个参数值为（　　）。

A. deep　　B. true

C. false　　D. 不写

2. 下列代码运行完毕后，object1 的值是（　　）。

```
var object1 = {
    apple : {
        weight : 0.5,
        price : 7,
    },
    bottledWater : {
        quantity : 10,
        price : 2.5
    },
};
var object2 = {
    bottledWater : {
        quantity : 20,
    },
    milk : {
        price : 4,
    }
};
$.extend(true, object1, object2);
```

A.
```
{
    apple : {
        weight : 0.5,
        price : 7
    },
    bottledWater : {
        quantity : 20,
    },
    milk : {
        price : 4
    }
}
```

B.
```
{
    apple : {
        weight : 0.5,
        price : 7
    },
    bottledWater : {
        quantity : 10,
        price : 2.5
    },
    milk : {
        price : 4
    }
}
```

C.
```
{
        apple : {
            weight : 0.5,
            price : 7
        },
        bottledWater : {
            quantity : 20,
            price : 2.5
        },
        milk : {
            price : 4
        }
    }
```
D.
```
{
        apple : {
            weight : 0.5,
            price : 7
        },
        bottledWater : {
            quantity : 20,
            price : 2.5
        },
    }
```
3. 下面关于 jQuery 插件函数描述中错误的是（　　）。

A. 全局插件函数是在 jQuery 对象本身上的扩展

B. 可以使用 jQuery.fn.extend()方法定义全局插件函数

C. jQuery 全局函数是附加在 jQuery 命名空间下的自定义函数

D. 在 jQuery.fn 上扩展的插件函数，对每一个 jQuery 对象实例都有效

三、问答题

1. 列举函数级插件开发的规范。

2. 简述插件开发的意义。

四、思考题

1. 在任务 7.2 中，对用户输入的合法性检查，插件的使用者如果希望可以选择性地配置表达式、提示信息、提示信息的位置之中的一项或者多项，插件应如何修改？

2. 任务 2.1 中的选项卡功能的函数实现起来不灵活，与标签耦合得太紧密，只能实现两个选项，且 id 需要配置为指定值，不能实现选项卡数的随意添加与减少。能否实现更为灵活的选项卡插件，只需要添加 HTML 代码就可以实现选项数的增加？

第 8 章　jQuery 与 Ajax

本章学习要求：

- 熟练掌握 ajax 技术原理。
- 熟练掌握 jQuery 对 Ajax 支持函数。

"Asynchronous Javascript And XML"（异步 JavaScript 和 XML），是一种交互式 Web 应用的开发技术，Ajax 可以使网页实现异步更新，在不刷新网页的情况下，对网页的某部分进行更新，通过这种方式"掩盖"了同步传输造成的明显的等待，为用户带来了更好的体验。

不同的浏览器在对 Ajax 技术的支持上存在差异，而 jQuery 屏蔽了这样差异，定义了一套对 Ajax 的支持函数。本章首先介绍 Ajax 原理，有 Ajax 开发经验的读者可以越过 8.1 小节，直接学习 jQuery 对 Ajax 技术的支持。

8.1　XMLHttpRequest 对象

Ajax 技术的底层核心是使用 XMLHttpRequest 对象与服务器进行异步通信，而不阻塞用户在网页上的其他操作。XMLHttpRequest 的前身是微软的 ActiveX 技术，所以使用 Ajax 技术时在低版本 IE 浏览器上创建的是 ActiveXObject 对象而不是 XMLHttpRequest 对象，Ajax 技术的流行得益于 Google 的大力推广，现在几乎所有浏览器都支持 XMLHttpRequest 对象。

8.1.1　XMLHttpRequest 对象的属性

XMLHttpRequest 对象属性表如表 8-1 所示。

表 8-1　XMLHttpRequest 对象属性表

序号	属　性	描　述
1	onreadystatechange	JS 函数，readyState 状态值改变时都会触发这个事件处理函数
2	ontimeout	JS 函数，服务器端超时的处理函数
3	readyState	请求的状态
4	responseText	字符串，服务器的响应文本

（续表）

序号	属　性	描　述
5	responseXML	表示为 XML 的服务器的响应，这个对象可以解析为一个 DOM 对象
6	status	服务器的 HTTP 状态
7	statusText	HTTP 状态的对应文本
8	timeout	超时时长，单位毫秒

1. readyState 属性

readyState 是一个指示 XMLHttpRequest 对象在将一个 HTTP 请求发送到服务器的过程中所处状态的属性，如表 8-2 所示。

表 8-2　XMLHttpRequest 对象 readyState 属性

序号	值	状态描述
1	0	已经创建了一个 XMLHttpRequest 对象，但是还没有初始化
2	1	已经调用了 XMLHttpRequest open()方法并且 XMLHttpRequest 已经准备好把一个请求发送到服务器
3	2	已经通过 send()方法把一个请求发送到服务器端，但是还没有收到响应
4	3	已经接收到 HTTP 响应头部信息，但是消息体部分还没有完全接收结束
5	4	响应已经被完全接收

2. status 属性

status 是指示当前 HTTP 状态的属性，如表 8-3 所示，仅当 readyState 值为 3 或 4 时，这个 status 属性才可用，否则将会引发异常。

表 8-3　XMLHttpRequest 对象 status 属性

序号	值	状　态	常用状态码及描述
1	1XX	接收到请求并继续处理	100：继续 101：切换协议
2	2XX	请求成功	200：客户端请求已成功
3	3XX	重定向	301：永久重定向 302：临时重定向
4	4XX	客户端错误	404：网页未找到
5	5XX	服务器端错误	500：内部服务器错误

8.1.2　XMLHttpRequest 对象的方法

表 8-4 所示的是 XMLHttpRequest 对象的一些常用的方法。

表 8-4　XMLHttpRequest 对象常用方法

序号	方　法	描述与参数说明
1	abort()	停止当前请求
2	getAllResponseHeaders()	把 HTTP 请求的所有响应头部作为键/值对返回
3	getResponseHeader(header)	返回指定的 HTTP 响应头部的值 header：字符串，指定的响应头部名称

（续表）

序号	方　法	描述与参数说明
4	open(method,url[,async][,username][,password])	建立对服务器的调用 method：GET、POST 或 PUT 等 url：目标文件在服务器上的位置 async：布尔型。默认值为 true，采用异步方式，值为 false 时，采用同步方式 username：用户认证所需用户名 password：用户认证所需密码
5	send([content])	向服务器发送请求 content：字符串。采用 POST 方式发送请求时，用于配置参数
6	setRequestHeader(header,value)	把指定 HTTP 请求头设置为所提供的值 header：字符串，响应头名称 value：响应头的值

1. 示例 8-1 getLinks.jsp 源代码

```
1.  <%@ page contentType="text/html;charset=utf-8" pageEncoding="utf-8"%>
2.  <%
3.       String name = request.getParameter("name");
4.       name =new String((name.getBytes("ISO-8859-1")),"UTF-8"); //XHR Ajax需要，jQuery Ajax不要
5.       String url = request.getParameter("url");
6.       for(int i=0;i<1000000;i++){
7.          i*=1;
8.       }//  仅为制造服务器方超时
9.       response.getWriter().print("<li><a href='"+url+"'>"+name+"</a></li>");
10. %>
```

上述 getLinks.jsp 源代码第 3 行至 5 行获取请求中的参数值，含有中文的要注意编码集的设置和转换，以避免出现中文乱码问题。第 6 行至 8 行的循环没有实际意义，仅仅是为了制造服务器方超时的效果。第 9 行将接收到的名称和 URL 组织成超链标签作为对请求方的响应。

2. 示例 8-1 sample8-1.html 源代码

```
<!DOCTYPE html>
<html>
    <head>
        <meta charset="UTF-8">
        <script type="text/javascript" src="js/jquery-3.2.1.min.js"></script>
        <script type="text/javascript">
            $(function() {
                var xhr = null;
                function stateListener() {
                    if (xhr.readyState == 4 && xhr.status == 200) {
                        // 服务器成功响应
                        $('#container').prepend(xhr.responseText);
                    } else {
                        console.log(xhr.statusText);
                    }
                };
                function getLinks(url) {
                    xhr = null;
                    if (window.XMLHttpRequest) {
                        xhr = new XMLHttpRequest();
                    } else if (window.ActiveXObject) {//IE6、IE5 浏览器
                        xhr = new ActiveXObject('Microsoft.XMLHTTP');
```

```
23.                      }
24.                      if (xhr != null) {
25.                          // xhr.timeout=1;
26.                          // xhr.ontimeout=function(){
27.                              // $('#container').prepend('服务器超时');
28.                          // };
29.                          xhr.onreadystatechange = stateListener;
30.                          xhr.open('POST', url);
31.                          //设置请求头，POST 方式必须设置，GET 方式不需要
32.                          xhr.setRequestHeader('Content-Type', 'application/
    x-www-form-urlencoded');
33.                          var args = 'name=' + '深圳信息职业技术学院' + '&url=' +
    'http://www.sziit.edu.cn';
34.                          xhr.send(args);
35.                      } else {
36.                          alert('您的浏览器不支持 XMLHttpRquest');
37.                      }
38.                  };
39.                  $('button').click(function() {
40.                      getLinks('jspBackend/getLinks.jsp');
41.                  });
42.              });
43.          </script>
44.      </head>
45.      <body>
46.          <div id="container">
47.              <button>
48.                  获取后台数据
49.              </button>
50.          </div>
51.      </body>
52.  </html>
```

sample8-1.html 源代码中，第 17 行至 35 行的函数 getLinks()功能是异步获取服务器端的响应并显示在网页中，服务器接收请求的目标文件由入口参数指定。函数中第 19 行至 23 行根据根据不同的浏览器类型获取 Ajax 技术的支持对象。

在浏览器支持 Ajax 技术的情况下，可以设置超时时长和超时回调函数，如示例第 25 行至 28 行所示。

第 29 行绑定 readyState 状态改变事件的回调函数。

第 30 行调用 open()方法，此方法将 xhr 对象的 readyState 属性值被设置为 1 并且完成复位 responseText、responseXML、status、statusText 属性及 HTTP 请求头部等初始化工作。

在调用过 open()方法完成初始化后，在第 32 行调用 setRequestHeader()函数设置请求头“Content-Type”值为“application/x-www-form-urlencoded”，POST 方式下需要做此设置。

xhr 对象完成初始化后，就可以调用 send()方法向服务器发送请求了，示例第 34 行将传递给服务器端的参数值通过 send()函数发送出去。在异步传输的模式下，send()方法在被调用后立即返回，其他客户端脚本的运行不受影响。

当获得服务器端的响应后，第 9 至 16 行的 stateListener()函数被触发执行，在成功获得响应信息的情况下，向网页中添加服务器端的响应信息，否则向网页中添加状态说明。

图 8-1 所示的是未超时示例 8-1 的运行结果，如果取消第 25 行至 28 行的注释，造成服务器端超时，则运行结果如图 8-2 所示。

- 深圳信息职业技术学院

获取后台数据

图 8-1　示例 8-1 的运行结果

服务器超时 获取后台数据

图 8-2　示例 8-1 服务器端超时运行结果

任务 8.1　用户注册重名检查

任务目标：用户注册重名检查

要求：

- ♦ 为注册页添加用户重名检查功能。要求：用户边输入边检查用户名是否可用，如果数据库中有重名的则提示“用户名已存在，请重新输入”，否则提示“用户名可用”。数据库、后台技术自选，如图 8-3、图 8-4 所示。

技能训练：

- ♦ XMLHttpRequest 对象属性与方法。

liming

用户名已存在，请重新输入

图 8-3　用户名重复时

liming1

用户名可用

图 8-4　用户名可用时

任务 8.1 的后台部分采用了 Java Web 技术，项目源代码目录结构如图 8-5 所示。

```
ajaxProj-java
  src
    com.test.www.dao
      UserDAO.java
    com.test.www.po
      User.java
    com.test.www.servlet
      CheckAccountServlet.java
  JRE System Library [Sun JDK 1.6.0_13]
  Java EE 5 Libraries
  WebRoot
    css
    img
    js
    META-INF
    WEB-INF
    ajaxtest.sql
    login.html
    myCourses.html
    register.html
    test.html
```

图 8-5　任务 8-1 项目代码结构

1. User.java 源代码

```
package com.test.www.po;

public class User {
    private String password;
    private String account;
    private Integer id;

    public String getPassword() {
        return password;
    }

    public void setPassword(String password) {
        this.password = password;
    }

    public String getAccount() {
        return account;
    }

    public void setAccount(String account) {
        this.account = account;
    }

    public Integer getId() {
        return id;
    }

    public void setId(Integer id) {
        this.id = id;
    }

}
```

2. UserDAO.java 源代码

```
package com.test.www.dao;

import java.sql.*;

import javax.naming.InitialContext;
import javax.naming.NamingException;
import javax.sql.DataSource;

public class UserDAO {
    public boolean isAccountAvail(String account) throws Exception {
        InitialContext ctx;
        ResultSet rs = null;

        ctx = new InitialContext();

        DataSource ds = (DataSource) ctx.lookup("java:comp/env/jdbc/mysql");
        Connection conn = ds.getConnection();
        PreparedStatement pstmt = conn.prepareStatement(
                "SELECT * FROM user WHERE binary username=?",
                ResultSet.TYPE_SCROLL_INSENSITIVE, ResultSet.CONCUR_READ_ONLY);
        pstmt.setString(1, account);
        rs = pstmt.executeQuery();

        if (rs.first()) {
```

```
                return true;
            } else {
                return false;
            }

        }

}
```

3. CheckAccountServlet.java 源代码

```
package com.test.www.servlet;

import java.io.IOException;
import java.io.PrintWriter;

import javax.servlet.ServletException;
import javax.servlet.http.HttpServlet;
import javax.servlet.http.HttpServletRequest;
import javax.servlet.http.HttpServletResponse;

import com.test.www.dao.UserDAO;

public class CheckAccountServlet extends HttpServlet {

    /**
     * Constructor of the object.
     */
    public CheckAccountServlet() {
        super();
    }

    /**
     * Destruction of the servlet. <br>
     */
    public void destroy() {
        super.destroy(); // Just puts "destroy" string in log
        // Put your code here
    }

    /**
     * The doGet method of the servlet. <br>
     *
     * This method is called when a form has its tag value method equals to get.
     *
     * @param request
     *            the request send by the client to the server
     * @param response
     *            the response send by the server to the client
     * @throws ServletException
     *             if an error occurred
     * @throws IOException
     *             if an error occurred
     */
    public void doGet(HttpServletRequest request, HttpServletResponse response)
            throws ServletException, IOException {

        response.setContentType("text/xml");
        response.setCharacterEncoding("utf-8");
        response.setHeader("Pragma", "no-cache");
        response.setDateHeader("Expires", 0);
```

```
51.         PrintWriter out = response.getWriter();
52.         String account = request.getParameter("account");
53.         UserDAO userDao = new UserDAO();
54.         boolean b;
55.         try {
56.             b = userDao.isAccountAvail(account);
57.             if (b) {
58.                 out.print("用户名已存在，请重新输入");
59.             }
60.         } catch (Exception e) {
61.             // TODO Auto-generated catch block
62.             e.printStackTrace();
63.         }
64.
65.     }
66.
67.     /**
68.      * The doPost method of the servlet. <br>
69.      *
70.      * This method is called when a form has its tag value method equals to
71.      * post.
72.      *
73.      * @param request
74.      *            the request send by the client to the server
75.      * @param response
76.      *            the response send by the server to the client
77.      * @throws ServletException
78.      *             if an error occurred
79.      * @throws IOException
80.      *             if an error occurred
81.      */
82.     public void doPost(HttpServletRequest request, HttpServletResponse response)
83.             throws ServletException, IOException {
84.
85.         doGet(request, response);
86.     }
87.
88.     /**
89.      * Initialization of the servlet. <br>
90.      *
91.      * @throws ServletException
92.      *             if an error occurs
93.      */
94.     public void init() throws ServletException {
95.         // Put your code here
96.     }
97.
98. }
```

CheckAccountServlet.java 源代码中的 doGet 和 doPost 方法接收前端发送的数据，第 56 行调用 userDAO 的 isAccountAvail()方法判断数据表中是否有同名的用户记录，如果有，则向前端发送响应信息“用户名已存在，请重新输入”。

4. checkReg.js 部分源代码

```
    $('button').click(function() {
        var b=$('#reg-form').validateAll(options);
        if(b){
            isUsernameAvail($('#username').val(),$('#username').parent().next());
```

```
24.             return _isUsernameAvail;
25.         }
26.         return b;
27.     });
28.     $('#username').on('keyup change', function() {
29.
30.         if($(this).validate(options)){
31.             isUsernameAvail($(this).val(),$(this).parent().next());
32.         };
33.     });
34.     $('#password').on('keyup change', function() {
35.         $(this).validate({
36.             passedFontStyle : {
37.                 color : 'green',
38.             },
39.             checkPwdStrenth : true
40.         });
41.     });
42.     var _isUsernameAvail=false;
43.     function isUsernameAvail(username,$tips){
44.         var xhr=new XMLHttpRequest();
45.         var url='/servlet/CheckAccountServlet';
46.         xhr.open('post',url,true);
47.         xhr.setRequestHeader("Content-Type", "application/x-www-form-urlencoded");
48.         var data='account='+username;
49.         xhr.send(data);
50.         xhr.onreadystatechange=function(){
51.             if(xhr.readyState==4){
52.                 if(xhr.status==200){
53.                     if($.trim(xhr.responseText)!=''){
54.                         $tips.css('color','red').text(xhr.responseText);
55.                         _isUsernameAvail=false;
56.                     }else{
57.                         $tips.css('color','green').text('用户名可用');
58.                         _isUsernameAvail=true;
59.                     }
60.                 }else{
61.                     alert('请求失败，错误码='+xhr.status);
62.                     return false;
63.                 }
64.             }
65.         };
66.     }
67. });
```

第 43 行至 66 行定义的 isUsernameAvail()异步检查用户是否重名，使用 XMLHttpRequest 对象方法向后台传递用户输入的用户名，并监听后台的响应信息，并根据后台的响应输出提示信息。

8.2 jQuery 对 Ajax 技术的支持

jQuery 对 Ajax 的支持体现在以下几个方面：

- 对浏览器进行了兼容性处理。
- 对 Ajax 底层机制进行了封装，提供了底层接口函数。

- 提供了简单易用的 Ajax 快捷函数。
- 为数据的传递提供了辅助函数。
- 提供了多种 Ajax 全局事件和局部事件函数，监控交互状态的改变。

8.2.1 底层接口

jQuery 封装了原生 XMLHttpRquest 对象，提供了 jQuery 进行 Ajax 通信的底层接口函数，如表 8-5 所示。Settings 常用属性如表 8-6 所示。

表 8-5 jQuery Ajax 底层接口函数

序号	方　法	描　述
1	$.ajax(url [, settings])或$.ajax([settings])	执行异步 HTTP（Ajax）请求
2	$.ajaxPrefilter([dataType ,] handler)	指定预先处理 Ajax 参数选项的回调函数 handler(options, originalOptions, jqXHR)：为新的 Ajax 请求设置默认值 options:请求选项 originalOptions:为$.ajax()提供的选项 jqXHR:请求的 jqXHR 对象
3	$.ajaxSetup(settings)	设置全局 Ajax 默认选项
4	$.ajaxTransport(dataType, handler)	创建处理 Ajax 数据的实际传输对象 handler(options, originalOptions, jqXHR): 返回使用第一个参数定义的数据类型的新的传输对象

表 8-6 settings 常用属性

序号	参数名	类　型	描　述
1	accepts	简单对象	发送的内容类型请求头，指示浏览器可以接收的响应类型
2	async	布尔型	默认值 true，请求均为异步请求，如果需要发送同步请求，将此选项设置为 false
3	beforeSend	Function	请求发送前的回调函数
4	cache	布尔型	默认值 true，如果设置为 false ，浏览器将不缓存此页面
5	complete	Function	请求完成后的回调函数
6	converters	简单对象	默认值：{'* text': window.String, 'text html': true, 'text json': jQuery.parseJSON, 'text xml': jQuery.parseXML} 数据类型转换器，用于返回响应转化后的值
7	crossDomain	布尔型	强制跨域请求。同域请求为 false，跨域请求为 true
8	data	简单对象、字符串或数组	发送到服务器的数据
9	dataType	字符串	期望从服务器返回的数据类型。 如果没有指定，jQuery 将尝试通过 MIME 类型的响应信息来智能判断
10	error	Function	请求失败时的回调函数
11	global	布尔型	默认值为 true。设置为 false 将不会触发全局 Ajax 事件
12	method	字符串	HTTP 请求方法“POST”“GET”“PUT”等，默认值是“GET”
13	statusCode	简单对象	一个 HTTP 响应状态码 和 当请求响应相应的状态码时执行的函数 组成的对象
14	success	Function	请求成功时的回调函数
15	timeout	Number	设置请求超时时间（毫秒）。值为 0 表示没有超时限制
16	url	字符串	发送请求的地址

☑ 示例 8-2 sample8-2.html 源代码

```
1.  <!DOCTYPE html>
2.  <html>
3.      <head>
4.          <script type="text/javascript" src="js/jquery-3.2.1.min.js"></script>
5.          <script type="text/javascript">
6.              $(document).ready(function() {
7.                  $('button').click(function() {
8.                      $.ajaxSetup({
9.                          type : 'POST',
10.                         timeout : 1000,
11.                         error : showTimeOut, // 发生错误时的回调函数
12.                         success : showMsg, // 成功返回时的回调函数
13.                     });
14.                     var currentRequests = {};
15.                     $.ajaxPrefilter(function(options, originalOptions, jqXHR) {
16.                         if (options.abortOnRetry) {
17.                             if (currentRequests[options.url]) {
18.                                 currentRequests[options.url].abort();
19.                             }
20.                             currentRequests[options.url] = jqXHR;
21.                         }
22.                     });
23.                     $.ajax({
24.                         url : 'jspBackend/getLinks.jsp',
25.                         data : {
26.                             name : '深圳信息职业技术学院',
27.                             url : 'http://www.sziit.edu.cn',
28.                         },
29.                         abortOnRetry : true, // 自定义选项参数
30.                     });
31.                     function showMsg(msg) {
32.                         $('#container').append(msg);
33.                     };
34.                     function showTimeOut() {
35.                         $('#container').append('服务器超时');
36.                     };
37.                 });
38.             });
39.
40.         </script>
41.     </head>
42.     <body>
43.         <ul id="container"></ul>
44.         <button>
45.             获取后台数据
46.         </button>
47.     </body>
48. </html>
```

getLinks.jsp 源代码与示例 8-1 中的基本相同，但是需要注释去掉第 4 行。

```
4.      //name =new String((name.getBytes("ISO-8859-1")),"UTF-8"); //XHR Ajax
    需要，jQuery Ajax 不要
```

sample8-2.html 源代码第 8 行至 13 行使用$ajaxSetup()函数设置默认选项。第 12 行 success 是请求成功时的回调函数，如果设置了 dataType，那么 success 参数就是必需的，但可以使用

null 或者 jQuery.noop 占位。

$.ajaxPrefilter()在$ajax()处理选项参数之前被调用，第 15 行至 22 行定义的函数用于防止同一个 Ajax 请求的重复提交。第 16 行用于判断 options 是否配置了 abortOnRetry 选项，如果配置了，则判断请求记录中是否有与当前请求 url 相同的项，如果有则说明是重复请求，调用 jqXHR 对象的 abort()函数终止请求；否则记录下当前的请求。

- 深圳信息职业技术学院

获取后台数据

图 8-6　示例 8-2 运行结果

第 23 行至 30 行使用$ajax()发送 Ajax 请求，options 中只需要配置默认选项中没有的选项即可。运行结果如图 8-6 所示。

与示例 8-1 相比，使用 jQuery 提供的处理函数比使用原生的 XMLHttpRequest 对象实现 Ajax 交互代码要简捷许多，形式也灵活多样，而且开发人员也不必再顾虑浏览器的差异问题。

$.ajax()是所有 jQuery 发送的 Ajax 请求的基础函数，绝大部分 Ajax 异步交互都可以用$.ajax()来完成。如果$.ajax()配合$.ajaxPrefilter()仍然无法满足应用的需求时（例如传输文件类型是默认的 converters 中没有的新类型）可以使用$.ajaxTransport()，$.ajaxTransport()可视为$.ajax()的终极增强，它提供了两种方法：send 和 abort，用于自定义请求的发送和终止。下述代码是来自 jQuery 官方 API 的一段示例代码，定义了“image”类型文件的传输。

```
$.ajaxTransport( "image", function( s ) {
  if ( s.type === "GET" && s.async ) {
    var image;
    return {
      send: function( _ , callback ) {
        image = new Image();
        function done( status ) {
          if ( image ) {
            var statusText = ( status === 200 ) ? "success" : "error",
              tmp = image;
            image = image.onreadystatechange = image.onerror = image.onload = null;
            callback( status, statusText, { image: tmp } );
          }
        }
        image.onreadystatechange = image.onload = function() {
          done( 200 );
        };
        image.onerror = function() {
          done( 404 );
        };
        image.src = s.url;
      },
      abort: function() {
        if ( image ) {
          image = image.onreadystatechange = image.onerror = image.onload = null;
        }
      }
    };
  }
});
```

8.2.2 快捷函数

jQuery 提供了进行 Ajax 通信的快捷函数，如表 8-7 所示，许多情况下我们可以不用 jQuery 的底层 Ajax 接口直接使用快捷函数来完成 Ajax 交互功能。

表 8-7 jQuery Ajax 快捷函数

序号	方　法	描　述
1	$.get(url [, data] [, success] [, dataType])或 $.get([settings])	以 HTTP GET 请求方式从服务器加载数据
2	$.getJSON(url [, data] [, success])	以 HTTP GET 请求方式从服务器加载以 JSON 形式封装的数据
3	$.getScript(url [, success])	以 HTTP GET 请求方式从服务器加载 JavaScript 文件，并执行
4	$.post(url [, data] [, success] [, dataType])或 $.post([settings])	以 HTTP POST 请求方式从服务器加载数据
5	$selector.load(url [, data] [, complete])	从服务器加载数据，将返回的 HTML 覆盖指定元素的内容

1. 示例 8-3 getHead.js 源代码

```
$("#container").append('<h1>友情链接</h1>');
```

2. 示例 8-3 sample8-3.html 源代码

```
1.  <!DOCTYPE html>
2.  <html>
3.      <head>
4.          <script type="text/javascript" src="js/jquery-3.2.1.min.js"></script>
5.          <script type="text/javascript">
6.              $(document).ready(function() {
7.                  $('button').click(function() {
8.                      var data = {
9.                          name : '深圳信息职业技术学院',
10.                         url : 'http://www.sziit.edu.cn',
11.                     };
12.                     $.getScript('jsBackend/getHeader.js');
13.                     $.post('jspBackend/getLinks.jsp', data, showMsg, 'html');
14.                     function showMsg(msg) {
15.                         $('#container').append(msg);
16.                     };
17.                     function showTimeOut() {
18.                         $('#container').append('服务器方超时');
19.                     };
20.                 });
21.             });
22.         </script>
23.     </head>
24.     <body>
25.         <ul id="container"></ul>
26.         <button>
27.             获取后台数据
28.         </button>
29.     </body>
30. </html>
```

sample8-3.html 源代码第 12 行从服务器端异步加载 getHeader.js 文件并运行。

第 13 行使用快捷函数$.post()以 POST 的方式与服务器端的 getLinks.jsp 进行异步通信，

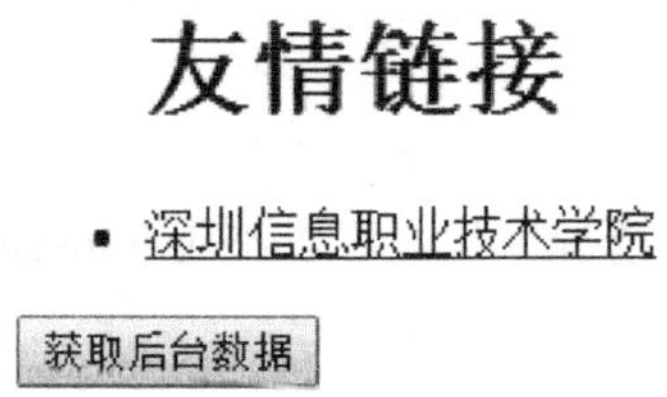

友情链接

- 深圳信息职业技术学院

获取后台数据

图 8-7　示例 8-3 运行结果

并将返回的信息显示在网页上。运行结果如图 8-7 所示。

8.2.3　辅助函数

与服务器端的通信基本都会伴随数据交互，jQuery 为此提供了如表 8-8 所示 Ajax 数据转换辅助函数。

表 8-8　jQuery Ajax 数据转换辅助函数

序号	函　数	描　述
1	$.param()	创建数组或对象的序列化表示，适合在 URL 查询字符串或 Ajax 请求中使用
2	$selector.serialize()	序列化表单中控件的值，返回 URL 标准查询字符串
3	$selector. serializeArray()	序列化表单中控件的值，返回 JSON 数据结构数据

8.2.4　全局事件函数

jQuery 有 6 种 Ajax 全局事件和 4 种局部事件供开发人员监听当前 Ajax 通信状态，并作出适当的处理。jQuery Ajax 事件表如表 8-9 所示，表中的事件按照事件发生的顺序排序。

表 8-9　jQuery Ajax 事件表

序号	事　件	类　型	描　述
1	ajaxStart	全局事件	第一个 Ajax 请求开始时被触发
2	beforeSend	局部事件	Ajax 请求发送之前触发
3	ajaxSend	全局事件	Ajax 请求发送之前触发
4	success	局部事件	Ajax 请求成功时被触发
5	ajaxSuccess	全局事件	Ajax 请求成功时被触发
6	error	局部事件	Ajax 请求发生错误时被触发
7	ajaxError	全局事件	Ajax 请求发生错误时被触发
8	complete	局部事件	Ajax 请求完成（不论成功或错误）时被触发
9	ajaxComplete	全局事件	Ajax 请求完成（不论成功或错误）时被触发
10	ajaxStop	全局事件	所有 Ajax 请求都处理完时被触发

局部事件只被某个 Ajax 请求触发，事件处理函数通过设置该 Ajax 请求对象的 settings 中的相应属性来绑定。

全局事件在 document 上触发，可以通过 on()函数绑定事件处理函数，示例代码如下：

```
$(document).on("ajaxSend", function(){
  $("#loading").show();
}).on("ajaxComplete", function(){
  $("#loading").hide();
});
```

jQuery 还为 Ajax 全局事件提供了如表 8-10 所示全局事件函数。

表 8-10　jQuery Ajax 全局事件函数

序号	函　数	描　述
1	$(document).ajaxStart()	绑定第一个 Ajax 请求开始时的处理函数

（续表）

序号	函　数	描　述
2	.ajaxSend()	绑定 Ajax 请求发送之前触发的处理函数
3	.ajaxSuccess()	绑定 Ajax 请求成功完成时的处理函数
4	.ajaxError ()	绑定 Ajax 请求完成但发生了错误时的处理函数
5	.ajaxComplete()	绑定 Ajax 请求完成时的处理函数
6	.ajaxStop()	绑定当所有的 Ajax 请求都已完成时的处理函数

注意：jQuery1.9 版本以后，.ajaxStart()函数必须在$(document)上使用，否则无效。如果$.ajax()或者$.ajaxSetup()的 global 参数为 false，全局事件不会被触发。

1. 示例 8-4 getRS.php 源代码

```
<?php
    $array = array();
    $array['username'] = $_POST['username'];
    $array['password'] = $_POST['password'];
    sleep(5);
    die(json_encode($array));
?>
```

上述 getRS.php 源代码接收来自客户端以 POST 方式提交的请求中的参数，延迟 5 秒钟后将参数封装成 JSON 数据并返回给客户端，延迟 5 秒的作用仅为在客户端看到“加载中……”的效果。

2. 示例 8-4 sample8-4.html 源代码

```
<!DOCTYPE html>
<html>
    <head>
        <script type="text/javascript" src="js/jquery-3.2.1.min.js"></script>
        <script type="text/javascript">
            $(document).ready(function() {
                $(document).ajaxStart(function() {  // 全局事件
                    $('#outtips').text('加载中...');
                });
                $('button').click(function() {
                    $('header').load('phpBackend/getHead.html');
                    //var data =$('form').serializeArray();
                    var data = $('form').serialize();
                    $.ajax({
                        type : 'POST',
                        url : 'phpBackend/getRS.php',
                        data : data,
                        success : showMsg, // 局部事件
                        error : showTimeOut, // 局部事件
                    });
                    function showMsg(msg) {
                        msg = JSON.parse(msg);
                        $('#outtips').text('账号: ' + msg.username + ' 密码: '
    + msg.password);
                    };
                    function showTimeOut() {
                        $('#outtips').append('服务器方超时');
                    };
                    return false;
                });
```

```
30.             });
31.         </script>
32.     </head>
33.     <body>
34.         <div id="container">
35.             <header></header>
36.             <form action="next.html">
37.                 <input type="text" name="username" id="username"/>
38.                 <input type="password" name="password" id="password"/>
39.                 <button>
40.                     提交
41.                 </button>
42.             </form>
43.             <div id="outtips"></div>
44.         </div>
45.     </body>
46. </html>
```

示例 8-4Sample8-4.html 源代码第 7 行至 9 行使用 ajaxStart()绑定在 Ajax 请求开始时的全局事件处理函数，显示“加载中……”。

第 11 行使用$.load()从服务器方加载文件 getHead.html 中的内容并替换<header>标签。

第 12 行和 13 行的作用都是序列化此页面表单中的控件值，区别是第 12 行返回的结果是 JSON 格式的，而第 13 行的结果是标准查询字符串的形式。

第 14 到 20 行使用$.ajax()设置与服务器端异步通信的参数，并开始通信，此时首先会触发第 8 行的执行，如图 8-8 所示。第 18 行通过 settings 中的 success 设置 Ajax 局部事件 success 触发第 21 行至 24 行定义的 showMsg()函数的执行，此函数将服务器端的响应数据先进行 JSON 解码，再显示在网页中，如图 8-9 所示。

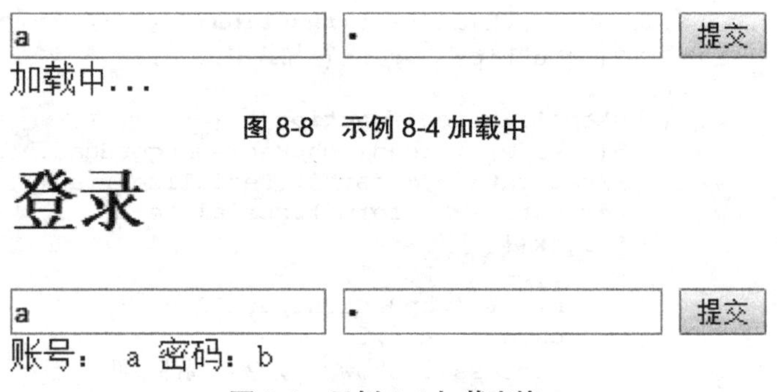

图 8-8　示例 8-4 加载中

图 8-9　示例 8-4 加载完毕

任务 8.2　基于 Ajax 的查询与删除

任务目标：基于 Ajax 的查询与删除

要求：在任务 6.2 和 7.1 的基础上完成下述功能。

- 网页加载时，从后台数据库异步读取学年信息。

♦ 点击“学年”，从后台异步读取该学年的课程信息。

♦ 数据读取中，显示加载动画。

♦ 主要课程页面的删除功能要从数据库中删除相关数据项。数据库、后台技术可自选。

技能训练：

♦ jQuery 对 Ajax 的支持。

任务 8.1 的后台部分采用了 PHP 技术，项目源代码目录结构如图 8-10 所示。ajaxtest 数据库中数据表 Courses 的字段和记录如图 8-11 所示。

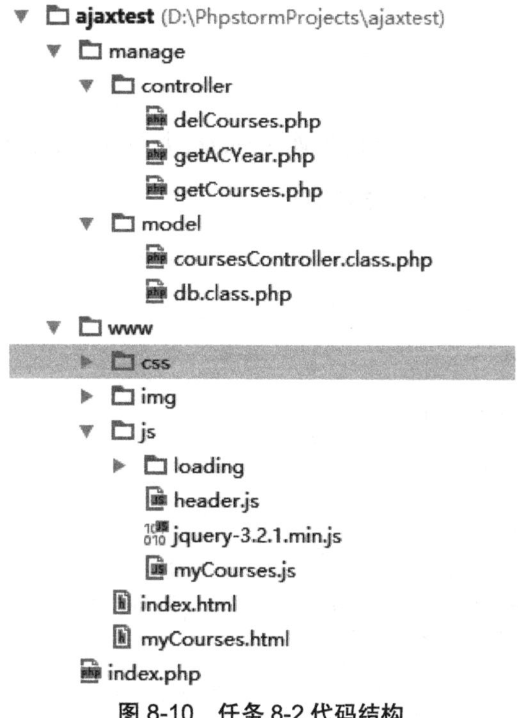

图 8-10　任务 8-2 代码结构

id	cname	semester	school	teacher	credit
1	jQuery开发实战	2017-2018(1)	软件学院	李老师	3
2	HTML5开发实战	2016-2017(2)	软件学院	张老师	3
3	马克思主义基本原理	2017-2018(2)	基础部	王老师	3

图 8-11　ajaxtest 数据库中数据表 Courses 的字段和记录

1. db.class.php 源代码

```
<?php
header("Content-type: text/html; charset=utf-8");
defined('ACC')||exit('ACC Denied');
class db {
    private $conn = NULL;
    private $dbms='mysql';        //数据库类型
    private $host='localhost:3306'; //数据库主机名
    private $dbName='ajaxtest';     //使用的数据库
    private $user='root';         //数据库连接用户名
    private $pass='123456';              //对应的密码
    public function __construct() {
```

```
            $this->conn = new PDO($this->dbms.":host=".$this->host.";dbname=".$this->dbName, $this->user,$this->pass);
            $this->conn->query("SET NAMES utf8");
        }
        public function __destruct() {
        }
        public function getConn(){
            return $this->conn;
        }
        public function connect($h,$u,$p) {
            $this->conn = mysqli_connect($h,$u,$p);
            if(!$this->conn) {
                $err = new Exception('连接失败');
                throw $err;
            }
        }
}
```

db.class.php 源代码中定义的方法用于连接 mqsql 数据库 ajaxtest。

2. coursesController.class.php 源代码

```
<?php

class CoursesController
{
    public function listACYearByGroup()
    {
        define('ACC', 1);
        require("db.class.php");
        $db = new db();
        $pdo = $db->getConn();
        if (!$pdo) {
            die('Could not connect: ');
        }
        $sql = "select substring(semester,1,9) as acYear from courses group by substring(semester,1,9)";
        $res = $pdo->query($sql);
        $pdo = null;
        return $res;
    }
    public function listCousrsesByACYear($acYear)
    {
        define('ACC', 1);
        require("db.class.php");
        $db = new db();
        $pdo = $db->getConn();
        if (!$pdo) {
            die('Could not connect: ');
        }
        $acYear = $acYear . '%';
        $sql = "select * from courses where semester like ?";
        $pstmt = $pdo->prepare($sql);
        $pstmt->bindParam(1, $acYear, PDO::PARAM_STR);
        $pstmt->execute();
        $res = $pstmt->fetchAll(PDO::FETCH_ASSOC);
        $pdo = null;
        return $res;
    }
    public function removeById($idList)
```

```
38.     {
39.         define('ACC', 1);
40.         require("db.class.php");
41.         $db = new db();
42.         $pdo = $db->getConn();
43.         $sql = "delete from courses where id in($idList)";
44.         $pdo->query($sql);
45.         $rc = $pdo->affected_rows;
46.         $pdo = null;
47.         return $rc;
48.     }
49. }
```

coursesController.class.php 源代码中第 5 行至 18 行定义的 listACYearByGroup()方法返回学年信息，因为数据表中存放的信息是学期，如图 8-11 所示，所以第 14 行的查询语句是根据 semester 字段的前 9 个字符做分组查询，结果集就是学年信息。

第 19 行至 36 行定义的 listCousrsesByACYear()方法返回指定学年度的所有课程信息的结果集。第 29 行的语句是模糊查询语句，选取 semester 字段中含有指定学年信息的记录。

第 37 行至 48 行定义的 removeById()方法用于删除指定 id 的记录。第 43 行的删除语句是 mysql 批量删除语句。

3. getACYear.php 源代码

```
1.  <?php
2.  header("Content-type: text/html; charset=utf-8");
3.  require("../model/coursesController.class.php");
4.  error_reporting(1);
5.  $coursesCtr =new coursesController();
6.  $result = array();
7.  $rs=$coursesCtr->listACYearByGroup();
8.  foreach ($rs as $row) {
9.      $results[] = $row;
10. }
11. echo json_encode($results,JSON_UNESCAPED_UNICODE);
```

getACYear.php 源代码第 7 行至 10 行将查询到的学年信息结果集转为数组，第 11 行将数组转为 JSON 格式作为对前端返回的响应。

4. getCourses.php 源代码

```
1.  <?php
2.  require("../model/coursesController.class.php");
3.  error_reporting(1);
4.  $coursesCtr =new coursesController();
5.  $acYear=$_POST['acYear'];
6.  //echo $acYear ;
7.  $rc=$coursesCtr->listCousrsesByACYear($acYear);
8.  $result=array();
9.  foreach ($rc as $row)
10. {
11.     //print_r($row);
12.     $results[] = $row;
13. };
14. echo json_encode($results,JSON_UNESCAPED_UNICODE);
```

getCourses.php 源代码第 5 行获取前端请求中作为查询条件的学年信息，第 7 行至 14 行用于获取满足条件的课程信息并转为 JSON 格式向前端返回响应。

5. delCourses.php 源代码

```
1.  <?php
2.  error_reporting(1);
3.  $idlist =implode(',',$_POST['checkID']);
4.  require("../model/coursesController.class.php");
5.  //echo $idlist;
6.  $coursesCtr =new coursesController();
7.  $rc=$coursesCtr->removeById($idlist);
8.  echo $rc;
```

delCourses.php 源代码第 3 行将前端请求参数中的数组元素的值组合成以“,”分隔的字符串，作为删除条件做批量删除。

6. myCourses.html 源代码

```
<!DOCTYPE html>
<html>
<head>
    <meta charset="utf-8"/>
    <link rel="stylesheet" href="css/common.css">
    <link rel="stylesheet" href="css/header.css">
    <link rel="stylesheet" href="css/loading/jquery.my-loading.css?v=1">
    <link rel="stylesheet" href="css/myCourses.css?v=2">
    <script src="js/jquery-3.2.1.min.js"></script>
    <script src="js/loading/jquery.my-loading.js?v=1"></script>
    <script src="js/myCourses.js?v=1"></script>
    <script src="js/header.js"></script>
    <title>主要课程</title>
</head>
<body>
<div id="header">
    <div id="header-content">
        <ul class="clearfix">
            <li>
                <a href="#">帮助中心</a>
            </li>
            <li>
                <a href="#">下载 App</a>
            </li>
            <li>
                <a href="#">欢迎</a>
            </li>
            <li>
                <a href="#">退出</a>
            </li>
        </ul>
    </div>
</div>
<div id="nav">
    <ul class="clearfix">
        <li class="nav">
            <a href="#" class="nav-a">首页</a>
        </li>
        <li>
            <a href="myCourses.html" class="nav-a">主要课程</a>
            <div class="dropdown">
                <div>
                    <a href="#" class="dropdown-a">基础课</a>
```

```
                </div>
                <div>
                    <a href="#" class="dropdown-a">专业课</a>
                </div>
                <div>
                    <a href="#" class="dropdown-a">选修课</a>
                </div>
            </div>
        </li>
        <li>
            <a href="#" class="nav-a">关于我们</a>
            <div class="dropdown">
                <div>
                    <a href="#" class="dropdown-a">企业简介</a>
                </div>
                <div>
                    <a href="#" class="dropdown-a">联系我们</a>
                </div>
            </div>
        </li>
    </ul>
</div>
<div id="main">
    <div id="courses">
        <div>
              <span id="selectwrap">
                   <input type="checkbox" id="selectAll">
                     全选
              </span>
            <span>课程名</span>
            <span>开课学期</span>
            <span>开课学院</span>
            <span>主讲教师</span>
            <span>学分</span>
        </div>
    </div>
    <div id="buttonwrap">
        <button class="del">
            删除
        </button>
    </div>
    <div id="outtips"></div>

</div>
</body>
</html>
```

7. myCourses.js 源代码

```
$(function () {
    $('.line').hover(function () {
        $(this).toggleClass('focused');
    });
    $(window).scroll(function () {
        if ($(this).scrollTop() > 60) {
            $('#nav').addClass('fixed');
        } else {
            $('#nav').removeClass('fixed');
        }
```

```
    });
    $('#selectAll').click(function () {
        $('#courses :checkbox').prop('checked', $(this).prop('checked'));
    });
    $('.del').click(function (e) {
        var checkID = [];//定义一个空数组
        $coursesChecked = $('.line :checked');
        $coursesChecked.each(function (i) {//把所有被选中的复选框的值存入数组
            checkID[i] = $(this).val();
        });
        $.ajax({
            contentType: "application/x-www-form-urlencoded",
            type: "post",
            url: '/ajaxtest/manage/controller/delCourses.php',
            data: {'checkID': checkID},
            error: showTimeOut,
            success: function (data) {
                $coursesChecked.parents('.line').remove();
            }
        });
    });
    $('#courses').on('click', '.semester-divider', function (e) {
        $this = $(e.currentTarget);
        if ($this.attr('data-fetched') == 'no') {
            acYear = $this.children().eq(1).text();
            $.ajax({
                contentType: "application/x-www-form-urlencoded",
                type: 'post',
                url: '/ajaxtest/manage/controller/getCourses.php',
                data: {'acYear': acYear},
                timeout: 10 * 1000,
                beforeSend: function () {
                    $.loading({
                        container: $this,
                        bgcolor: 'rgba(255,0,0,0.1)',
                        color: '#EE4000',
                        top: '30px'
                    });
                },
                complete: function () {
                    $.loadingFinish();
                },
                success: function (result) {
                    if (result.length != 0) {
                        $.each(JSON.parse(result), function (i) {
                            $this.after('<div class="line">' +
                                '<span><input type="checkbox"  value="' + this.id + '"></span>' +
                                '<span>' + this.cname + '</span>' +
                                '<span>' + this.semester + '</span>' +
                                '<span>' + this.school + '</span>' +
                                '<span>' + this.teacher + '</span>' +
                                '<span>' + this.credit + '</span>' +
                                '</div>');
                        });
                    }
                    ;
                }, // 成功返回时的回调函数
                error: showTimeOut, // 发生错误时的回调函数
            });
```

```
70.             $this.attr('data-fetched', 'yes');
71.         }
72.         $this.nextUntil('.semester-divider').slideToggle('fast');
73.         $this.children('.arrow').toggleClass('arrowUp');
74.     });
75.     $.ajax({
76.         type: 'POST',
77.         url: '/ajaxtest/manage/controller/getACYear.php',
78.         success: showDiviver, // 成功返回时的回调函数
79.         error: showTimeOut, // 发生错误时的回调函数
80.         beforeSend: function () {
81.             $.loading({
82.                 container: $('#courses'),
83.                 bgcolor: 'rgba(255,0,0,0.1)',
84.                 color: '#EE4000',
85.                 top: '100px'
86.             });
87.         },
88.         complete: function () {
89.             $.loadingFinish();
90.         },
91.     });
92.
93.     function showDiviver(data) {
94.         $.loadingFinish();
95.         data = JSON.parse(data);
96.         if (data.length != 0) {
97.             $.each(data, function (i) {
98.                 var obj = $(this)[0];
99.                 $('#courses').append('<div class="semester-divider" data-fetc
    hed="no"><span class="arrow"></span><span>' + obj[0] + '</span></div>');
100.                });
101.            }
102.        };
103.        function showTimeOut() {
104.            $.loadingFinish();
105.            $('#courses').append('服务器方超时');
106.        };
107. });
```

myCourses.js 源代码第 75 至 91 行在页面加载后与后台异步交互获取学年度信息，在等待响应信息时调用插件函数显示 loading 动画，成功获得响应信息后调用第 93 行至 102 行定义的 showDiviver()函数向页面添加学年分隔栏；如果响应超时，调用第 103 行至 106 行定义的 showTimeOut()函数，向页面添加“服务器方超时”信息；第 88 行至 90 行定义了请求完成后执行的函数，终止 loading 动画。

第 32 行至 74 行定义了学年分隔栏被点击时的处理函数，以异步交互的方式获取满足当前学年的课程信息。第 34 行判断当前对象是否具有自定义“data-fetched”，如果没有该属性则为首次查看学年课程，需要向后台发送查询请求；如果有该属性则课程信息曾经被查看过，已经在当前页面中了，不必再向后台发送查询请求。第 53 行至 67 行定义了成功获得响应时的函数，逐条解析响应中的 JSON 格式信息，再添加到页面中。

第 15 行至 31 行定义了“删除”按钮被点击时的处理函数，将所有被勾选的课程信息从数据表中删除。

课后练习

一、填空题

1. Ajax 技术使用________________对象与服务器进行通信。
2. jQuery1.9 版本以后，ajaxStart() 函数必须绑定在_____________上，否则无效。
3. 在 settings 属性中，参数_________用于设置请求超时时间，参数_________用于设置发送请求的地址

二、单选题

1. XMLHttpRequest 对象发送 HTTP 请求之前，需要调用（　　）函数初始化 HTTP 请求的参数。

   A. init()　　B. open()　　C. send()　　D. start()

2. 下列哪个函数可以序列化表单的值，并返回 JSON 数据结构数据？（　　）

   A. param()　　B. serialize()　　C. serializeArray()　　D. getJSON()

3. 下列哪个不是 jQuery 全局事件函数？（　　）

   A. ajax()　　B. ajaxSuccess()　　C. ajaxStart()　　D. ajaxError()

4. 下列哪个函数可以从服务器加载数据并将返回的 HTML 覆盖指定元素的内容？（　　）

   A. $.load()　　B. $selector.load()　　C. $.get()　　D. $.post()

三、问答题

1. 列举 Ajax 的局部事件，并分别做具体说明。
2. 简述 jQuery 对 Ajax 提供了哪些支持。

四、思考题

任务 8.2 的参考实现代码并不能保证前端数据的实时性和与后台数据库中数据的一致性，你对此有何解决方案？

第 9 章　jQuery Mobile

本章学习要求：

- 熟练掌握 jQuery Mobile 页面结构。
- 熟练掌握 jQuery Mobile 功能组件。
- 熟练掌握 jQuery Mobile CSS 框架。
- 熟练掌握 jQuery 和 jQuery Mobile 综合编程。

9.1　jQuery Mobile 简介

jQuery Mobile 是基于 jQuery 的针对移动端设备如智能手机和平板电脑的前端开发框架，简称 JQM，截至 2017 年 8 月 jQuery Mobile 最新稳定版本是 1.4.5，JQM 因为具有如下特点，所以可以为开发者提供快捷的移动 Web 应用前端开发支持。

- JQM 支持安卓、黑莓、iOS 和 Windows Phone 等平台。
- JQM 兼容各种移动浏览器，自动适应移动设备各种外观尺寸的布局，使用 JQM 可以快速开发出支持多种移动设备的 Web 应用前端界面。
- JQM 提供了丰富的移动端 Web 应用的 UI 功能组件，在不编写任何 JS 代码的情况下也能完成丰富的事件响应和功能。
- JQM 提供了在线的 ThemeRoller，允许开发者自定义主题配色。

同 jQuery 一样，安装 jQuery Mobile 就是从 CDN 引用 jQuery Mobile 库，或者下载 jQuery Mobile 库进行本地引用。注意：因为 jQuery Mobile 是建立在 jQuery 之上的，所以在引用 jQuery Mobile 库之前必须引用 jQuery 库。jQuery Mobile1.4.5 使用 jQuery 1.11.1 版，而不是 jQuery 的最新版本！

jQuery Mobile 自带样式表文件，所以除了 jQuery Mobile 库外，还要在线或者本地引用 jQuery Mobile 的样式表文件。可用 CDN 如表 9-1 所示。

表 9-1　jQuery Mobile 1.4.5 版本可用 CDN

序号	来　源	href 或 src
1	bootCDN	https://cdn.bootcss.com/jquery-mobile/1.4.5/jquery.mobile.css https://cdn.bootcss.com/jquery-mobile/1.4.5/jquery.mobile.js
2	jQuery Mobile CDN	http://code.jquery.com/mobile/1.4.5/jquery.mobile-1.4.5.min.css http://code.jquery.com/mobile/1.4.5/jquery.mobile-1.4.5.min.js

网页中引用 jQuery Mobile 代码如下所示：

```
<head>
    <meta name="viewport" content="width=device-width, initial-scale=1">
    <link rel="stylesheet" href="jquery.mobile-1.4.5.css">
    <script src="jquery.js"></script>
    <script src="jquery.mobile-1.4.5.js"></script>
</head>
```

这段代码中引用了 jQuery Mobile 样式表文件 jquery.mobile-1.4.5.css 和 jQuery Mobile 库文件 jquery.mobile-1.4.5.js，在引用 jQuery Mobile 库文件前要先引用 jQuery 库文件。

9.2 jQuery Mobile 页面

HTML5 允许自定义属性“data-*”，jQuery Mobile 通过定义“data-role”自定义属性，来设置具有默认的样式和功能的组件(widgets)。本节我们学习 jQuery Mobile 页面结构组件。

9.2.1 页面结构

jQuery Mobile 页面结构组件有如表 9.2 所示的 5 种。

表 9-2 jQuery Mobile 基本页面结构组件

序号	data-role 的值	描述
1	page	页面
2	header	页头
3	navbar	导航栏
4	content	内容
5	footer	页脚

1. 示例 9-1 源代码

```
<!DOCTYPE HTML>
<html>
    <head>
        <meta charset="UTF-8">
        <meta name="viewport" content="width=device-width, initial-scale=1">
        <link rel="stylesheet" href="css/jquery.mobile-1.4.5.min.css">
        <script src="http://libs.baidu.com/jquery/1.11.1/jquery.min.js"></script>
        <script src="js/jquery.mobile-1.4.5.js"></script>
    </head>
    <body>
        <div data-role="page" id="home">
            <div data-role="header">
                <h1>首页</h1>
            </div>
            <div data-role="content">
                <p>
                    网页内容
                </p>
```

```
19.             </div>
20.             <div data-role="footer">
21.                 <h1>版权所有</h1>
22.             </div>
23.         </div>
24.     </body>
25. </html>
```

示例 9-1 源代码第 1 行的<!DOCTYPE HTML>是 HTML5 的文档类型头，必须要写，因为 jQuery Mobile 采用了 HTML5 定义属性 data-*。

示例 9-1 源代码中第 11 行和第 23 行的<div>配置了一个页面，这个页面中含有页头、内容和页脚，分别在第 12、15 和 20 行使用 data-role 属性进行了配置，在默认的样式下，页面呈现效果如图 9-1 所示。

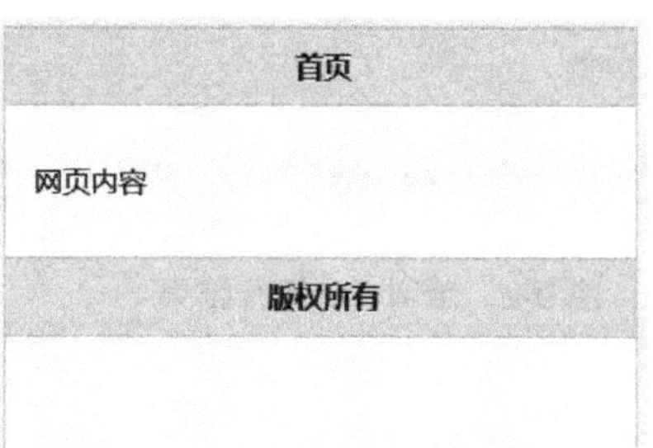

图 9-1　示例 9-1 页面呈现效果

导航栏是由一组水平排列的链接组成的，默认情况下，导航栏中的链接将自动变成按钮。

2. 示例 9-2 源代码

```
<!DOCTYPE HTML>
<html>
    <head>
        <meta charset="UTF-8">
        <meta name="viewport" content="width=device-width, initial-scale=1">
        <link rel="stylesheet" href="css/jquery.mobile-1.4.5.min.css">
        <script src="http://libs.baidu.com/jquery/1.11.1/jquery.min.js"></script>
        <script src="js/jquery.mobile-1.4.5.js"></script>
    </head>
    <body>
        <div data-role="page" id="home">
            <div data-role="header">
                <h1>首页</h1>
                <div data-role="navbar">
                    <ul>
                        <li>
                            <a href="#home">首页</a>
                        </li>
                        <li>
                            <a href="#">上一页</a>
                        </li>
                        <li>
                            <a href="#">下一页</a>
                        </li>
                    </ul>
                </div>
            </div>
            <div data-role="content">
                <p>
                    网页内容
                </p>
            </div>
            <div data-role="footer">
                <h1>版权所有</h1>
            </div>
```

```
36.          </div>
37.      </body>
38. </html>
```

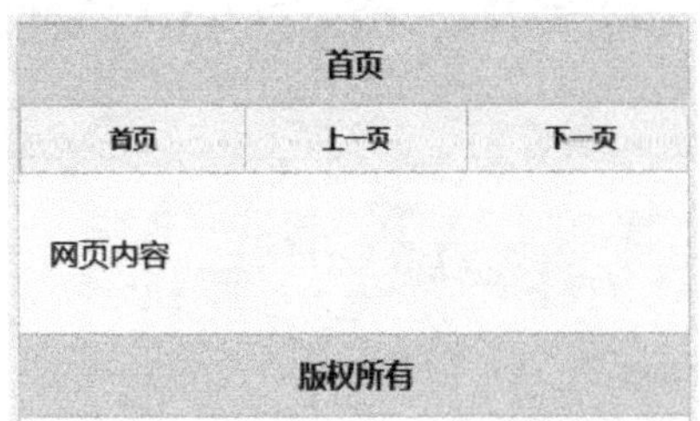

图 9-2　示例 9-2 运行结果

示例 9-2 源代码第 14 行使用 data-role="navbar"为页面添加了一个导航栏，结果如图 9-2 所示。每个导航超链默认的呈现效果是按钮，在不超过 5 个超链的情况下，每个超链的宽度是在一行中平均分配的。

9.2.2　组件定位

jQuery Mobile 支持页头和页脚的固定定位。jQuery Mobile 定位相关属性如表 9-3 所示。

表 9-3　jQuery Mobile 定位相关属性

序号	data-position 的值	描述
1	data-position="fixed"	用于页头和页脚固定定位在页面的顶部或者底部。默认值是 inline，与页面内容内联
2	data-tap-toggle="false"	用于固定定位的页头或者页脚，触屏时不切换页头或者页脚的显示与隐藏状态。默认值是 true

☑ 示例 9-3 源代码

```
1.  !DOCTYPE HTML>
2.  <html>
3.      <head>
4.          <meta charset="UTF-8">
5.          <meta name="viewport" content="width=device-width, initial-scale=1">
6.          <link rel="stylesheet" href="css/jquery.mobile-1.4.5.min.css">
7.          <script src="http://libs.baidu.com/jquery/1.11.1/jquery.min.js"></script>
8.          <script src="js/jquery.mobile-1.4.5.js"></script>
9.      </head>
10.     <body>
11.         <div data-role="page" id="home" >
12.           <div data-role="header">
13.                <h1>首页</h1>
14.           </div>
15.           <div data-role="content" style="height:400px">
16.                <p>
17.                     网页内容
18.                </p>
19.           </div>
20.           <div data-role="footer" data-position="fixed" data-tap-toggle="false">
21.                <h1>版权所有</h1>
22.           </div>
23.         </div>
24.     </body>
25. </html>
```

示例 9-3 源代码第 20 行页脚<div>配置了属性 data-position="fixed"，所以页脚固定定位在页面的底部，如果没有配置后面的 data-tap-toggle 属性，页脚在用户触及页脚意外的页面其他部分时，页脚在隐藏和显示之间切换，如果配置了 data-tap-toggle="false"，页脚就总是显示的，如图 9-3 所示。

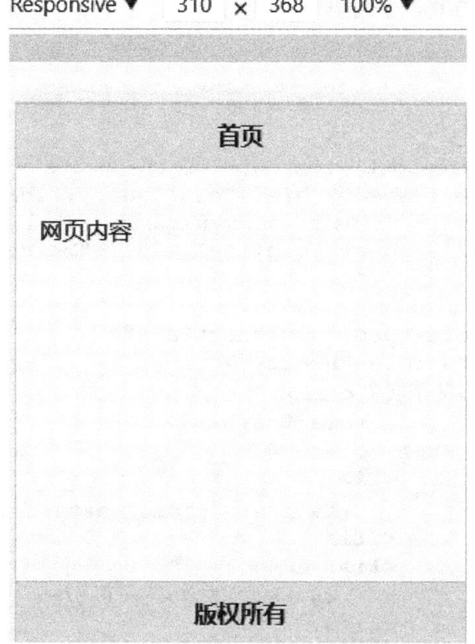

图 9-3 示例 9-3 运行结果

9.2.3 页面切换

jQuery Mobile 允许一个 HTML 文件中包含多个 data-role="page"的页面，但是只会显示其中的一个，其他的 page 可以通过锚链接来打开，客户可以获得平滑的页面切换体验。对于外部链接，jQuery Mobile 默认把请求得到的内容注入到当前页面的 DOM 树中，形成建立在一个 HTML 页面基础之上的页面结构，如果希望以原生的页面加载方式打开一个链接页面，需要在链接上添加属性 rel="external"。

jQuery Mobile 支持多种动画效果来显示页面切换及其他的场景转换，只需要相关标签上添加 data-transition 属性即可，data-transition 场景转换效果是否能够呈现，取决于浏览器对 CSS3 transitions 的支持。data-transition 属性值与场景转换动画效果如表 9-3 所示。

表 9-4 data-transition 属性值与场景转换动画效果

序号	data-transition 的值	动作效果
1	slide	从右到左切换（默认）
2	slideup	从下到上切换
3	slidedown	从上到下切换
4	slidefade	切换淡入
5	turn	从左到右出现
6	flow	从页面右侧飞入
7	pop	以弹出的形式打开一个页面
8	fade	渐变退色的方式切换
9	flip	旧页面翻转飞出，新页面飞入

1. 示例 9-4 nextPage.html 源代码

```
1.  <!DOCTYPE HTML>
2.  <html>
3.      <head>
4.          <meta charset="UTF-8">
5.          <meta name="viewport" content="width=device-width, initial-scale=1">
6.          <link rel="stylesheet" href="css/jquery.mobile-1.4.5.min.css">
7.          <script src="http://libs.baidu.com/jquery/1.11.1/jquery.min.js"></script>
8.          <script src="js/jquery.mobile-1.4.5.js"></script>
9.      </head>
10.     <body>
11.         <div data-role="page" id="nextPage">
12.             <div data-role="header">
13.                 <h1>关于我们</h1>
14.                 <div data-role="navbar">
15.                     <ul>
16.                         <li>
17.                             <a href="#home" data-transition="flip">首页</a>
18.                         </li>
19.                         <li>
20.                             <a href="#">下一页</a>
21.                         </li>
22.                         <li>
23.                             <a href="#about" >关于我们</a>
24.                         </li>
25.                     </ul>
26.                 </div>
27.             </div>
28.             <div data-role="content">
29.                 <p>
30.                     下一页
31.                 </p>
32.             </div>
33.             <div data-role="footer">
34.                 <h1>版权所有</h1>
35.             </div>
36.         </div>
37.     </body>
38. </html>
```

nextPage.html 是一个完整的 HTML 文件，实现了一个 jQuery Mobile 的页面，第 17 行在超链标签上使用 data-transition="flip"，指示当用户点击导航栏中的“首页”时，页面以“flip”效果切换到 id 为“home”的页面，但是这个网页中并没有 id="home"的目标元素，我们直接在浏览器中打开此页面，点击“首页”或者“关于我们”链接，是不会发生页面切换的。

2. 示例 9-4.html 源代码

```
<!DOCTYPE HTML>
<html>
    <head>
        <meta charset="UTF-8">
        <meta name="viewport" content="width=device-width, initial-scale=1">
        <link rel="stylesheet" href="css/jquery.mobile-1.4.5.min.css">
        <script src="http://libs.baidu.com/jquery/1.11.1/jquery.min.js"></script>
        <script src="js/jquery.mobile-1.4.5.js"></script>
    </head>
    <body>
```

```
11.         <div data-role="page" id="home">
12.             <div data-role="header">
13.                 <h1>首页</h1>
14.                 <div data-role="navbar">
15.                     <ul>
16.                         <li>
17.                             <a href="#home">首页</a>
18.                         </li>
19.                         <li>
20.                             <a href="nextPage.html">下一页</a>
21.                         </li>
22.                         <li>
23.                             <a href="#about" data-transition="pop">关于我们</a>
24.                         </li>
25.                     </ul>
26.                 </div>
27.             </div>
28.             <div data-role="content">
29.                 <p>
30.                     首页内容
31.                 </p>
32.             </div>
33.             <div data-role="footer">
34.                 <h1>版权所有</h1>
35.             </div>
36.         </div>
37.         <div data-role="page" id="about">
38.             <div data-role="header">
39.                 <h1>关于我们</h1>
40.                 <div data-role="navbar">
41.                     <ul>
42.                         <li>
43.                             <a href="#home" data-transition="flip">首页</a>
44.                         </li>
45.                         <li>
46.                             <a href="nextPage.html">下一页</a>
47.                         </li>
48.                         <li>
49.                             <a href="#about" >关于我们</a>
50.                         </li>
51.                     </ul>
52.                 </div>
53.             </div>
54.             <div data-role="content">
55.                 <p>
56.                     关于我们
57.                 </p>
58.             </div>
59.             <div data-role="footer">
60.                 <h1>版权所有</h1>
61.             </div>
62.         </div>
63.     </body>
64. </html>
```

示例 9-4.html 源代码中有两个“page”，分别是第 11 行至 36 行 id="home"的“首页”，和第 37 行至 62 行 id="about"的“关于我们”，当网页加载后我们只能看到第一个“page”也就是“首页”的内容，“关于我们”的页面并不会出现，当点击导航栏中的“关于我们”链接时，页面才会切换到“关于我们”页面。

当点击导航栏中的“下一页”时，jQuery Mobile 会把 nextPage 中的元素合并到 DOM 树中，如图 9-4 所示，此时 DOM 树中有 3 个“page”组件，我们再点击“下一页”页面中导航栏的“首页”链接时，页面就可以以“flip”的效果切换到“首页”了。

```
<!DOCTYPE html>
<html class="ui-mobile">
 ▶<head>…</head>
 ▼<body class="ui-mobile-viewport ui-overlay-a">
   ▶<div data-role="page" id="home" data-url="home" tabindex="0" class="ui-page
   ui-page-theme-a" style="min-height: 667px;">…</div>
   ▶<div data-role="page" id="about" data-url="about">…</div>
   ▶<div class="ui-loader ui-corner-all ui-body-a ui-loader-default">…</div>
…  ▶<div data-role="page" id="nextPage" data-url="/chap9/nextPage.html" data-
   external-page="true" tabindex="0" class="ui-page ui-page-theme-a ui-page-
   active" style="min-height: 667px;">…</div> == $0
   </body>
</html>
```

图 9-4 点击“下一页”后的页面结构

9.3 jQuery Mobile 功能组件

除了页面结构组件外，jQuery Mobile 还提供了多种功能组件，如表 9-5 所示。

表 9-5 功能组件的 data-role

序号	data-role 的值	功能组件名
1	button	按钮
2	popup	弹窗
3	panel	面板
4	collapsible	可折叠块
5	tabs	选项卡
6	table	表格
7	listview	列表

本节我们就来学习这些功能组件。

9.3.1 超链按钮

在 jQuery Mobile 可以给超链元素<a>添加 data-role="button"属性，它是超链以按钮的效果显示的。超链按钮相关的其他属性如表 9-6 所示。

表 9-6 超链按钮相关的其他属性

序号	属性名和值	功 能
1	data-inline="true"	在一行中显示两个或多个按钮超链
2	data-role="controlgroup"	设置超链按钮组合
3	data-type="horizontal|vertical"	以水平或者垂直的方式来组合超链按钮，和 data-role="controlgroup"一起使用
4	data-rel="back"	后退按钮，此时 href 属性失效

☑ 示例 9-5 源代码

```
1.  <!DOCTYPE HTML>
2.  <html>
3.      <head>
4.         <meta charset="UTF-8">
5.         <meta name="viewport" content="width=device-width, initial-scale=1">
6.         <link rel="stylesheet" href="css/jquery.mobile-1.4.5.min.css">
7.         <script src="http://libs.baidu.com/jquery/1.11.1/jquery.min.js"></script>
8.         <script src="js/jquery.mobile-1.4.5.js"></script>
9.      </head>
10.     <body>
11.         <div data-role="page" id="home">
12.             <div data-role="header">
13.                 <h1>首页</h1>
14.                 <div data-role="navbar">
15.                     <ul>
16.                         <li>
17.                             <a href="#home" >首页</a>
18.                         </li>
19.                         <li>
20.                             <a href="#">上一页</a>
21.                         </li>
22.                         <li>
23.                             <a href="#about" data-transition="pop" >关于我们</a>
24.                         </li>
25.                     </ul>
26.                 </div>
27.             </div>
28.             <div data-role="content">
29.                 <a href="#" data-role="button" >单独按钮</a>
30.                 <div data-role="controlgroup" data-type="vertical">
31.                     <a href="#" data-role="button">导航 1</a>
32.                     <a href="#" data-role="button">导航 2</a>
33.                     <a href="#" data-role="button">导航 3</a>
34.                 </div>
35.             </div>
36.             <div data-role="footer">
37.                 <h1>版权所有</h1>
38.             </div>
39.         </div>
40.         <div data-role="page" id="about">
41.             <div data-role="content">
42.                 <a href="nextPage.html" data-role="button" data-inline="true"
        data-rel="back">返回</a>
43.                 <a href="#" data-role="button" data-inline="true">按钮 3</a>
44.                 <a href="#" data-role="button" data-inline="true">按钮 4</a>
45.             </div>
46.         </div>
47.     </body>
48. </html>
```

示例 9-5 源代码首页中示例了 4 个设置 data-role="button"的超链，第 29 行是一个独立的超链按钮，第 30 行至 34 行为 3 个超链按钮“导航 1”“导航 2”和“导航 3”的包裹元素设置了 data-role="controlgroup" data-type="vertical"，将 3 个按钮组织成一个垂直的按钮组，按钮组的效果是按钮之间没有外边距，而且第一个和最后一个按钮的外侧角是圆角，如图 9-5 所示。

点击导航栏中“关于我们”切换到如图 9-6 所示的页面，这个页面中有 3 个独立按钮，但是它们没有像“首页”中的“独立按钮”一样单独占一行，而是 3 个按钮共用一行，是因为它们都设置了 data-inline="true"属性，如代码第 42 行至 44 行所示。点击此页面中的“返回”按钮，页面并没有切换到 nextPage.html，而是返回到此页面的来源页面“首页”。

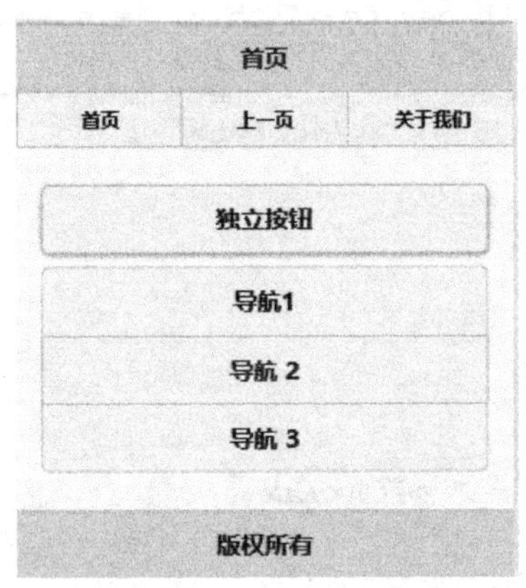

图 9-5　示例 9-5 首页

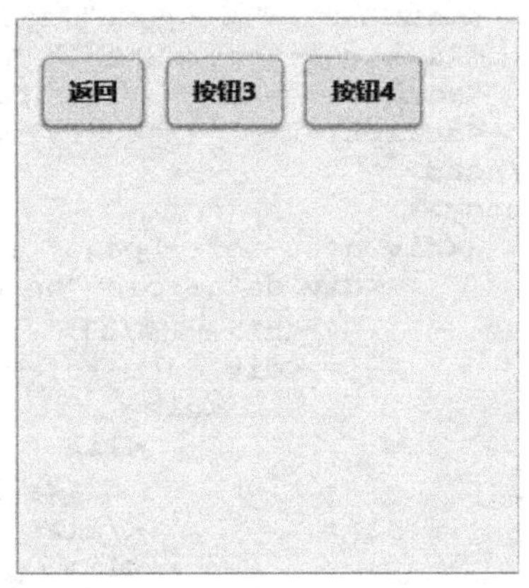

图 9-6　示例 9-5“关于我们”页面

9.3.2　弹窗

弹窗的功能是在一个页面元素被点击时，在指定位置弹出窗口，显示内容。jQuery Mobile 弹窗需要<a>和<div>元素配合完成，使用要点如下：

- 弹窗触发元素<a>必须设置 data-rel="popup"属性，href 属性“指向”弹出窗体的 id。
- 弹出窗体<div>元素必须设置 data-role="popup"属性和 id 属性。
- <div>窗体与其触发元素<a>必须在同一个 page 上。

触发元素和窗体元素还可以配置其他的效果属性，如表 9-7 和表 9-8 所示。

表 9-7　触发元素<a>其他属性

序号	属性名和值	功　能
1	data-position-to="window | #id | origin"	window：弹窗在窗口居中显示 #id：弹窗显示在#id 元素上 origin：默认值。弹窗显示在点击的元素上

表 9-8　窗体元素<div>其他属性

序号	属性名和值	功　能
1	data-arrow="l | t | r | b"	l：窗体方向小边框在左侧 t：窗体方向小边框在上方 r：窗体方向小边框在右侧 b：窗体方向小边框在下方
2	data-dismissible="false"	点击弹窗之外的区域时，弹窗不关闭。默认值是“true”
3	data-overlay-theme="b"	添加遮罩层
4	data-transition="value"	过渡效果，详见表 9-2

☑ 示例 9-6 源代码

```
<!DOCTYPE HTML>
<html>
```

```
    <head>
        <meta charset="UTF-8">
        <meta name="viewport" content="width=device-width, initial-scale=1">
        <link rel="stylesheet" href="css/jquery.mobile-1.4.5.min.css">
        <script src="http://libs.baidu.com/jquery/1.11.1/jquery.min.js"></script>
        <script src="js/jquery.mobile-1.4.5.js"></script>
    </head>
    <body>
        <div data-role="page" id="home">
            <div data-role="header">
                <h1>首页</h1>
                <div data-role="navbar">
                    <ul>
                        <li >
                            <a href="#home" >首页</a>
                        </li>
                        <li>
                            <a href="#"  >下一页</a>
                        </li>
                        <li>
                            <a href="#about" data-transition="pop" > 关于我们</a>
                        </li>
                    </ul>
                </div>
            </div>
            <div data-role="content">
                <div data-role="controlgroup" data-type="vertical">
                    <a href="#introduction" data-role="button" data-rel="popup">企业简介</a>
                    <a href="#images" data-role="button" data-rel="popup">产品展示</a>
                    <a href="#contact" data-role="button" data-rel="popup" data-position-to="#blank">联系我们</a>
                </div>
                <div id="blank"></div>
                <div id="introduction" data-role="popup" data-overlay-theme="b">
                    <p>
                        我们是谁？前端开发工程师！
                    </p>
                    <p>
                        我们做什么？Web 前端跨平台开发！
                    </p>
                    <p>
                        怎么开发？coding！coding！coding！
                    </p>
                </div>
                <div data-role="popup"  id="images" data-dismissible="false">
                    <img src="img/1.png">
                    <a data-rel="back" data-role="button">关闭</a>
                </div>
                <div data-role="popup" id="contact" data-transition="turn" data-theme="b" data-arrow="t">
                    <p>
                        电话：0755-xxxxxxxx
                    </p>
                </div>
            </div>
            <div data-role="footer" id="footer">
```

```
57.                     <h1>版权所有</h1>
58.                 </div>
59.             </div>
60.     </body>
61. </html>
```

示例 9-6 源代码第 30 行配置了属性 data-rel="popup"的超链按钮与第 35 行配置了属性 data-role="popup"的 div#introduction 共同构成一个弹窗组件，点击“企业简介”按钮，弹出窗体 div#introduction 的内容，如图 9-7 所示，因为配置了 data-overlay-theme="b"，所以该窗体带有遮罩层。

第 31 行的超链按钮与第 46 行至 49 行的 div#images 构成一个弹窗组件，窗体 div 配置了 data-dismissible="false"属性，所以在点击窗体之外的区域时，窗体并不会关闭，如果要关闭窗体，必须点击窗体中的“关闭”按钮，该超链按钮上配置了 data-rel="back" 属性，会退回到窗体弹出前的状态。

第 32 行的超链按钮与第 50 行至 54 行的 div#contact 构成一个弹窗组件，超链按钮配置了 data-position-to="#blank"，窗体会出现在 div#blank 的位置上。窗体配置了属性 data-transition="turn"，使弹窗出现时伴随有动画效果，属性 data-theme="b"设置窗体的样式主题为“b”即黑色背景，属性 data-arrow="t"使窗体带有上箭头，如图 9-8 所示。

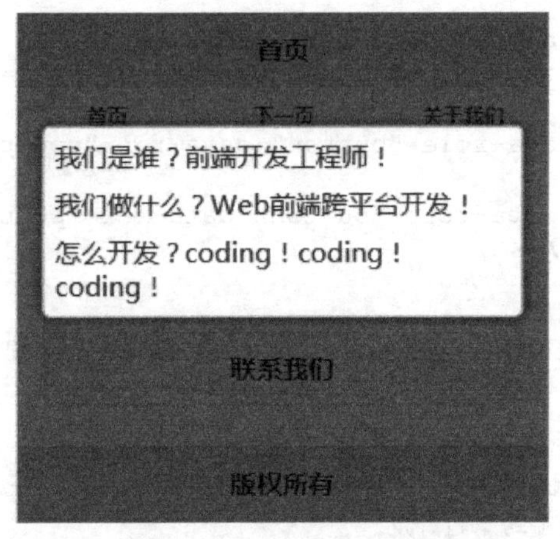

图 9-7 “企业简介”窗体

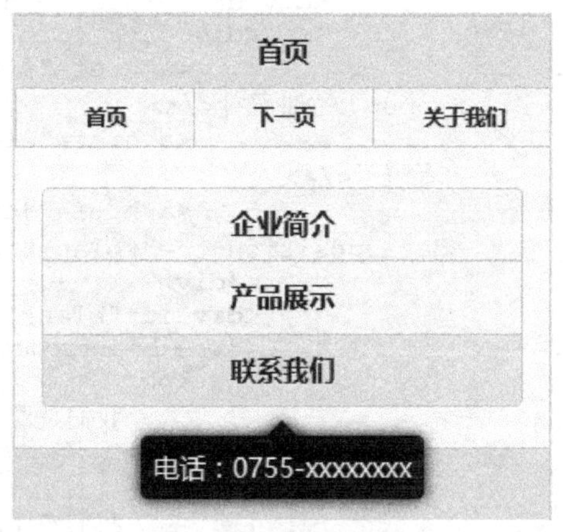

图 9-8 “联系我们”窗体

9.3.3 面板

面板功能是在一个页面元素被点击时，滑出一个与页面等高的内容块。jQuery Mobile 面板需要<a>和<div>元素配合完成，使用要点如下：

- 面板触发元素<a>的 href 属性“指向”面板<div>的 id。
- 面板<div>元素必须设置 data-role="panel"属性和 id 属性。
- <div>面板与其触发元素<a>必须在同一个 page 上。

面板元素<div>其他属性如表 9-9 所示。

表 9-9 面板元素<div>其他属性

序号	属性名和值	功 能
1	data-display=" overlay | push | reveal"	overlay：内容显示面板 push：同时"推动"面板和页面 reveal：默认值，将页面像幻灯片一样从屏幕滑出，将面板显示出来
2	data-dismissible="false"	点击面板之外的区域时，面板不关闭，默认值是“true”
3	data-swipe-close="false"	不能通过滑动关闭面板。默认值是“true”
4	data-position="right"	right：面板出现在屏幕的右侧，默认值是“left”
5	data-position-fixed="true"	面板不随页面滚动，默认值是“false”

☑ 示例 9-7 源代码

```
<!DOCTYPE HTML>
<html>
    <head>
        <meta charset="UTF-8">
        <meta name="viewport" content="width=device-width, initial-scale=1">
        <link rel="stylesheet" href="css/jquery.mobile-1.4.5.min.css">
        <script src="http://libs.baidu.com/jquery/1.11.1/jquery.min.js"></script>
        <script src="js/jquery.mobile-1.4.5.js"></script>
    </head>
    <body>
        <div data-role="page" id="home">
            <div data-role="header">
                <h1>首页</h1>
                <div data-role="navbar">
                    <ul>
                        <li >
                            <a href="#home" >首页</a>
                        </li>
                        <li>
                            <a href="#"  >下一页</a>
                        </li>
                        <li>
                            <a href="#about" data-transition="pop" > 关于我们</a>
                        </li>
                    </ul>
                </div>
            </div>
            <div data-role="content">
                <div data-role="controlgroup" data-type="vertical">
                    <a href="#introduction" data-role="button" >企业简介</a>
                    <a href="#images" data-role="button" >产品展示</a>
                    <a href="#contact" data-role="button" >联系我们</a>
                </div>
            </div>
            <div data-role="footer" id="footer">
                <h1>版权所有</h1>
            </div>
            <div data-role="panel" id="introduction" >
                <p>
                    我们是谁？前端开发工程师！
                </p>
                <p>
                    我们做什么？Web 前端跨平台开发！
                </p>
                <p>
```

```
46.                     怎么开发？coding！coding！coding！
47.                 </p>
48.             </div>
49.             <div data-role="panel"  id="images" data-display="overlay" data-
        dismissible="false"data-swipe-close="false">
50.                 <img src="img/1.png">
51.                 <a data-rel="close" data-role="button">关闭</a>
52.             </div>
53.             <div data-role="panel" id="contact" data-display="push" data-
        position="right" data-theme="b">
54.                 <p>
55.                     电话：0755-xxxxxxxx
56.                 </p>
57.             </div>
58.         </div>
59.     </body>
60. </html>
```

示例 9-7 源代码第 30 行的超链按钮与第 38 行配置了属性 data-role=" panel"的 div 共同构成一个面板组件，点击“企业简介”按钮，面板内容自左侧滑出，如图 9-9 所示。

第 31 行的超链按钮与第 49 至 52 行的 div 构成一个面板组件，面板 div 配置了属性 data-dismissible="false"和 data-swipe-close="false"，在点击面板之外的区域或者在屏幕上滑动时面板都不会关闭，必须点击面板中的“关闭”按钮，该超链按钮上配置了 data-rel="close" 属性，会关闭面板；属性 data-display="overlay"使面板滑出后覆盖原页面，如图 9-10 所示。

第 32 行的超链按钮与第 53 至 57 行的 div 构成一个面板组件，超链按钮配置了属性 data-display="push"，面板出现的效果是滑出并“推离”原页面；属性 data-position ="right"使面板从右侧出现；属性 data-theme="b"用于设置窗体的样式主题为“b”即黑色背景，如图 9-11 所示。

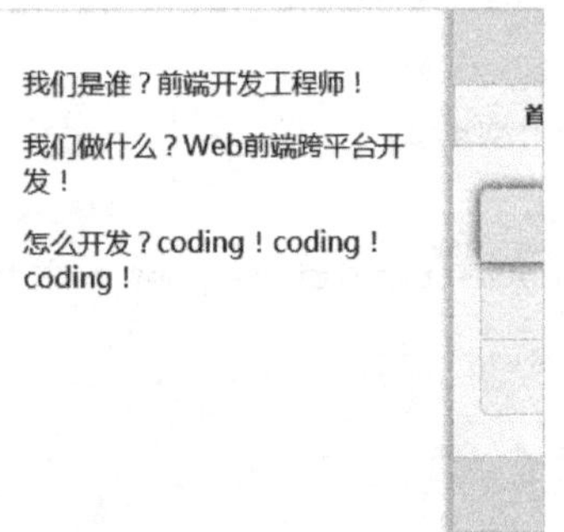

图 9-9 “企业简介”面板

图 9-10 “产品展示”面板

图 9-11 “联系我们”面板

9.3.4 可折叠块

当用户点击可折叠块时，其内容在折叠（隐藏）或展开（显示）之间切换，可折叠内容的包裹元素必须配置 data-role="collapsible"属性。可折叠相关的其他属性如表 9-10 所示。

表 9-10 可折叠块相关的其他属性

序号	属性名和值	功能
1	data-collapsed="false"	页面加载时展开内容，默认值是“true”
2	data-collapsed-icon=JQM 图标允许的值	折叠状态的图标。默认值是“minus”，减号图标
3	data-expanded-icon= JQM 图标允许的值	展开状态的图标。默认值是“plus”，加号图标
4	data-role="collapsible-set"	设置可折叠块组合
5	data-mini="true"	mini 化可折叠块，默认值是“false”

☑ 示例 9-8 源代码

```
<!DOCTYPE HTML>
<html>
    <head>
        <meta charset="UTF-8">
        <meta name="viewport" content="width=device-width, initial-scale=1">
        <link rel="stylesheet" href="css/jquery.mobile-1.4.5.min.css">
        <script src="http://libs.baidu.com/jquery/1.11.1/jquery.min.js"></script>
        <script src="js/jquery.mobile-1.4.5.js"></script>
    </head>
    <body>
        <div data-role="page" id="home">
            <div data-role="header">
                <h1>首页</h1>
                <div data-role="navbar">
                    <ul>
                        <li >
                            <a href="#home" >首页</a>
                        </li>
                        <li>
                            <a href="#"  >下一页</a>
                        </li>
                        <li>
                            <a href="#about" data-transition="pop" > 关于我们</a>
                        </li>
                    </ul>
                </div>
            </div>
            <div data-role="content">
                <div data-role="collapsible-set">
                    <div data-role="collapsible" data-collapsed-icon="arrow-d" data-expanded-icon="arrow-u">
                        <h1>企业简介</h1>
                        <p>
                            我们是谁？前端开发工程师！
                        </p>
                        <p>
                            我们做什么？Web 前端跨平台开发！
                        </p>
                        <p>
                            怎么开发？coding！coding！coding！
                        </p>
                    </div>
                    <div data-role="collapsible" data-mini="true">
```

```
43.                         <h1>产品展示</h1>
44.                         <div >
45.                             <img src="img/1.png">
46.                         </div>
47.                     </div>
48.                     <div data-role="collapsible" data-collapsed="false">
49.                         <h1>联系我们</h1>
50.                         <p >
51.                             电话：0755-xxxxxxxx
52.                         </p>
53.                     </div>
54.                 </div>
55.             </div>
56.             <div data-role="footer" id="footer">
57.                 <h1>版权所有</h1>
58.             </div>
59.         </div>
60.     </body>
61. </html>
```

示例 9-8 源代码第 29 行配置了属性 data-role="collapsible-set"将其中的 3 个可折叠块组合起来，第 30 行的可折叠块包裹元素中配置了属性 data-collapsed-icon="arrow-d" 和 data-expanded-icon="arrow-u"，此刻折叠块处于折叠状态时的图标是一个向下的箭头，处于展开状态时的图标是一个向下的箭头，如图 9-12 所示。

第 42 行的可折叠块包裹元素中配置了属性 data-mini="true"，从图 9-12 中可以看到，“产品展示”块的字体和行高都要比其他块小。

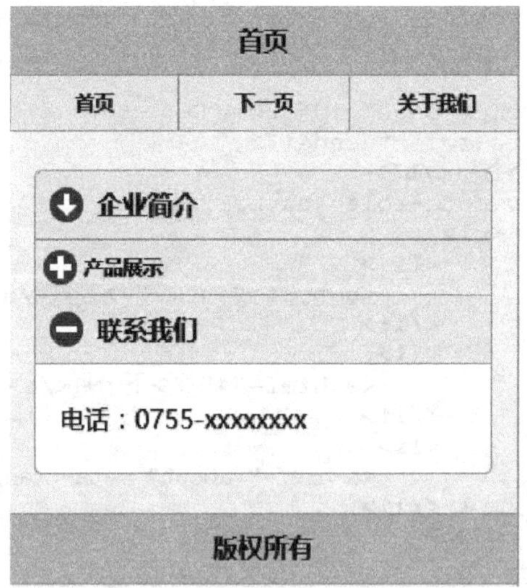

图 9-12　示例 9-8 网页加载时的效果

第 48 行可折叠块包裹元素中配置了属性 data-collapsed="false"，该块默认的状态是展开的，如图 9-12 所示。

9.3.5　选项卡

在前面章节中我们编程实现过选项卡功能，jQuery Mobile 提供的选项卡功能组件使开发者不需要编程，仅在选项卡导航和内容的包裹元素上配置属性 data-role="tabs"就可以完成选项卡功能。

☑ 示例 9-9 源代码

```
<!DOCTYPE HTML>
<html>
    <head>
        <meta charset="UTF-8">
        <meta name="viewport" content="width=device-width, initial-scale=1">
        <link rel="stylesheet" href="css/jquery.mobile-1.4.5.min.css">
        <script src="http://libs.baidu.com/jquery/1.11.1/jquery.min.js"></script>
        <script src="js/jquery.mobile-1.4.5.js"></script>
    </head>
    <body>
        <div data-role="page" id="home">
            <div data-role="header">
                <h1>首页</h1>
                <div data-role="navbar">
                    <ul>
                        <li >
                            <a href="#home" >首页</a>
                        </li>
                        <li>
                            <a href="#"  >下一页</a>
                        </li>
                        <li>
                            <a href="#about" data-transition="pop" > 关于我们</a>
                        </li>
                    </ul>
                </div>
            </div>
            <div data-role="content">
                <div data-role="tabs">
                    <div data-role="navbar">
                        <ul>
                            <li>
                                <a href="#introduction" class="ui-btn-active">企业简介</a>
                            </li>
                            <li>
                                <a href="#images">产品展示</a>
                            </li>
                            <li>
                                <a href="#contact">联系我们</a>
                            </li>
                        </ul>
                    </div>
                    <div id="introduction">
                        <p>
                            我们是谁？前端开发工程师！
                        </p>
                        <p>
                            我们做什么？Web 前端跨平台开发！
                        </p>
                        <p>
                            怎么开发？coding！coding！coding！
                        </p>
                    </div>
                    <div id="images">
                        <img src="img/1.png">
                    </div>
```

```
57.                     <div id="contact">
58.                         <p >
59.                             电话：0755-xxxxxxxx
60.                         </p>
61.                     </div>
62.                 </div>
63.             </div>
64.             <div data-role="footer" id="footer">
65.                 <h1>版权所有</h1>
66.             </div>
67.         </div>
68.     </body>
69. </html>
```

示例 9-9 源代码第 14 行 div 配置了属性 data-role="navbar"，它的子元素第 30 行的 div 是选项卡导航栏配置了属性 data-role="navbar"，每个导航超链的 href“指向”其相应内容 div 的 id；第 43 行、54 行和 57 行的 3 个 div 块是选项卡内容块。点击“企业简介”时出现相应内容，如图 9-13 所示。

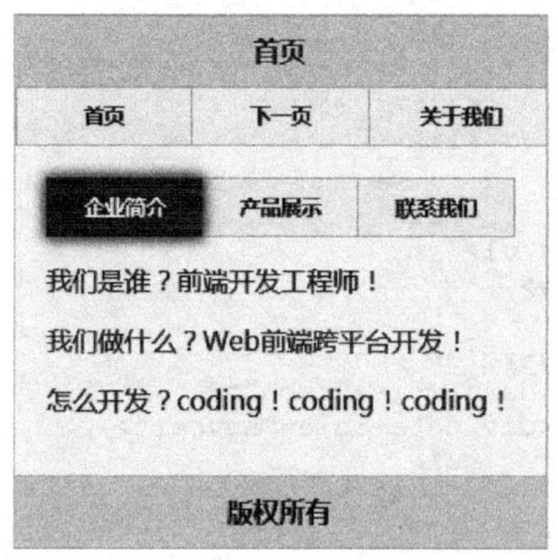

图 9-13　示例 9-9 中的选项卡效果

9.3.6　表格

jQuery Mobile 为表格添加了适合移动设备的响应式设计，首先要为<table> 元素添加 "ui-responsive" 类，并配置 data-role="table"，其使用要点如下：

- 必须使用 <thead> 和 <tbody> 元素。
- 响应式表格中不支持 rowspan 和 colspan 属性。

表格相关的其他属性如表 9-11 所示。

表 9-11　表格相关的其他属性

序号	属性名和值	功　能
1	data-mode="columntoggle"	采用“列切换”模式，默认值是 reflow“回流”模式
2	data-column-btn-text=说明文字	设置切换表格切换按钮的说明文字
3	data-priority=1 至 6 之间的数字	用于表头单元格<th>中，隐藏列的优先顺序，默认情况下，会先隐藏表格右侧的列

☑ 示例 9-10 源代码

```
<!DOCTYPE HTML>
<html>
    <head>
        <meta charset="UTF-8">
        <meta name="viewport" content="width=device-width, initial-scale=1">
        <link rel="stylesheet" href="css/jquery.mobile-1.4.5.min.css">
        <script src="http://libs.baidu.com/jquery/1.11.1/jquery.min.js"></script>
        <script src="js/jquery.mobile-1.4.5.js"></script>
    </head>
    <body>
         <div data-role="page" id="home">
             <div data-role="header">
                 <h1>首页</h1>
                 <div data-role="navbar">
                     <ul>
                         <li >
                             <a href="#home" >首页</a>
                         </li>
                         <li>
                             <a href="#"  >下一页</a>
                         </li>
                         <li>
                             <a href="#about" data-transition="pop" >关于我们</a>
                         </li>
                     </ul>
                 </div>
             </div>
             <div data-role="content">
                 <table data-role="table" class="ui-responsive" data-mode="columntoggle" data-column-btn-text="其他列" id="myTable">
                     <thead>
                         <tr>
                             <th data-priority="3">序号</th>
                             <th data-priority="1">支出</th>
                             <th data-priority="2">收入</th>
                             <th data-priority="2">名目</th>
                             <th >余额</th>
                         </tr>
                     </thead>
                     <tbody>
                         <tr>
                             <td>1</td>
                             <td>20</td>
                             <td></td>
                             <td>打酱油</td>
                             <td>1800</td>
                         </tr>
                         <tr>
                             <td>2</td>
                             <td></td>
                             <td>2000</td>
                             <td>工资</td>
                             <td>3800</td>
                         </tr>
                     </tbody>
                 </table>
```

```
56.                </div>
57.                <div data-role="footer" id="footer">
58.                    <h1>版权所有</h1>
59.                </div>
60.            </div>
61.        </body>
62. </html>
```

示例 9-10 源代码第 29 行为<table>配置了 data-role="table"和 class="ui-responsive"，将表格设置为 jQuery Mobile 响应式表格。jQuery Mobile 响应式表格默认的模式是“回流”模式，如果设备宽度足够大则水平显示表格，否则数据呈一列垂直显示。第 29 行配置了属性 data-mode="columntoggle" 将表格配置为“列切换”模式，这种模式下当设备宽度不够时会隐藏优先级较低的列，在这种模式下，在表格的右上方，jQuery Mobile 为用户提供了可以选择哪些列显示哪些列隐藏的选择按钮，属性 data-column-btn-text = "其他列" 设置了切换按钮的说明文字，如图 9-14 所示，点击“其他列”按钮，被勾选的列将显示，取消勾选的列将会隐藏，如图 9-15 所示。

第 32 行至 35 行的<th>都设置了 data-priority 属性，这个属性的可选值是从 1 到 6 的数字，1 的优先级最高，6 的优先级最低，当移动设备宽度不够时，优先隐藏优先级低的列。第 36 行的<th>没有设置优先级则该列会一直存在，不会被隐藏，如图 9-14 所示。

图 9-14　“列切换”模式表格

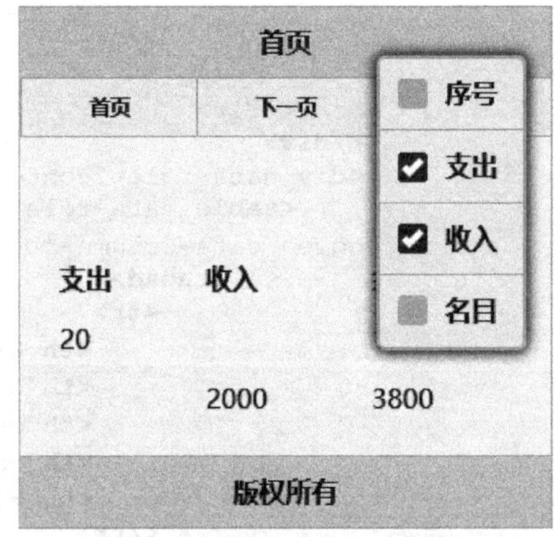

图 9-15　选择显示或者隐藏的列

9.3.7　列表

jQuery Mobile 列表为 HTML 普通列表添加了样式和功能，jQuery Mobile 列表需要在<ul>或者<ol>元素上添加 data-role="listview"属性。jQuery Mobile 列表相关的其他属性如表 9-12 所示。

表 9-12　jQuery Mobile 列表相关的其他属性

序号	属性名和值	功　　能
1	data-filter="true"	开启列表搜索功能，默认值为 false
2	data-filter-placeholder=占位文字	设置搜素栏中的占位文字
3	data-inset="true"	开启列表圆角及外边距效果，默认值是 false
4	data-role="list-divider"	用于列表项<li>，设置该列表项是列表展示容器的分割项

1. 示例 9-11 order.html 源代码

```
<!DOCTYPE HTML>
<html>
    <head>
        <meta charset="UTF-8">
        <meta name="viewport" content="width=device-width, initial-scale=1">
        <link rel="stylesheet" href="css/jquery.mobile-1.4.5.min.css">
        <script src="http://libs.baidu.com/jquery/1.11.1/jquery.min.js"></script>
        <script src="js/jquery.mobile-1.4.5.js"></script>
    </head>
    <body>
        <div data-role="page" id="order">
            <div data-role="header">
                <h1>下单</h1>
            </div>
            <div data-role="content">
                <p>
                    下单
                </p>
            </div>
            <div data-role="footer">
                <h1>版权所有</h1>
            </div>
        </div>
    </body>
</html>
```

2. 示例 9-11.html 源代码

```
<!DOCTYPE HTML>
<html>
    <head>
        <meta charset="UTF-8">
        <meta name="viewport" content="width=device-width, initial-scale=1">
        <link rel="stylesheet" href="css/jquery.mobile-1.4.5.min.css">
        <script src="http://libs.baidu.com/jquery/1.11.1/jquery.min.js"></script>
        <script src="js/jquery.mobile-1.4.5.js"></script>
    </head>
    <body>
        <div data-role="page" id="home">
            <div data-role="header">
                <h1>首页</h1>
                <div data-role="navbar">
                    <ul>
                        <li >
                            <a href="#home" >首页</a>
                        </li>
                        <li>
                            <a href="#"  >下一页</a>
                        </li>
                        <li>
                            <a href="#about" data-transition="pop" > 关于我们</a>
                        </li>
                    </ul>
                </div>
```

```
27.         </div>
28.         <div data-role="content">
29.             <ul data-role="listview" data-inset="true"  data-filter="true" data-filter-placeholder="菜单搜索">
30.                 <li data-role="list-divider">
31.                     饮料
32.                 </li>
33.                 <li>
34.                     <a href="sprite.html"><img src="img/sprite.jpg"/><h3>雪碧</h3>
35.                     <p>
36.                         330ml
37.                     </p> </a><a href="order.html" data-rel="dialog">下单</a>
38.                 </li>
39.                 <li>
40.                     <a href="cola.html"><img src="img/cola.jpg" /><h3>可乐</h3>
41.                     <p>
42.                         2000ml
43.                     </p> </a><a href="order.html" data-rel="dialog">下单</a>
44.                 </li>
45.                 <li data-role="list-divider">
46.                     主食
47.                 </li>
48.                 <li>
49.                     <a href="dumpling.html"><img src="img/dumpling.jpg"/><h3>煎饺</h3>
50.                     <p>
51.                         猪肉白菜馅
52.                     </p> </a><a href="order.html" data-rel="dialog">下单</a>
53.                 </li>
54.             </ul>
55.         </div>
56.         <div data-role="footer" id="footer">
57.             <h1>版权所有</h1>
58.         </div>
59.     </div>
60. </body>
61. </html>
```

示例 9-11.heml 源代码第 29 行为<ul>配置了 data-role="listview"使其成为 jQuery Mobile 列表组件，属性 data-inset="true"用于设置列表的外观具有圆角效果和外边距，属性 data-filter="true"用于配置列表带有搜索框，具有查询功能，属性 data-filter-placeholder="菜单搜索"用于设置搜索框中的占位文字，如图 9-16 所示。当在搜索框中输入搜索文字时，列表中仅显示满足搜索条件的列表项，如图 9-17 所示。

第30行和45行<li>中配置了 data-role="list-divider"使这两个列表项成为列表中的分割项，可以作为不同分类的标题。

每一个列表项中还可以包含图片、文本、超链等丰富的内容，第 37 行、43 行和 52 行的超链设置了属性 data-rel="dialog"，当点击这些超链时，会以弹出对话框的方式打开 order.html 页面，如图 9-18 所示，点击对话框左上角的 ⊗ 按钮，会返回到来源页面。

图 9-16 示例 9-11 页面效果

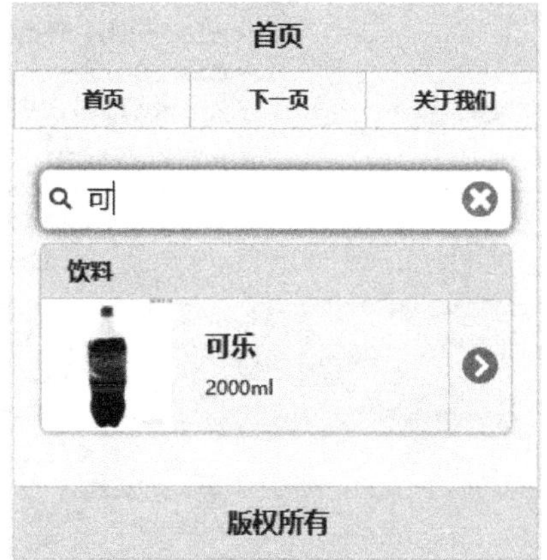

图 9-17 搜索结果

图 9-18 下单页面效果

9.3.8 表单

jQuery Mobile 默认为 HTML5 表单及控件添加了美观的样式。jQuery Mobile 表单相关的其他属性如表 9-13 所示。

表 9-13 jQuery Mobile 表单相关的其他属性

序号	属性名和值	功 能
1	data-role="fieldcontain"	用于表单中的<div>元素，作为区域包裹容器
2	data-highlight="true"	用于滑块控件，设置滑块值高亮显示，默认值是"false"
3	data-role="slider"	用于<select>标签中，以二值开关的效果显示
4	data-role="none"	用于表单控件元素，取消 jQuery Mobile 的样式渲染

☑ 示例 9-12 源代码

```
<!DOCTYPE HTML>
<html>
```

```
    <head>
        <meta charset="UTF-8">
        <meta name="viewport" content="width=device-width, initial-scale=1">
        <link rel="stylesheet" href="css/jquery.mobile-1.4.5.min.css">
        <script src="http://libs.baidu.com/jquery/1.11.1/jquery.min.js"></script>
        <script src="js/jquery.mobile-1.4.5.js"></script>
    </head>
    <body>
        <div data-role="page" id="home">
            <div data-role="header">
                <h1>社团注册</h1>
                <div data-role="navbar">
                    <ul>
                        <li >
                            <a href="#home">首页</a>
                        </li>
                        <li>
                            <a href="#">下一页</a>
                        </li>
                        <li>
                            <a href="#about" data-transition="pop" > 关于我们</a>
                        </li>
                    </ul>
                </div>
            </div>
            <div data-role="content">
                <form method="post" action="">
                    <div data-role="fieldcontain">
                        <label for="name">姓名</label>
                        <input type="text" name="text" id="name" value="
    " placeholder="姓名">
                    </div>
                    <div data-role="fieldcontain">
                        <label for="date">出生日期</label>
                        <input type="date" name="date" id="date" value="">
                    </div>
                    <div data-role="fieldcontain">
                        <label for="dos">对社团活动的满意度</label>
                        <input type="range" name="dos" id="dos" value="60"
    min="0" max="100" data-highlight="true">
                    </div>
                    <div data-role="fieldcontain">
                        <label for="switch">是否继续参加社团</label>
                        <select name="switch" id="switch" data-role="slider">
                            <option value="off">否</option>
                            <option value="on">是</option>
                        </select>
                    </div>
                    <div data-role="controlgroup">
                        <legend>
                            所在学院
                        </legend>
                        <label for="school1"> 软件学院</label>
                        <input type="radio" name="school" id="school1"/>
                        <label for="school2">财经学院</label>
                        <input type="radio" name="school" id="school2"/>
                        <label for="school3">交环学院</label>
                        <input type="radio" name="school" id="school3"/>
```

```
59.                     </div>
60.                 </form>
61.             </div>
62.             <div data-role="footer" id="footer">
63.                 <h1>版权所有</h1>
64.             </div>
65.         </div>
66.     </body>
67. </html>
```

示例 9-12 源代码的第 30 行、34 行、38 行、42 行的<div>都设置了属性 data-role="fieldcontain"，作为区域包裹容器它们用增加边距和分割线的方式将容器内的元素和容器外的元素进行分隔，如果设备宽度足够，<label>和容器内的控件显示在同一行，如果宽度不够，则会分两行显示，如图 9-19 所示。

第 40 行的滑块控件配置了属性 data-highlight="true"，滑块控件会以高亮显示已经滑过的轨道区域。

第 44 行的<select>控件配置了属性 data-role="slider"，这个控件将不再以下拉菜单的形式出现，而显示为一个二值开关，如图 9-19 所示。

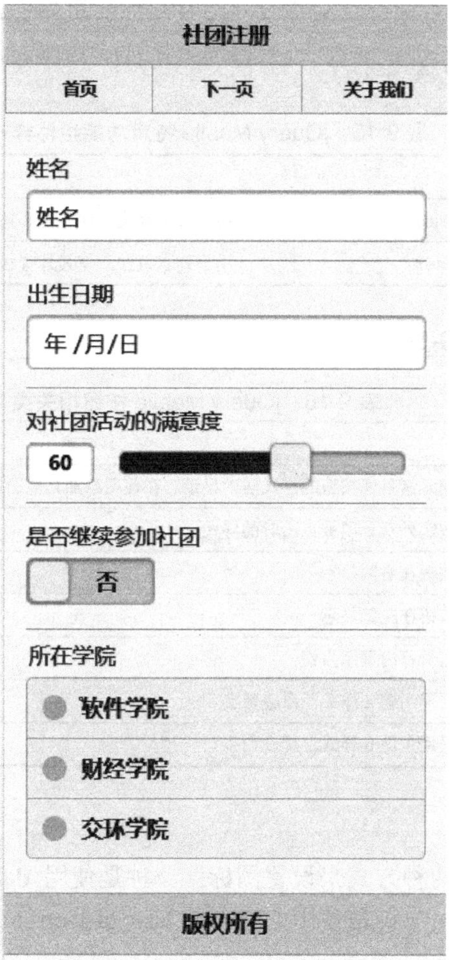

图 9-19 示例 9-12 页面效果

9.4 jQuery Mobile CSS 框架

jQuery Mobile 为用户提供了可选择的样式，也是通过配置类名来完成的。

9.4.1 外观样式类

外观样式类包括全局样式类、特定功能组件类、按钮相关类、图标类。

1. **全局样式类（见表 9-14）**

表 9-14 jQuery Mobile 全局样式类

序号	类名	描述
1	ui-corner-all	添加圆角
2	ui-shadow	添加阴影
3	ui-overlay-shadow	添加多层阴影
4	ui-mini	缩小字体、边距、元素尺寸

2. **特定功能组件类（见表 9-15）**

表 9-15 jQuery Mobile 特定功能组件样式类

序号	类名	描述
1	ui-collapsible-inset	用于可折叠块组件，使其具有水平外边距、边框和圆角效果
2	ui-listview-inset	用于列表组件，使其具有水平外边距、边框和圆角效果

3. **按钮相关类（见表 9-16）**

表 9-16 jQuery Mobile 按钮相关类

序号	类名	描述
1	ui-btn	使元素呈现按钮的样式居中显示。在使用添加其他的按钮相关类之前必须添加 ui-btn 类
2	ui-btn-active	按钮外观呈现被点击时的样式
3	ui-btn-right	按钮在右侧显示
4	ui-btn-left	按钮在左侧显示
5	ui-btn-inline	在一行内显示按钮
6	ui-btn-a	采用主题 a 样式，白底黑字
7	ui-btn-b	采用主题 b 样式，黑底白字

4. **图标类**

jQuery Mobile 提供了两种方式来设置图标：一种是使用 data-icon 属性为导航按钮添加图标，data-icon=*iconName*，另一种是使用 CSS 类 class=ui-icon- *iconName*，*iconName* 是图 9-20 所示中图标的名称。

表 9-17　jQuery Mobile 图标相关类

序号	类名	描　述
1	ui-icon- iconName	使元素呈现按钮的样式居中显示。在使用添加其他的按钮相关类之前必须添加 ui-btn 类
2	ui-alt-icon	改变图标颜色为黑色，默认是白色的。
3	ui-btn-icon-top	图标显示在文字上方
4	ui-btn-icon-right	图标显示在文字右方
5	ui-btn-icon-bottom	图标显示在文字下方
6	ui-btn-icon-left	图标显示在文字左方
7	ui-btn-icon-notext	不显示按钮文字，只显示图标，和 ui-corner-all 类一同使用，按钮最终显示效果是一个圆形图标
8	ui-nodisc-icon	去掉灰色外圈

图 9-20　jQuery Mobile 图标名

☑ 示例 9-13 源代码

```
<!DOCTYPE HTML>
<html>
    <head>
        <meta charset="UTF-8">
        <meta name="viewport" content="width=device-width, initial-scale=1">
        <link rel="stylesheet" href="css/jquery.mobile-1.4.5.min.css">
```

```
            <script src="http://libs.baidu.com/jquery/1.11.1/jquery.min.js"></script>
            <script src="js/jquery.mobile-1.4.5.js"></script>
        </head>
        <body>
            <div data-role="page" id="home">
                <div data-role="header">
                    <h1>首页</h1>
                    <div data-role="navbar" >
                        <ul>
                            <li >
                                <a href="#home" data-icon="home" class="ui-btn-active">首页</a>
                            </li>
                            <li>
                                <a href="nextPage.html" data-icon="carat-r" class="ui-btn-b">下一页</a>
                            </li>
                            <li>
                                <a href="#about" data-transition="pop" class="ui-icon-info ui-btn-icon-bottom ui-btn-b"> 关于我们</a>
                            </li>
                        </ul>
                    </div>
                </div>
                <div data-role="content" >
                    <div data-role="controlgroup" data-type="vertical">
                        <a href="#production" data-rel="popup" class="ui-btn ui-icon-info ui-btn-icon-left">产品介绍</a>
                        <a href="#images"  data-rel="popup" class="ui-btn ui-icon-eye ui-btn-icon-left">产品展示</a>
                        <a href="#contact" data-rel="popup" data-position-to="#blank" class="ui-btn ui-icon-phone ui-alt-icon ui-nodisc-icon ui-btn-icon-left">联系我们</a>
                    </div>
                    <div id="blank"></div>
                    <div data-role="popup" id="production">
                        <p>
                            我们是谁？前端开发工程师！
                        </p>
                        <p>
                            我们做什么？Web 前端跨平台开发！
                        </p>
                        <p>
                            怎么开发？coding！coding！coding！
                        </p>
                    </div>
                    <div data-role="popup" id="images" data-overlay-theme="b">
                        <a href="#" data-rel="back" class="ui-btn ui-btn-right ui-btn-icon-notext ui-corner-all ui-icon-delete  ">Close</a>
                        <img src="img/1.png" >
                    </div>
                    <div data-role="popup" id="contact" data-transition="turn" data-theme="b" data-arrow="l,t">
                        <p>
                            电话：0755-xxxxxxxx
                        </p>
                    </div>
                </div>
                <div data-role="footer" ss="b" data-position="fixed">
```

```
57.                 <h1>版权所有</h1>
58.             </div>
59.         </div>
60.         <div data-role="page" id="about">
61.             <a href="#popupBasic" data-rel="popup">关于我们</a>
62.             <div data-role="popup" id="popupBasic">
63.                 <p>
64.                     深圳信息职业技术学院
65.                 </p>
66.             </div>
67.         </div>
68.     </body>
69. </html>
```

示例 9-13 源代码第 17 行“首页”超链按钮设置了属性 data-icon="home" 使这个超链按钮上显示“home”图标，图标默认的位置在文字的上方，这是设置图标的一种方式。这个超链按钮还添加了 ui-btn-active 类，使该超链按钮呈现被点击时的蓝色背景状态，示意当前页面是该超链的目标页面。设置图标的另一种方式是使用图标类，如示例第 23 行为超链按钮添加了多个 jQuery Mobile 类，其中 ui-icon-info 类指明按钮中上显示“info”图标，ui-btn-icon-bottom 类使图标的位置在文字的下方，ui-btn-b 类使按钮采用黑色背景的 b 主题。

第 31 行的 ui-btn 使超链具有按钮的外观，后面应用按钮相关类，前面必须要先添加 ui-btn 类，类 ui-icon-eye 指示在按钮上使用 eye 图标，类 ui-btn-icon-left 指示图标的位置在按钮的左侧，如果没有添加位置类，图标将不会显示。

第 32 行与 31 行相比多了两个类，添加 ui-alt-icon 类的作用是使图标的颜色为黑色，类 ui-nodisc-icon 的作用是去掉图标的灰色背景圆圈，如图 9-21 所示，“联系我们”按钮的图标与前面的两个按钮图标明显不同。

第 47 行“产品展示”的弹出窗体的超链中添加了 ui-btn-icon-notext 类，这个超链最终的显示效果只是一个图标并没有显示文字，ui-corner-all 添加了图标的圆角效果，在多个类共同作用下，超链最终效果是该窗体右上角的“delete”关闭按钮，如图 9-22 所示。

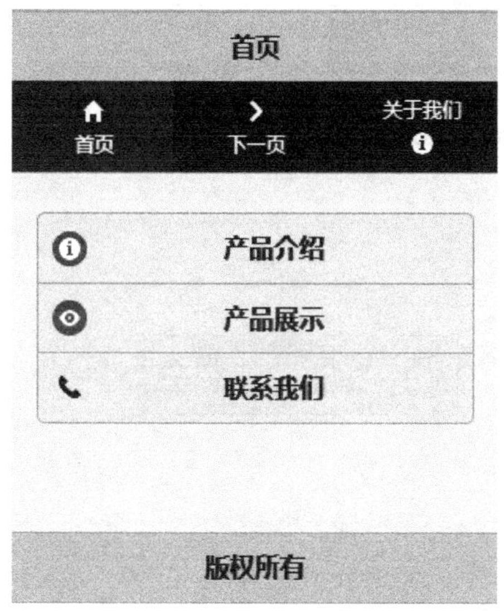

图 9-21　示例 9-13 页面效果

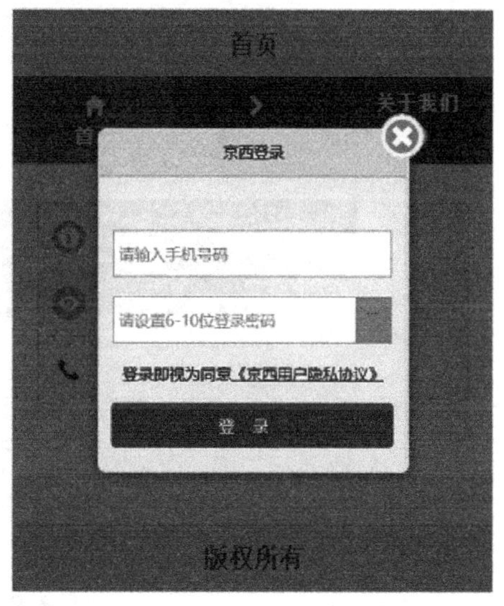

图 9-22　“产品展示”弹窗内容

9.4.2 主题定制

jQuery Mobile1.4.5 只提供了 A 和 B 两种黑、白和灰度呈现的默认主题，绝大多数 Web 应用都是要应用更加丰富的色彩的，我们可以使用 jQuery Mobile 官方网站提供的 ThemeRoller 工具来自定义主题，操作步骤如图 9-23～图 9-30 所示。

图 9-23 进入 ThemeRoller 页面的入口链接

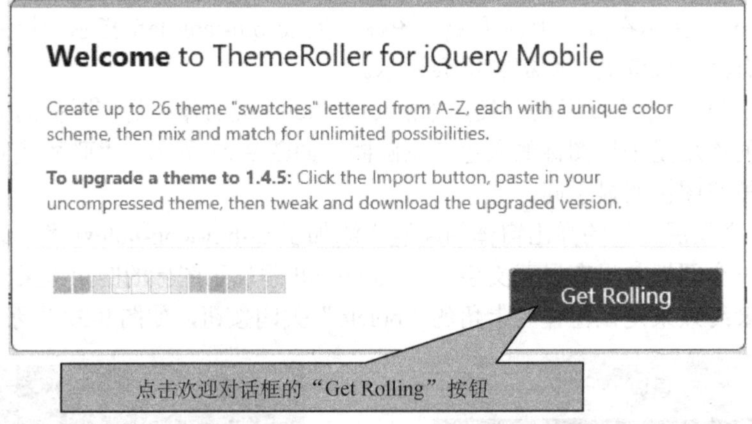

图 9-24 确认进入 ThemeRoller

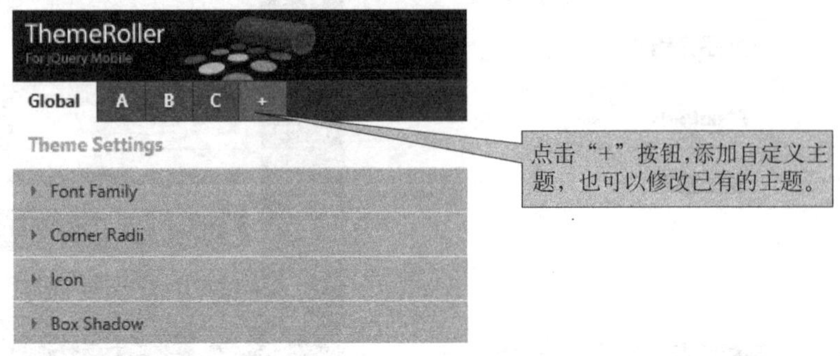

图 9-25 创建新主题

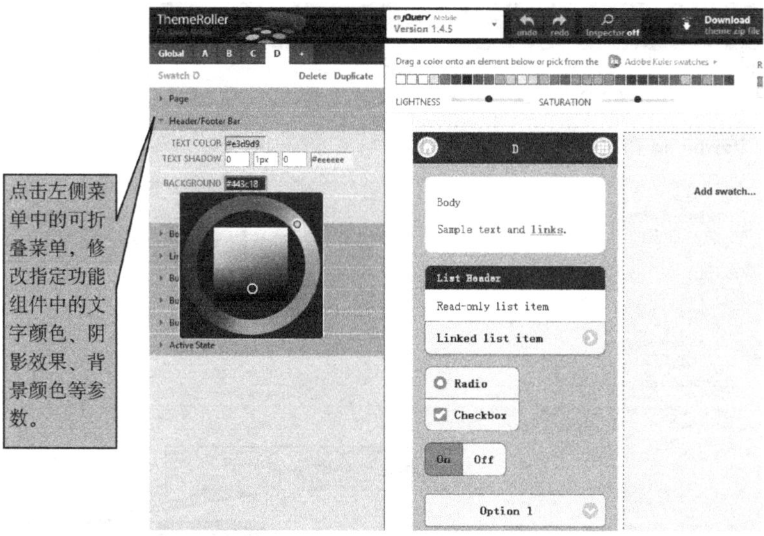

图 9-26 使用菜单进行主题配色

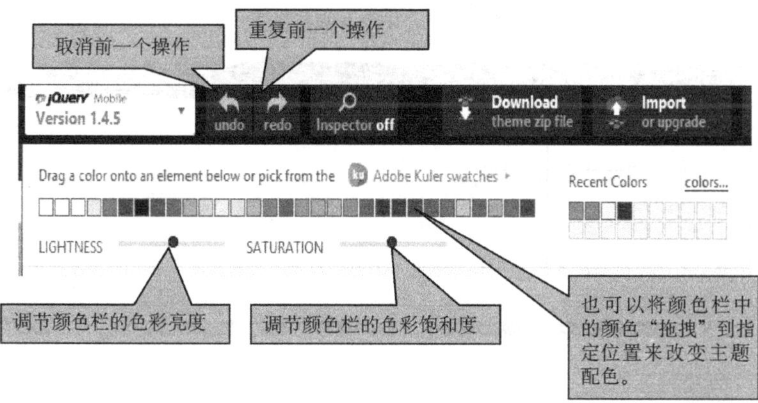

图 9-27 配色面板

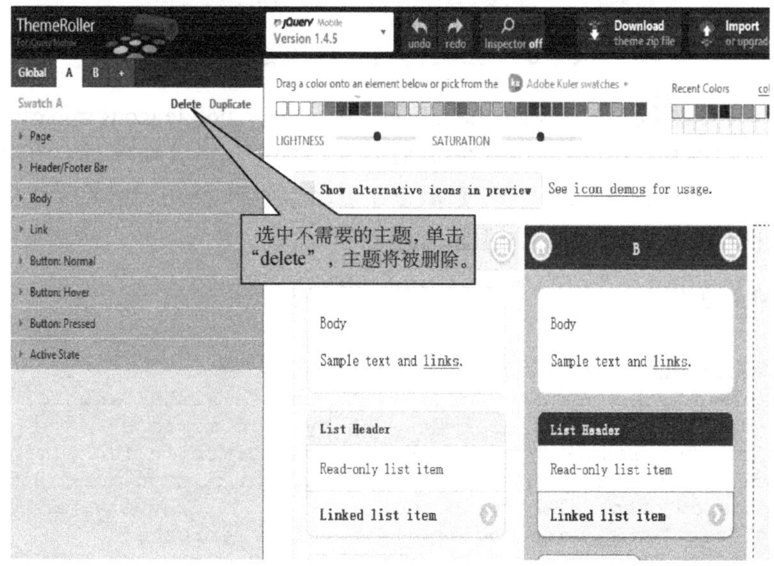

图 9-28 删除主题

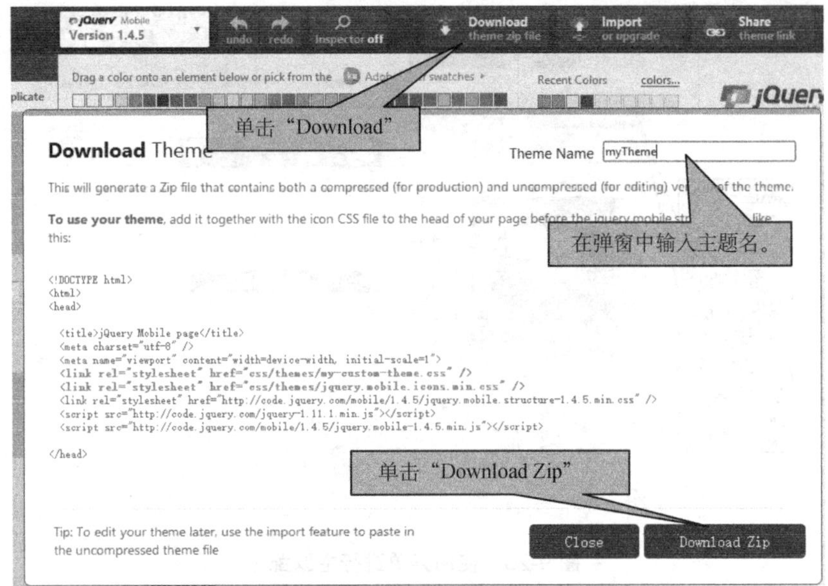

图 9-29　下载主题压缩包

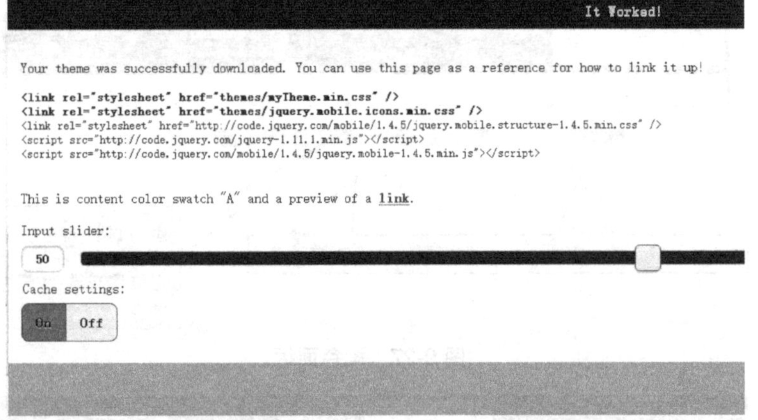

图 9-30　压缩包中的例子代码运行结果

将下载的 zip 压缩包中的 myTheme.min.css 和 jquery.mobile.icons.min.css 复制到项目的 themes 目录下，在 HTML 文件中按照图 9-30 中示例的引用方式在项目中引用自定义主题。如果自定义主题 CSS 中含有多种主题，则需要在页面中使用 Theme 相关属性和类来指定具体的主题，默认采用自定义主题包中的主题 A。

☑ 示例 9-14 源代码

```
<head>
    <meta charset="UTF-8">
    <meta name="viewport" content="width=device-width, initial-scale=1">
    <link rel="stylesheet" href="themes/myTheme.min.css" />
    <link rel="stylesheet" href="themes/jquery.mobile.icons.min.css" />
    <link rel="stylesheet" href="themes/jquery.mobile.structure-1.4.5.min.css" />
    <script src="http://libs.baidu.com/jquery/1.11.1/jquery.min.js"></script>
    <script src="js/jquery.mobile-1.4.5.js"></script>
</head>
```

示例 9-14 源代码是代码中添加了第 6 行至 8 行自定义的主题样式，运行结果如图 9-31 所示。

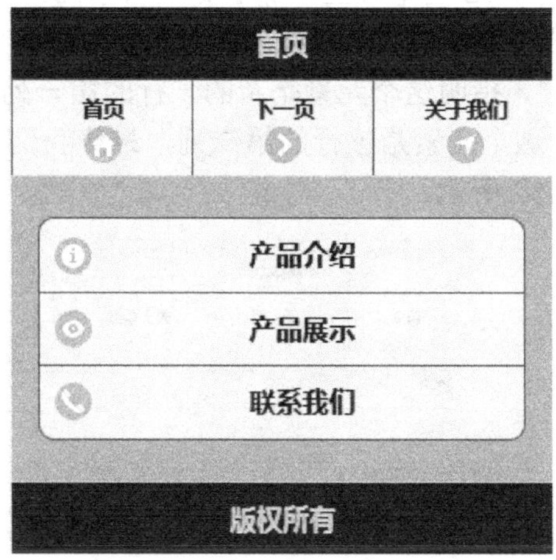

图 9-31　示例 9-14 运行结果

9.4.3　网格类

jQuery Mobile 为需要将元素布局在一行内的应用场景提供了网格布局，jQuery Mobile 网格中每一列的宽度相同，没有边框、外边距和内边距。网格类分为两种：容器元素使用 ui-grid-*类和容器中的子元素使用 ui-block-*类，二者要配合使用。jQuery Mobile 容器元素网格类如表 9-18 所示，jQuery Mobile 容器子元素网格类如表 9-19 所示。

表 9-18　jQuery Mobile 容器元素网格类

序号	类　名	描　述
1	ui-grid-a	一行两列
2	ui-grid-b	一行三列
3	ui-grid-c	一行四列
4	ui-grid-d	一行五列

表 9-19　jQuery Mobile 容器子元素网格类

序号	类　名	描　述
1	ui-block-a	创建新的一行的第一列
2	ui-block-b	第二列
3	ui-block-c	第三列
4	ui-block-d	第四列
5	ui-block-e	第五列

☑ 示例 9-15 源代码

```
                <div class="ui-grid-a">
                    <div class="ui-block-a">
                        <input type="reset" value="重置">
                    </div>
                    <div class="ui-block-b">
                        <input type="submit" value="提交">
```

```
66.                         </div>
67.                     </div>
```

示例 9-15 源代码在示例 9-12 的基础上添加了如上所示的第 60 行至 67 行的代码，第 60 行的容器<div>元素添加了类"ui-grid-a"，指明这是一个具有两列的网格，第 61 行的子元素<div>中添加了类"ui-block-a"，指明这个元素是新的一行的第一列，第 64 行的子元素<div>中添加了类"ui-block-b"，指明这个元素是该行的第二列，最终我们在一行中布局了“重置”和“提交”两个按钮，如图 9-32 所示。

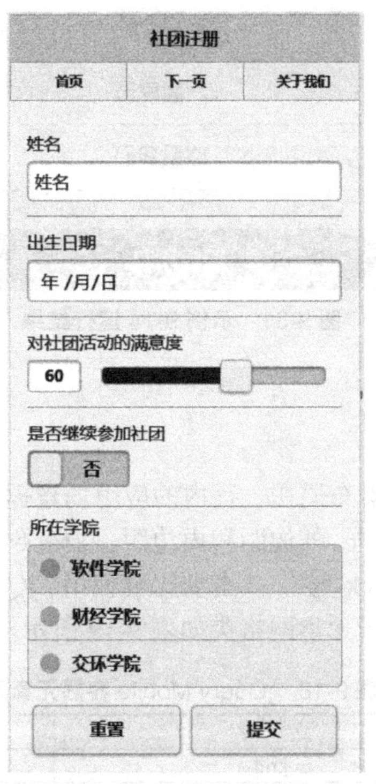

图 9-32　示例 9-15 页面效果

任务 9.1　基于 jQuery Mobile 的网上书店

任务目标：应用背景是基于 jQuery Mobile 的“网上书店”，实现单页面的添加购物车功能。

要求：

- 在一个 HTML 文件中实现“书籍”“评价”“店铺”三个页面，如图 9-33～图 9-35 所示。
- 书籍页面中的购物车固定定位在页面最下方。点击书籍简略信息时，弹窗弹出该书籍的更多信息，如图 9-36 所示。
- 点击书籍的“选购”按钮后有“购物车飞入”动画效果，而后“购物车”图标被“点亮”，表示购物车中已有商品，如图 9-37 所示。
- 点击“购物车”栏，弹出购物车中的购物清单，如图 9-38 所示。

技能训练：

- jQuery Mobile 页面、弹窗、图标、列表视图、网格。
- JQM、css、jQuery 综合编程。

图 9-33 首页

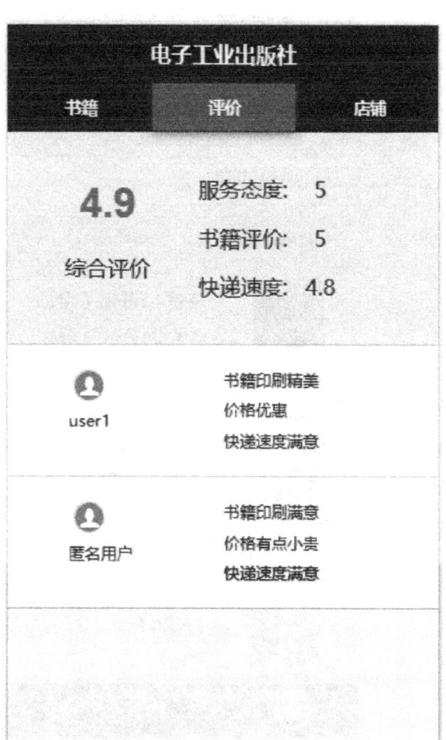

图 9-34 “评价”页面

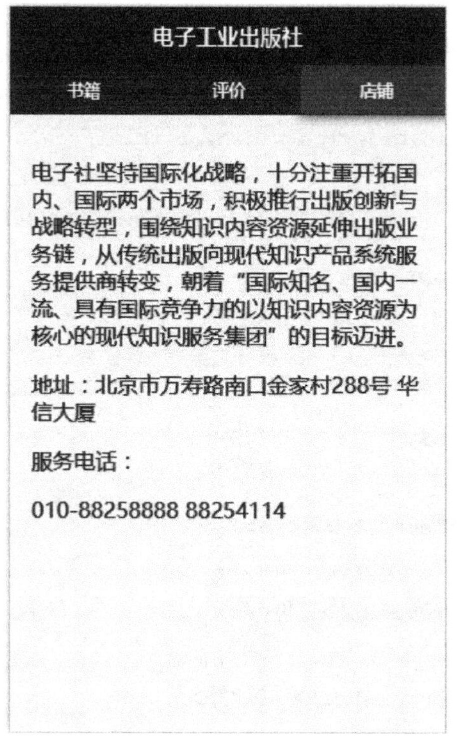

图 9-35 “店铺”页面

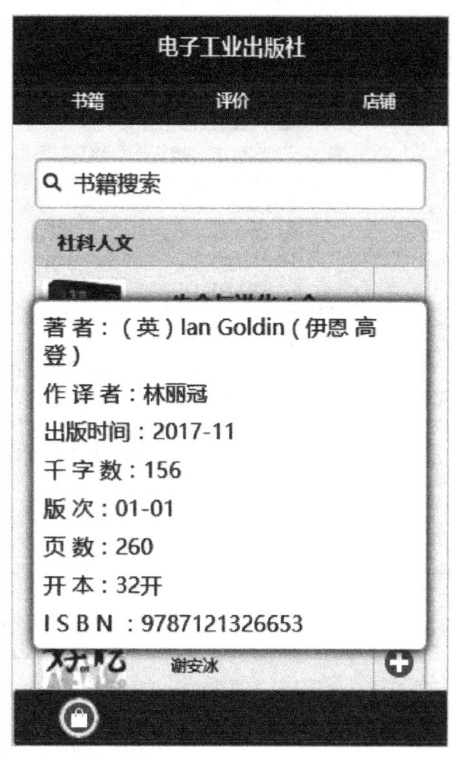

图 9-36 书籍信息

图 9-37　飞入购物车动画

图 9-38　购物清单

1. eshop.html 源代码

```
<!DOCTYPE HTML>
<html>
    <head>
        <meta charset="UTF-8">
        <meta name="viewport" content="width=device-width, initial-scale=1">
        <link rel="stylesheet" href="css/jquery.mobile-1.4.5.min.css">
        <link rel="stylesheet" href="css/eshop.css">
        <script src="http://libs.baidu.com/jquery/1.11.1/jquery.min.js"></script>
        <script src="js/jquery.mobile-1.4.5.js"></script>
        <script src="js/eshop.js"></script>
    </head>
    <body>
        <div data-role="page" id="home">
            <div data-role="header" data-theme="b">
                <h1>电子工业出版社</h1>
                <div data-role="navbar">
                    <ul>
                        <li >
                            <a href="#home" >书籍</a>
                        </li>
                        <li>
                            <a href="#reviews">评价</a>
                        </li>
                        <li>
                            <a href="#publisher">店铺</a>
                        </li>
                    </ul>
                </div>
```

```
            </div>
            <div data-role="content">
                <ul data-role="listview" data-filter="true" data-filter-placeholder="书籍搜索" data-inset="true">
                    <li data-role="list-divider">
                        社科人文
                    </li>
                    <li id="9787121328794">
                        <a href="#9787121328794c" data-rel="popup"> <img class="listview-img" src="img/9787121328794.jpg" /> <h3>生命与进化（全彩）</h3>
                        <p>
                            美国《科学新闻》杂志社（Science News）
                        </p>
                        <p class="price">
                            ￥88.0
                        </p> </a><a href="javascript:void(0)" data-icon="plus" class="order">下单</a>
                        <div data-role="popup" id="9787121328794c">
                            <p>
                                丛书名 ：科学新探索
                            </p>
                            <p>
                                作 译 者：美国《科学新闻》杂志社（Science News）
                            </p>
                            <p>
                                出版时间：2018-01
                            </p>
                            <p>
                                千 字 数：496
                            </p>
                            <p>
                                版      次：01-01
                            </p>
                            <p>
                                页      数：428
                            </p>
                            <p>
                                开      本：16 开
                            </p>
                            <p>
                                装      帧：
                            </p>
                            <p>
                                I S B N ：9787121328794
                            </p>
                        </div>
                    </li>
                    <li id="9787121326653">
                        <a href="#9787121326653c" data-rel="popup"> <img class="listview-img" src="img/9787121326653.jpg" /> <h3>分裂的世界：全球化危机的根源与对策 </h3>
                        <p>
                            （英）Ian Goldin（伊恩 高登）
                        </p>
                        <p class="price">
                            ￥38.0
                        </p> </a><a href="javascript:void(0)" data-icon=
```

```
"plus" class="order">下单</a>
                    <div data-role="popup" id="9787121326653c">
                        <p>
                            著　　者：（英）Ian Goldin（伊恩 高登）
                        </p>
                        <p>
                            作 译 者：林丽冠
                        </p>
                        <p>
                            出版时间：2017-11
                        </p>
                        <p>
                            千 字 数：156
                        </p>
                        <p>
                            版　　次：01-01
                        </p>
                        <p>
                            页　　数：260
                        </p>
                        <p>
                            开　　本：32开
                        </p>
                        <p>
                            I S B N : 9787121326653
                        </p>
                    </div>
                </li>
                <li data-role="list-divider">
                    生活/健康
                </li>
                <li id="9787121328183">
                    <a href="#9787121328183c" data-rel="popup"> <img class="listview-img" src="img/9787121328183.jpg" /> <h3>好吃01 </h3>
                        <p>
                            谢安冰
                        </p>
                        <p class="price">
                            ¥29.8
                        </p> </a><a href="javascript:void(0)" data-icon="plus" class="order">下单</a>
                    <div data-role="popup" id="9787121328183c">
                        <p>
                            作 译 者：谢安冰
                        </p>
                        <p>
                            出版时间：2017-11
                        </p>
                        <p>
                            千 字 数：210
                        </p>
                        <p>
                            版　　次：01-01
                        </p>
                        <p>
```

```
133.                                 开      本：16开
134.                             </p>
135.                             <p>
136.                                 I S B N : 9787121328183
137.                             </p>
138.                         </div>
139.                     </li>
140.                 </ul>
141.             </div>
142.             <div data-role="footer">
143.                 <div id="cart-list-position"></div>
144.                 <a data-rel="popup"  data-position-to="#cart-list-position" id="cart"><span class="ui-btn ui-corner-all ui-icon-shop ui-btn-icon-notext" id="cartIcon"></span></a>
145.                 <div data-role="popup" id="cart-list" class="ui-content">
146.                     <p class="ui-grid-c"><span class="ui-block-a">名称</span><span class="ui-block-b">单价</span><span class="ui-block-c quantity">数量</span></p>
147.                 </div>
148.             </div>
149.         </div>
```

第 13 至 149 行是“首页”页面，每个页面都由 jQuery“页头”“内容”“页脚”构成。“首页”内容中的图书信息使用了 jQuery Mobile 列表，图书类别是列表分割项。每一个列表项中使用了 jQuery Mobile 弹窗，当点击列表项时弹出图书详细信息。页脚部分第 143 行至 147 行是“购物车”页面，也使用了 jQuery Mobile 弹窗，弹出第 145 行至 147 行的购物清单，购物清单使用 jQuery Mobile 网格布局。

```
150.         <div data-role="page" id="reviews">
151.             <div data-role="header" data-theme="b">
152.                 <h1>电子工业出版社</h1>
153.                 <div data-role="navbar">
154.                     <ul>
155.                         <li >
156.                             <a href="#home" >书籍</a>
157.                         </li>
158.                         <li>
159.                             <a href="#">评价</a>
160.                         </li>
161.                         <li>
162.                             <a href="#publisher">店铺</a>
163.                         </li>
164.                     </ul>
165.                 </div>
166.             </div>
167.             <div data-role="content" class="content">
168.                 <div class="ui-grid-a text-align-center">
169.                     <div class="ui-block-a" id="overall">
170.                         <p class="bigFont">
171.                             4.9
172.                         </p>
173.                         <p>
174.                             综合评价
175.                         </p>
176.                     </div>
177.                     <div class="ui-block-b" id="item">
```

```
                        <p class="ui-grid-a">
                            <span class="ui-block-a"> 服务态度:</span> <span class="ui-block-b">5</span>
                        </p>
                        <p class="ui-grid-a">
                            <span class="ui-block-a"> 书籍评价:</span> <span class="ui-block-b">5</span>
                        </p>
                        <p class="ui-grid-a">
                            <span class="ui-block-a"> 快递速度:</span> <span class="ui-block-b">4.8</span>
                        </p>
                    </div>
                </div>
            </div>
            <div data-role="content">
                <ul data-role="listview" id="reviews-list">
                    <li class="ui-grid-a">
                        <div class="ui-block-a">
                            <p class="ui-btn ui-corner-all ui-icon-user ui-btn-icon-notext"></p>
                            <p>
                                user1
                            </p>
                        </div>
                        <div class="ui-block-b">
                            <p>
                                书籍印刷精美
                            </p>
                            <p>
                                价格优惠
                            </p>
                            <p>
                                快递速度满意
                            </p>
                        </div>
                    </li>
                    <li class="ui-grid-a">
                        <div class="ui-block-a">
                            <p class="ui-btn ui-corner-all ui-icon-user ui-btn-icon-notext"></p>
                            <p>
                                匿名用户
                            </p>
                        </div>
                        <div class="ui-block-b">
                            <p>
                                书籍印刷满意
                            </p>
                            <p>
                                价格有点小贵
                            </p>
                            <p>
                                快递速度满意
                            </p>
                        </div>
                    </li>
                </ul>
            </div>
        </div>
```

第 150 至 232 行是“评价”页面，页面使用了 jQuery Mobile 网格布局，第 194 行和第 213 行使用了 jQuery Mobile “ui-icon-user”图标。

```
233.            <div data-role="page" id="publisher">
234.                <div data-role="header" data-theme="b">
235.                    <h1>电子工业出版社</h1>
236.                    <div data-role="navbar">
237.                        <ul>
238.                            <li >
239.                                <a href="#home" >书籍</a>
240.                            </li>
241.                            <li>
242.                                <a href="#reviews">评价</a>
243.                            </li>
244.                            <li>
245.                                <a href="#">店铺</a>
246.                            </li>
247.                        </ul>
248.                    </div>
249.                </div>
250.                <div data-role="content">
251.                    <p>
252.                        电子社坚持国际化战略，十分注重开拓国内、国际两个市场，积极推行出版创新与战略转型，围绕知识内容资源延伸出版业务链，从传统出版向现代知识产品系统服务提供商转变，朝着“国际知名、国内一流、具有国际竞争力的以知识内容资源为核心的现代知识服务集团”的目标迈进。
253.                    </p>
254.                    <p>
255.                        地址：北京市万寿路南口金家村 288 号 华信大厦
256.                    </p>
257.                    <p>
258.                        服务电话：
259.                    </p>
260.                    <p>
261.                        010-88258888 88254114
262.                    </p>
263.                </div>
264.            </div>
265.        </body>
266.    </html>
```

第 233 至 264 行是“店铺”页面。

2. eshop.css 源代码

```
.listview-img {
    top: 10px !important;
    left:5px !important;
}
#cart {
    position: fixed;
    bottom: 0;
    height: 40px;
    background-color: rgba(0,0,0,0.6);
    width: 100%;
    z-index: 3;
    padding: 0;
    margin: 0;
```

```
    display: inline-block;
}
#cart span {
    margin-top: 5px;
    position: absolute;
    left: 10%;
}
#cart-list-position {
    position: fixed;
    bottom: 68px;
    left: 0;
    width: 100%;
}
#cart-list {
    width: 90%;
}
#cart-list .ui-block-a {
    width: 60%;
    overflow: hidden;
    white-space: nowrap;
}
#cart-list .ui-block-b, .ui-block-c {
    text-align: center;
}
#cart-list .ui-block-c {
    width: 15%;
}
#fly{
    display: none;
    position:absolute;
    background-color: #00B2EE;
    height:20px;
    width:20px;
    z-index: 100;
}
#overall {
    width: 40%;
}
.bigFont {
    font: bold 30px arial, sans-serif;
    color: #00B2EE;
    margin: 20px auto;
}
.text-align-center {
    text-align: center;
}
#item .ui-block-a {
    width: 60% !important;
}
#item .ui-block-b {
    width: 20% !important;
}
.content {
    background-color: #eee;
}
#reviews-list .ui-block-a {
    width: 40% !important;
    margin-left: 10%;
}
```

在 jQuery Mobile 提供的样式不能满足前端呈现效果的情况下，需要我们自己编写样式表文件，如果要改变原有的样式需要使用“!important”将优先级提至最高。

3. eshop.js 源代码

```
1.  $(function() {
2.      $('.order').click(function() {
3.          var $this = $(this);
4.          var thisLeft=$this.offset().left;
5.          var thisTop=$this.offset().top+30;
6.          var $cartIcon=$('#cartIcon');
7.          var cartIconLeft=$cartIcon.offset().left;
8.          var cartIconTop=$cartIcon.offset().top;
9.          $('#home').prepend('<span class="ui-btn ui-corner-all ui-icon-plus ui-btn-icon-notext" id="fly"></span>');
10.         $('#fly').css({
11.             left : thisLeft,
12.             top : thisTop
13.         }).show().animate({
14.             left : cartIconLeft,
15.             top : cartIconTop
16.         },500);
17.         setTimeout(function() {
18.             $('#fly').remove();
19.             $('#cart').attr('href', '#cart-list');
20.             $('#cart span').css('background-color', '#00B2EE');
21.             bookid = $this.parent().attr('id');
22.             var $a = $this.siblings('a');
23.             var $book = $('#cart-list').find('p input[value=' + bookid + ']');
24.             var $quantity = null;
25.             var quantity = 0;
26.             if ($book.length > 0) {
27.                 $quantity = $book.siblings('.quantity');
28.                 quantity = parseInt($quantity.text()) + 1;
29.                 $quantity.text(quantity);
30.             } else {
31.                 $('#cart-list').append('<p class="ui-grid-c"><input type="hidden" value="' + bookid + '"/><span class="ui-block-a">' + $a.children('h3').text() + '</span><span class="ui-block-b">' + $a.children('.price').text() + '</span><span class="ui-block-c quantity">1</span></p>');
32.             }
33.         }, 500);
34.     });
35. });
```

eshop.js 源代码实现购物车的飞入和添加购物清单的功能。第 3 行至 8 行计算 span#fly 图标“飞入”动画的起始点坐标。第 9 行添加 span#fly 图标。第 10 行至 16 行使用 animate 定义图标飞入动画，时长 500ms。第 17 行至 33 行代码的功能是等待 500ms 即 span#fly 图标飞至购物车图标位置时，删除 span#fly 图标（第 18 行），将购物车图标底色变为彩色（第 20 行），判断当前的书籍是否已在购物清单中（第 21 至 26 行），如果已有，则购物清单中该书籍的数量加 1（第 27 行至 29 行）；如果没有则将图书信息添加至购物清单中（第 31 行）。

课后练习

一、填空题

1. ________________是基于 jQuery 的针对移动端设备如智能手机和平板电脑的前端开发框架，简称__________。

2. jQuery 提供了在线的工具__________________，允许开发者自定义主题配色。

3. jQuery 提供多种__________________，可以快速“拼装”网页。

4. 设置了 data-role= _______________的列表项是列表展示容器的分割项。

二、单选题

1. jQuery Mobile 通过配置（　　）属性实现页面切换及其他的场景转换的动画效果。

A. data-animation　　B. data-change　　C. data-toggle　　D. data-transition

2. jQuery Mobile 通过将 data-role 配置为（　　）实现面板功能组件。

A. panel　　B. popup　　C. tabs　　D. collapsible

3. jQuery Mobile 通过将 data-role 配置为（　　）实现可折叠块功能组件。

A. panel　　B. popup　　C. tabs　　D. collapsible

4. 按钮组合，需要配置（　　）。

A. data-role=“buttongroup”　　B. data-role=“controlgroup”

C. data-role=“button-set”　　D. data-role=“control-set”

5. 下列哪个类可以定义 jQuery Mobile 网格为三列布局？（　　）

A. ui-grid-a　　B. ui-block-a　　C. ui-grid-b　　D. ui-block-b

三、问答题

简述使用 jQuery Mobile 开发移动端 Web 应用的优点和不足。

四、思考题

任务 9.1 中购物车功能实现度不高，没有计算购物车中商品的总价，用户也不能“删除”已添加至购物车的商品或者对某个商品增减数量，请读者思考并完善上述功能。

参考文献

1. jQuery API Document. http://api.jquery.com/category/selectors/basic-css-selectors/
2. 张子秋. jQuery 风暴—完美用户体验［M］. 北京：电子工业出版社，2011.
3. Bear Bibeault 等. 三生石上译. jQuery 实战. 2 版［M］. 北京：人民邮电出版社，2012.
4. David Sawyer McFarland. 姚待艳等译. JavaScript 和 jQuery 实战手册［M］. 北京：机械工业出版社，2017.
5. 姚敦红. jQuery 程序设计基础教程［M］. 北京：人民邮电出版社，2013.
6. 曹刘阳. 编写高质量代码——Web 前端开发修炼之道［M］. 北京：机械工业出版社，2010.
7. 唐俊开. HTML5 移动 Web 开发指南［M］. 北京：电子工业出版社，2012.
8. 陶国荣. jQuery 权威指南［M］. 北京：机械工业出版社，2011.
9. 陶国荣. jQuery Mobile 权威指南［M］. 北京：机械工业出版社，2012.
10. Cesar Otero 等著. 施宏斌译. jQuery 高级编程［M］. 北京：清华大学出版社，2013.
11. Jake Rutter 著. 魏忠译. 精彩绝伦的 jQuery［M］. 北京：人民邮电出版社，2012.
12. Jason Lengstorf 著. 魏忠译. 深入 PHP 与 jQuery 开发［M］. 北京：人民邮电出版社，2011.
13. 朱育发等. jQuery 开发完全技术宝典［M］. 北京：中国铁道出版社，2012.